# 气象标准汇编

## 2014

中国气象局政策法规司 编

**图书在版编目(CIP)数据**

气象标准汇编.2014/中国气象局政策法规司编.
—北京:气象出版社,2015.8
ISBN 978-7-5029-6180-0

Ⅰ.①气… Ⅱ.①中… Ⅲ.①气象-标准-汇编-中国-2014
Ⅳ.①P4-65

中国版本图书馆CIP数据核字(2015)第195881号

**气象标准汇编2014**
中国气象局政策法规司 编

**出版发行**:气象出版社
**地　　址**:北京市海淀区中关村南大街46号　　**邮政编码**:100081
**总 编 室**:010-68407112　　**发 行 部**:010-68409198
**网　　址**:http://www.qxcbs.com　　**E-mail**:qxcbs@cma.gov.cn
**责任编辑**:王萃萃　　**终　　审**:阳世勇
**封面设计**:王　伟　　**责任技编**:赵相宁
**印　　刷**:北京京科印刷有限公司
**开　　本**:880mm×1230mm　1/16　　**印　　张**:23.5
**字　　数**:705千字
**版　　次**:2015年8月第1版　　**印　　次**:2015年8月第1次印刷
**定　　价**:90.00元

# 前　言

气象事业是科技型、基础性社会公益事业，对国家安全、社会进步具有重要的基础性作用，对经济发展具有很强的现实性作用，对可持续发展具有深远的前瞻性作用。气象标准化工作是气象事业发展的基础性工作，涉及到气象事业发展的各个方面，渗透于公共气象、安全气象、资源气象的各个领域。《国务院关于加快气象事业发展的若干意见》中要求："建立健全以综合探测、气象仪器设备和气象服务技术为重点的气象标准体系，加强气象业务工作的标准化、规范化管理。"因此，加强气象标准化建设，对于强化气象工作的社会管理、统一气象工作的技术和规范、加强气象信息的共享与合作，促进气象事业又好又快发展，更好地为全面建设小康社会提供优质的气象服务具有十分重要的意义。

为了进一步加大对气象标准的学习、宣传和贯彻实施工作力度，使各级政府、广大社会公众和气象行业的广大气象工作者做到了解标准、熟悉标准、掌握标准、正确运用标准，充分发挥气象标准在现代气象业务体系建设、气象防灾减灾、应对气候变化等方面中的技术支撑和保障作用，中国气象局政策法规司对已颁布实施的气象国家标准、气象行业标准和气象地方标准按年度进行编辑，已出版了10册。本册是第11册，汇编了2014年颁布实施的气象行业标准共28项，供广大气象人员和有关单位学习使用。

中国气象局政策法规司

2015年8月

# 目　　录

ICS 07.060
A 47
备案号:46688—2014

# 中华人民共和国气象行业标准

QX/T 227—2014

# 雾的预警等级

## Grade of fog warning

2014-07-25 发布　　2014-12-01 实施

中国气象局　发布

# 前　言

本标准按照 GB/T 1.1—2009 给出的规则起草。

本标准由全国气象防灾减灾标准化技术委员会(SAC/TC 345)提出并归口。

本标准起草单位:国家气象中心。

本标准主要起草人:金荣花、马学款、杨贵名、毛冬艳。

# 雾的预警等级

## 1 范围

本标准规定了雾的预警等级。

本标准适用于雾的监测、预警和服务。

## 2 术语和定义

下列术语和定义适用于本文件。

2.1

**雾 fog**

悬浮在近地层大气中的大量微细乳白色水滴或冰晶的可见集合体。

[GB/T 27964—2011,定义 2.1]

2.2

**能见度 visibility**

根据地面气象观测规范,视力正常(对比感阈为 0.05)的人,在当时天气条件下,能够从天空背景中看到和辨认的目标物(黑色、大小适度)的最大距离。单位为米(m)。

[GB/T 27964—2011,定义 2.2]

2.3

**国家基本气象站 national basic synoptic station**

根据全国气候分析和天气预报的需要所设置的地面气象观测站。

注:改写 GB/T 20480—2006,定义 2.6。

2.4

**国家基准气候站 national reference climatological station**

根据国家气候区划及全球气候观测系统的要求,为获取具有充分代表性的长期、连续资料而设置的地面气象观测站。

注:改写 GB/T 20480—2006,定义 2.7。

## 3 雾的预警等级

### 3.1 预警分类

3.1.1 雾的预警分为预警信号和预警。

3.1.2 雾的预警信号由地方各级气象主管机构所属的气象台站向社会发布。

3.1.3 雾的预警由国务院气象主管机构所属的气象台站向社会发布,也可由省、自治区、直辖市气象主管机构所属的气象台站向社会发布。

### 3.2 预警信号等级

雾的预警信号分为三个等级,由低到高分别为黄色预警信号、橙色预警信号和红色预警信号。发布标准为:

a) 黄色预警信号：预计未来 12 h 内可能出现能见度小于 500 m 的雾，或者已经出现能见度大于或等于 200 m 且小于 500 m 的雾并可能持续。
b) 橙色预警信号：预计未来 6 h 内可能出现能见度小于 200 m 的雾，或者已经出现能见度大于或等于 50 m 且小于 200 m 的雾并可能持续。
c) 红色预警信号：预计未来 2 h 内可能出现能见度小于 50 m 的雾，或者已经出现能见度小于 50 m 的雾并可能持续。

## 3.3 预警等级

3.3.1 国务院气象主管机构所属的气象台站发布的雾的预警分为三个等级，由低到高分别为黄色预警、橙色预警和红色预警。发布标准为：

a) 黄色预警：预计未来 24 h 内有 3 个及以上省（自治区、直辖市）的大部地区可能出现能见度不足 1000 m 的雾，且有成片的（覆盖 5 个及以上相邻的国家基本气象站或国家基准气候站）能见度小于 200 m 的雾；或者已经出现并可能持续。
b) 橙色预警：预计未来 24 h 内有 3 个及以上省（自治区、直辖市）的大部地区可能出现能见度不足 500 m 的雾，且有成片的（覆盖 5 个及以上相邻的国家基本气象站或国家基准气候站）能见度小于 50 m 的雾；或者已经出现并可能持续。
c) 红色预警：预计未来 24 h 内有 3 个及以上省（自治区、直辖市）的部分地区可能出现能见度不足 200 m 的雾，且有成片的（覆盖 5 个及以上相邻的国家基本气象站或国家基准气候站）能见度小于 50 m 的雾；或者已经出现并可能持续。

3.3.2 省、自治区、直辖市气象主管机构所属的气象台站发布的雾的预警等级及发布标准遵循所在省、自治区、直辖市的预警发布规定。

## 参 考 文 献

[1] GB/T 20480—2006 沙尘暴天气等级

[2] GB/T 27964—2011 雾的预报等级

[3] QX/T 45—2007 地面气象观测规范 第1部分:总则

[4] QX/T 76—2007 高速公路能见度监测及浓雾的预警预报

[5] 航空器机场运行最低标准的制定与实施规定.中国民用航空总局令第98号.2001年2月26日

[6] 中华人民共和国内河避碰规则.中华人民共和国交通部令第30号.2003年修正本

[7] 中华人民共和国道路交通安全法实施条例.中华人民共和国国务院令第405号.2004年4月28日

[8] 气象灾害预警信号发布与传播办法.中国气象局令第16号.2007年6月11日

[9] 关于印发《中央气象台气象灾害警报发布办法(试行)》的通知.气发〔2007〕500号.2007年12月29日

[10] 关于印发《中央气象台气象灾害预警发布办法》的通知.气发〔2010〕89号.2010年4月2日

[11] 大气科学辞典编委会.大气科学辞典[M].北京:气象出版社,1994

[12] 中国气象局.地面气象观测规范[M].北京:气象出版社,2003

ICS 07.060
A 47
备案号：46689—2014

# 中华人民共和国气象行业标准

QX/T 228—2014

# 区域性高温天气过程等级划分

## Classification of regional high temperature weather process

2014-07-25 发布　　2014-12-01 实施

中　国　气　象　局　　发 布

# 前　言

本标准按照 GB/T 1.1—2009 给出的规则起草。

本标准由全国气象防灾减灾标准化技术委员会(SAC/TC 345)提出并归口。

本标准起草单位:国家气象中心。

本标准主要起草人:张立生、王秀荣、王维国、王莉萍、孙瑾、杨琨。

# 区域性高温天气过程等级划分

## 1 范围

本标准给出了区域性高温天气过程的等级及划分方法。

本标准适用于区域性高温天气过程的监测、评估及预报服务。

## 2 术语和定义

下列术语和定义适用于本文件。

2.1

**高温天气 high temperature weather**

日最高气温大于或等于35℃的天气。

2.2

**区域高温日 regional high temperature weather day**

设定区域内某天有2成或以上的面积范围出现高温天气。

2.3

**高温天气过程 high temperature weather process**

出现连续两天或以上的高温天气。

## 3 区域性高温天气过程的判识

根据国家气象观测站资料，从满足一个区域高温日标准开始，至不满足区域高温日标准的前一天结束，且须持续两天或以上，期间至少有一天高温天气范围达到设定区域的5成或以上的，可判定该设定区域出现区域性高温天气过程。

## 4 等级划分

### 4.1 等级

区域性高温天气过程划分为四个等级，分别为特强、强、中等、弱。

### 4.2 划分方法

#### 4.2.1 划分指标

区域性高温天气过程等级根据区域性高温天气过程等级指标（$RI$）进行划分，见表1。

**表1　区域性高温天气过程等级划分方法**

| 区域性高温天气过程等级 | 区域性高温天气过程等级指标 |
|---|---|
| 特强 | $1 \leqslant RI < 2$ |
| 强 | $2 \leqslant RI < 3$ |
| 中等 | $3 \leqslant RI < 4$ |
| 弱 | $RI \geqslant 4$ |

### 4.2.2　*RI* 的计算方法

$RI$ 计算公式见式(1)：

$$RI = \sum_{k=1}^{5} G_k \times W_k \qquad \cdots\cdots(1)$$

式中：

$RI$ ——区域性高温天气过程等级指标；

$G_k$ ——区域内单站高温天气综合强度等级值，值的确定见4.2.3；

$W_k$ ——区域内 $G_k$ 对应的站点数占总站点数的比例。

### 4.2.3　$G_k$ 计算方法

$G_k$ 根据单站的高温天气综合强度指标($SI$)确定。$SI$ 计算公式见式(2)：

$$SI = \sum_{j=1}^{3} I_j \times T_j \qquad \cdots\cdots(2)$$

式中：

$SI$ ——单站高温天气综合强度指标；

$I_j$ ——单站高温强度，即日最高气温的分级，取值分别为1，2，3，对应[35℃，37℃)，[37℃，40℃)，[40℃，+∞)三个温度区间；

$T_j$ ——与 $I_j$ 相应的高温日数。

利用式(2)计算设定区域内历史上(可取1981—2010年或者更长时段)所有区域性高温天气过程中每个站点的 $SI$ 值，并统计每个 $SI$ 值所出现的频次，然后对 $SI$ 作升序排列，采用百分位数法(参见附录A)将 $SI$ 进行划分，确定每个等级的 $SI$ 的取值区间，由此确定出单站高温天气综合强度等级值 $G_k$，见表2。

**表2　区域内单站高温天气综合强度等级值判别方法**

| 单站高温天气综合强度等级值 $G_k$ | 取值条件 |
|---|---|
| $G_1=1$ | $SI$ 值所对应的百分位数达95%以上 |
| $G_2=2$ | $SI$ 值所对应的百分位数达[85%，95%) |
| $G_3=3$ | $SI$ 值所对应的百分位数达[60%，85%) |
| $G_4=4$ | $SI$ 值所对应的百分位数在60%以下 |
| $G_5=5$ | 无高温 |

# 附　录　A
## (资料性附录)
## 百分位数

百分位数，是将一组数据按从小到大或者从大到小排序，并计算相应的累计百分位，则某一百分位所对应数据的值称为这一百分位的百分位数；可表示为：一组 $n$ 个观测值按数值大小排列，如处于 $p\%$ 位置的值称第 $p$ 百分位数。本文采用 60%，85%和 95%进行划分。

## 参考文献

[1] 陈辉，黄卓，田华，等.高温中暑气象等级评定方法[J].应用气象学报，2009，**20**(4)：451-457

[2] 白殿一.标准编写指南[M].北京：中国标准出版社，2002

[3] 章国材.气象灾害风险评估与区划方法[M].北京：气象出版社，2010

ICS 07.060
A 47
备案号：46690—2014

# 中华人民共和国气象行业标准

QX/T 229—2014

# 风预报检验方法

## Verification method for wind forecast

2014-07-25 发布　　2014-12-01 实施

中 国 气 象 局　发 布

# 前　言

本标准按照 GB/T 1.1—2009 给出的规则起草。

本标准由全国气象防灾减灾标准化技术委员会(SAC/TC 345)提出并归口。

本标准起草单位:山东省气象局、国家气象中心。

本标准主要起草人:盛春岩、尹尽勇、肖明静、周雪松、刘诗军、丛春华。

# 风预报检验方法

## 1 范围

本标准规定了风向预报检验、风速预报检验和风预报检验的方法。

本标准适用于风的确定性预报检验。

## 2 术语和定义

下列术语和定义适用于本文件。

2.1

**风 wind**

空气的流动现象。地面气象观测中测量的是空气相对于地面的水平运动,用风向和风速表示。

[QX/T 51—2007,定义 3.1]

2.2

**风向 wind direction**

风的来向。

**注 1**:单位为角度(°)或方位。

**注 2**:改写 GB/T 21984—2008,定义 2.10。

2.3

**风速 wind speed**

单位时间内空气移动的水平距离。

**注 1**:单位为米每秒(m/s)。

**注 2**:改写 GB/T 21984—2008,定义 2.11。

2.4

**风力等级 wind scale**

根据风对地面(或海面)物体影响程度而定出的等级,用来表示风速的大小。

**注**:改写 GB/T 21984—2008,定义 2.14。

2.5

**一个方位角 one azimuth**

两个相邻风向方位之间的角度差。

**注**:单位为角度(°)。

## 3 检验方法

### 3.1 风向预报检验

#### 3.1.1 风向预报准确率

风向方位可划分为 8 方位或 16 方位。风向方位与角度的对照关系见附录 A。

风向预报准确率为风向预报正确站(次)数与风向预报总站(次)数的百分比。预报风向角度(若预报风向为方位,则为预报风向方位对应的中心角度)与实况风向角度差小于一个方位角,则为风向预报正确。风向预报准确率检验公式如下：

$$AC_{\mathrm{d},\alpha}=\frac{NR_{\mathrm{d}}}{NF_{\mathrm{d}}}\times 100\% \quad\cdots\cdots(1)$$

式中：

$AC_{\mathrm{d},\alpha}$——风向预报准确率；下角标 $\alpha$ 为 8 或 16，分别代表 8 方位或 16 方位；

$NR_{\mathrm{d}}$——风向预报正确站（次）数；

$NF_{\mathrm{d}}$——风向预报总站（次）数。

### 3.1.2 风向预报平均绝对误差

风向预报平均绝对误差为预报风向角度（或预报风向方位对应的中心角度）与实况风向角度之间的误差绝对值的平均值，检验公式如下：

$$MAE_{\mathrm{d}}=\frac{1}{NF_{\mathrm{d}}}\sum_{i=1}^{NF_{\mathrm{d}}}\min(|F_{\mathrm{d},i}-O_{\mathrm{d},i}|,360-|F_{\mathrm{d},i}-O_{\mathrm{d},i}|) \quad\cdots\cdots(2)$$

式中：

$MAE_{\mathrm{d}}$——风向预报平均绝对误差；

$NF_{\mathrm{d}}$——风向预报总站（次）数；

$i$——风向预报站（次）标识；

$F_{\mathrm{d},i}$——第 $i$ 站（次）风向预报值；

$O_{\mathrm{d},i}$——第 $i$ 站（次）风向实况值。

## 3.2 风速预报检验

### 3.2.1 风力等级预报准确率

3.2.1.1 风力等级包括 18 个等级，见附录 B。可规定一个或几个风力等级为一个检验等级。

3.2.1.2 风力等级预报准确率检验内容包括预报准确率、预报偏强率、预报偏弱率。

3.2.1.3 风力等级预报准确率为风力等级预报正确站（次）数与风力等级预报总站（次）数的百分比。预报风力和实况风力在同一检验等级，则为风力等级预报正确。风力等级预报准确率检验公式如下：

$$AC_{\mathrm{f},k}=\frac{NR_{\mathrm{f},k}}{NF_{\mathrm{f},k}}\times 100\% \quad\cdots\cdots(3)$$

式中：

$AC_{\mathrm{f},k}$——风力等级预报准确率，下角标 $k$ 为规定的某个风力检验等级标识；

$NR_{\mathrm{f},k}$——风力等级预报正确站（次）数；

$NF_{\mathrm{f},k}$——风力等级预报总站（次）数。

3.2.1.4 风力等级预报偏强率为风力等级预报偏强站（次）数与风力等级预报总站（次）数的百分比。预报风力所在的检验等级大于实况风力所在的检验等级，则为风力等级预报偏强。风力等级预报偏强率检验公式如下：

$$FS_{\mathrm{f},k}=\frac{NS_{\mathrm{f},k}}{NF_{\mathrm{f},k}}\times 100\% \quad\cdots\cdots(4)$$

式中：

$FS_{\mathrm{f},k}$——风力等级预报偏强率；

$NS_{\mathrm{f},k}$——风力等级预报偏强站（次）数；

$NF_{\mathrm{f},k}$——风力等级预报总站（次）数。

3.2.1.5 风力等级预报偏弱率为风力等级预报偏弱站（次）数与风力等级预报总站（次）数的百分比。预报风力所在的检验等级小于实况风力所在的检验等级，则为风力等级预报偏弱。风力等级预报偏弱率检验公式如下：

$$FW_{f,k}=\frac{NW_{f,k}}{NF_{f,k}}\times 100\% \qquad \cdots\cdots\cdots\cdots(5)$$

式中：

$FW_{f,k}$——风力等级预报偏弱率；

$NW_{f,k}$——风力等级预报偏弱站(次)数；

$NF_{f,k}$——风力等级预报总站(次)数。

### 3.2.2 风速预报误差

3.2.2.1 风速预报误差检验内容包括平均绝对误差、均方根误差、平均误差。

3.2.2.2 平均绝对误差为预报风速与实况风速之间的误差绝对值的平均值，检验公式如下：

$$MAE_s=\frac{1}{NF_s}\sum_{j=1}^{NF_s}|F_{s,j}-O_{s,j}| \qquad \cdots\cdots\cdots\cdots(6)$$

式中：

$MAE_s$——风速预报平均绝对误差；

$NF_s$——风速预报总站(次)数；

$j$——风速预报站(次)标识；

$F_{s,j}$——第 $j$ 站(次)风速预报值；

$O_{s,j}$——第 $j$ 站(次)风速实况值。

3.2.2.3 均方根误差为预报风速与实况风速之间误差的平方与风速预报总站(次)数比值的平方根，检验公式如下：

$$RMSE_s=\sqrt{\frac{1}{NF_s}\sum_{j=1}^{NF_s}(F_{s,j}-O_{s,j})^2} \qquad \cdots\cdots\cdots\cdots(7)$$

式中：

$RMSE_s$——风速预报均方根误差；

$NF_s$——风速预报总站(次)数；

$j$——风速预报站(次)标识；

$F_{s,j}$——第 $j$ 站(次)风速预报值；

$O_{s,j}$——第 $j$ 站(次)风速实况值。

3.2.2.4 平均误差为预报风速与实况风速之间误差的平均值，检验公式如下：

$$ME_s=\frac{1}{NF_s}\sum_{j=1}^{NF_s}(F_{s,j}-O_{s,j}) \qquad \cdots\cdots\cdots\cdots(8)$$

式中：

$ME_s$——风速预报平均误差；

$NF_s$——风速预报总站(次)数；

$j$——风速预报站(次)标识；

$F_{s,j}$——第 $j$ 站(次)风速预报值；

$O_{s,j}$——第 $j$ 站(次)风速实况值。

## 3.3 风预报检验

风预报检验为风向、风力同时检验，用准确率表示。风预报准确率为风预报正确站(次)数与风预报总站(次)数的百分比。风向预报正确且预报风力和实况风力在同一检验等级，则为风预报正确。风预报准确率检验公式如下：

$$AC_{w,k} = \frac{NR_{w,k}}{NF_{w,k}} \times 100\% \quad \cdots\cdots(9)$$

式中：

$AC_{w,k}$——风预报准确率；

$NR_{w,k}$——风预报正确站（次）数；

$NF_{w,k}$——风预报总站（次）数。

# 附 录 A
## (规范性附录)
## 风向方位与角度对照关系

表 A.1 给出了 8 方位风向和角度的对照关系。8 方位时一个方位角为 45°。

**表 A.1 8 方位风向与角度对照表**

| 方位 | 符号 | 中心角度/° | 角度范围/° |
|---|---|---|---|
| 北 | N | 0 | 337.6～22.5 |
| 东北 | NE | 45 | 22.6～67.5 |
| 东 | E | 90 | 67.6～112.5 |
| 东南 | SE | 135 | 112.6～157.5 |
| 南 | S | 180 | 157.6～202.5 |
| 西南 | SW | 225 | 202.6～247.5 |
| 西 | W | 270 | 247.6～292.5 |
| 西北 | NW | 315 | 292.6～337.5 |
| 静风 | C | 风速小于或等于 0.2 m/s | |

表 A.2 给出了 16 方位风向和角度的对照关系。16 方位时一个方位角为 22.5°。

**表 A.2 16 方位风向与角度对照表**

| 方位 | 符号 | 中心角度/° | 角度范围/° |
|---|---|---|---|
| 北 | N | 0 | 348.76～11.25 |
| 北东北 | NNE | 22.5 | 11.26～33.75 |
| 东北 | NE | 45 | 33.76～56.25 |
| 东东北 | ENE | 67.5 | 56.26～78.75 |
| 东 | E | 90 | 78.76～101.25 |
| 东东南 | ESE | 112.5 | 101.26～123.75 |
| 东南 | SE | 135 | 123.76～146.25 |
| 南东南 | SSE | 157.5 | 146.26～168.75 |
| 南 | S | 180 | 168.76～191.25 |
| 南西南 | SSW | 202.5 | 191.26～213.75 |
| 西南 | SW | 225 | 213.76～236.25 |
| 西西南 | WSW | 247.5 | 236.26～258.75 |
| 西 | W | 270 | 258.76～281.25 |
| 西西北 | WNW | 292.5 | 281.26～303.75 |
| 西北 | NW | 315 | 303.76～326.25 |
| 北西北 | NNW | 337.5 | 326.26～348.75 |
| 静风 | C | 风速小于或等于 0.2 m/s | |

# 附　录　B
## （规范性附录）
## 风力等级划分

表 B.1 给出了风力等级的划分。

**表 B.1　风力等级划分表**

| 风力<br>级 | 风速<br>m/s |
|---|---|
| 0 | 0.0～0.2 |
| 1 | 0.3～1.5 |
| 2 | 1.6～3.3 |
| 3 | 3.4～5.4 |
| 4 | 5.5～7.9 |
| 5 | 8.0～10.7 |
| 6 | 10.8～13.8 |
| 7 | 13.9～17.1 |
| 8 | 17.2～20.7 |
| 9 | 20.8～24.4 |
| 10 | 24.5～28.4 |
| 11 | 28.5～32.6 |
| 12 | 32.7～36.9 |
| 13 | 37.0～41.4 |
| 14 | 41.5～46.1 |
| 15 | 46.2～50.9 |
| 16 | 51.0～56.0 |
| 17 | ≥56.1 |

**注**：引自 GB/T 28591－2012 第 3.2 条。

## 参 考 文 献

[1] GB/T 21984—2008 短期天气预报

[2] GB/T 28591—2012 风力等级

[3] QX/T 51—2007 地面观测规范 第7部分:风向和风速观测

[4] 中国气象局.关于下发中短期天气预报质量检验办法(试行)的通知.2005

[5] 中国气象局.关于印发《气象灾害预警信号发布业务规定》的通知.2008

[6] 中国气象局.关于印发《沿岸海区风预报质量检验办法》的通知.2012

[7] 中国气象局.关于印发中短期天气预报质量检验工作改革方案的通知.2012

[8] World Climate Research Programme. Forecast Verification: Issues, Methods and FAQ. http://www.cawcr.gov.au/projects/verification/

ICS 07.060
A 47
备案号：46691—2014

# 中华人民共和国气象行业标准

QX/T 230—2014

# 中小学校雷电防护技术规范

**Technical specification for lightning protection of primary schools and middle schools**

2014-07-25 发布　　　　2014-12-01 实施

中国气象局　发布

# 前言

本标准按照 GB/T 1.1—2009 给出的规则起草。

本标准由全国雷电灾害防御行业标准化技术委员会提出并归口。

本标准起草单位:深圳市防雷中心、吉林省防雷减灾中心、贵州省防雷中心。

本标准主要起草人:余立平、孙丹波、高继才、甘文强、杨悦新、安文、王建国、周道刚、刘敦训、唐宝均、王羽飞、郭宏博。

# 中小学校雷电防护技术规范

## 1 范围

本标准规定了中小学校(简称学校)雷电防护的基本要求、设计要求、施工要求、管理和维护。

本标准适用于新建、改建和扩建学校的雷电防护,特殊教育学校、幼儿园、儿童福利院的雷电防护可参照使用。

## 2 规范性引用文件

下列文件对于本文件的应用是必不可少的。凡是注日期的引用文件,仅注日期的版本适用于本文件。凡是不注日期的引用文件,其最新版本(包括所有的修改单)适用于本文件。

GB/T 21714.3—2008 雷电防护 第3部分:建筑物的物理损坏和生命危险(IEC 62305-3:2006,IDT)

GB 50054—2011 低压配电设计规范

GB 50057—2010 建筑物防雷设计规范

GB 50169—2006 电气装置安装工程接地装置施工及验收规范

GB 50204 混凝土结构工程施工质量验收规范

GB 50311—2007 综合布线系统工程设计规范

GB 50601—2010 建筑物防雷工程施工与质量验收规范

QX 4 气象台(站)防雷技术规范

QX/T 10.2—2007 电涌保护器 第2部分:低压电气系统中的选择和使用原则

QX/T 10.3—2007 电涌保护器 第3部分:在电子系统信号网络中的选择和使用原则

QX 30—2004 自动气象站场室防雷技术规范

## 3 术语和定义

GB 50057—2010界定的术语和定义适用于本文件。为了便于使用,以下重复列出了GB 50057—2010中的一些术语和定义。

### 3.1

**直击雷 direct lightning flash**

闪击直接击于建(构)筑物、其他物体、大地或外部防雷装置上,产生电效应、热效应和机械力者。

[GB 50057—2010,定义2.0.13]

### 3.2

**雷击电磁脉冲 lightning electromagnetic impulse;LEMP**

雷电流经电阻、电感、电容耦合产生的电磁效应,包含闪电电涌和辐射电磁场。

[GB 50057—2010,定义2.0.25]

### 3.3

**防雷装置 lightning protection system;LPS**

用于减少闪击击于建(构)筑物上或建(构)筑物附近造成的物质性损害和人身伤亡,由外部防雷装置和内部防雷装置组成。

[GB 50057—2010,定义 2.0.5]

3.4

**外部防雷装置　external lightning protection system**

由接闪器、引下线和接地装置组成。

[GB 50057—2010,定义 2.0.6]

3.5

**内部防雷装置　internal lightning protection system**

由防雷等电位连接和与外部防雷装置的间隔距离组成。

[GB 50057—2010,定义 2.0.7]

3.6

**接闪器　air-termination system**

由拦截闪击的接闪杆、接闪带、接闪线、接闪网以及金属屋面、金属构件等组成。

注:以前接闪杆称为避雷针、接闪带称为避雷带、接闪线称为避雷线、接闪网称为避雷网。

[GB 50057—2010,定义 2.0.8]

3.7

**引下线　down-conductor system**

用于将雷电流从接闪器传导至接地装置的导体。

[GB 50057—2010,定义 2.0.9]

3.8

**接地装置　earth-termination system**

接地体和接地线的总合,用于传导雷电流并将其流散入大地。

[GB 50057—2010,定义 2.0.10]

3.9

**电涌保护器　surge protective device;SPD**

用于限制瞬态过电压和分泄电涌电流的器件。它至少含有一个非线性元件。

[GB 50057—2010,定义 2.0.29]

## 4　基本要求

4.1　应在认真调查地理、地质、土壤、气象、环境等条件和雷电活动规律及中小学校特点的基础上进行防雷设计,研究防雷装置的形式及其布置。

4.2　在可能发生对地闪击的地区,应根据学校建筑物的重要性、使用性质及雷电事故发生的可能性和后果,将学校建筑物分为以下三个防雷等级:

a)　遇下列情况之一时,应划为第一等防雷建筑物:
  1)　预计年雷击次数大于 0.05 次的人员密集的建筑物;
  2)　属于国家级重点文物保护的建筑物。

b)　遇下列情况之一时,应划为第二等防雷建筑物:
  1)　预计年雷击次数大于或等于 0.01 次,且小于或等于 0.05 次的人员密集的建筑物;
  2)　属于省级重点文物保护的建筑物;
  3)　在平均雷暴日大于 15 d/a 的地区,15 m 及以上的烟囱、水塔等孤立高耸建筑物,或者在平均雷暴日小于或等于 15 d/a 的地区,20 m 及以上的烟囱、水塔等孤立高耸建筑物。

c)　遇下列情况之一时,应划为第三等防雷建筑物:

1) 预计年雷击次数大于或等于 0.003 次，且小于 0.01 次的人员密集的建筑物；
2) 属于市(县)级重点文物保护的建筑物；
3) 历史上发生过雷电灾害的学校。

4.3 不同防雷等级的学校建筑物应按对应等级的防雷要求分别进行防雷工程设计、施工。
4.4 学校新建建筑物在建设前宜按 GB/T 21714.2—2008 中的技术规定进行雷击风险评估。
4.5 学校建筑物的防雷设计、施工宜与学校建设或改造同步进行。
4.6 使用的防雷装置应符合附录 A 的要求。

## 5 设计要求

### 5.1 一般要求

5.1.1 各等级防雷建筑物均应装设外部防雷装置。
5.1.2 在建筑物的地下室或地面层，建筑物金属体、金属装置、建筑物内系统和进出建筑物的金属管线应与防雷装置做等电位连接；除上述措施外，建筑物金属体、金属装置、建筑物内系统与外部防雷装置之间，应满足 GB 50057—2010 中 4.3.8 和 4.4.7 规定的间隔距离要求。
5.1.3 有电气系统和电子系统的各等级防雷建筑物，当其建筑物内系统所接设备的重要性高，以及所处雷击电磁环境和加于设备的闪电电涌满足不了要求时，应采取雷击电磁脉冲防护措施。

### 5.2 直击雷防护

#### 5.2.1 接闪器

5.2.1.1 接闪器应由以下一种或多种组成：
a) 独立接闪杆；
b) 架空接闪线；
c) 直接装设在建筑物上的接闪杆、接闪带或接闪网。

5.2.1.2 接闪器的材料规格应符合附录 A 的 A.1 的要求。
5.2.1.3 接闪器的布置应符合表 1 的要求。

**表 1 接闪器的布置要求**

| 学校建筑防雷等级 | 滚球半径 | 接闪网网格尺寸 |
| --- | --- | --- |
| 第一等防雷建筑物 | 45 m | ≤10 m×10 m 或≤8 m×12 m |
| 第二等防雷建筑物 | 60 m | ≤20 m×20 m 或≤16 m×24 m |
| 第三等防雷建筑物 | 75 m | ≤30 m×30 m 或≤24 m×36 m |

5.2.1.4 利用金属屋面做接闪器时，应符合附录 A 的 A.1.2 的要求。
5.2.1.5 突出屋面的烟囱、广告牌、冷却塔、太阳能热水器的支架、金属棚、晒衣架、空调风机等金属物体，应采取下列防雷措施：
a) 金属物体应和屋面防雷装置相连；
b) 在屋面接闪器保护范围之外的非金属物体应加装接闪杆，接闪杆应与屋面防雷装置相连。接闪杆的保护范围应按表 1 规定的滚球半径计算。对尺寸较大或突出屋面高于接闪器超过 0.5 m的物体应另增设接闪器。

5.2.1.6 对于砖烟囱、钢筋混凝土烟囱，应在烟囱上装设接闪杆或环形接闪带。

5.2.1.7 在独立接闪杆、架空接闪线上不得悬挂电话线、广播线、电视接收天线及低压架空线等物体。

5.2.1.8 位于高山的学校宜根据环境情况设置水平状接闪器防止自下而上的雷击。

#### 5.2.2 引下线

5.2.2.1 应沿建筑物四周均匀或对称地布置引下线。引下线应不少于两根,其平均间距应符合表2的要求。

**表2 引下线的最大平均间距要求**

| 学校建筑防雷等级 | 引下线最大平均间距要求 |
|---|---|
| 第一等防雷建筑物 | 18 m |
| 第二等防雷建筑物 | 25 m |
| 第三等防雷建筑物 | 30 m |

5.2.2.2 引下线的材料规格应符合附录A的表A.1的要求。

5.2.2.3 引下线明敷时,应采取如下措施之一:

a) 外露引下线,其距地面2.7 m以下的导体使用耐1.2/50 μs冲击电压100 kV的绝缘层隔离,或使用不小于3 mm厚的交联聚乙烯层隔离;

b) 设立阻止人员进入的护栏或警示牌,使进入距引下线3 m范围内地面的可能性减小到最低限度。

5.2.2.4 钢筋混凝土结构的建筑物宜利用钢筋混凝土屋面、梁、柱、基础内的钢筋作为引下线。

5.2.2.5 高度不超过40 m的烟囱,可只设一根引下线,超过40 m时应设两根引下线。可利用螺栓连接或焊接的一座金属爬梯作为两根引下线用。钢筋混凝土烟囱的钢筋应在其顶部和底部与引下线和贯通连接的金属爬梯相连。金属烟囱可作为接闪器和引下线。

5.2.2.6 引下线上不得附着其他电气线路、通信线、信号线,当在学校内的通信塔或其他高耸金属构架这些实际上起接闪作用的金属物上敷设电气线路、通信线、信号线时,线路应采用直埋于土壤中的铠装电缆或穿金属管敷设的导线。电缆的金属护层或金属管应两端接地,埋入土壤中的长度应不小于10 m。

#### 5.2.3 接地装置

5.2.3.1 学校建筑物防雷接地体可按以下两种形式设置:

a) A型接地体:与引下线连接的单独的人工水平接地体和(或)人工垂直接地体;

b) B型接地体:利用建筑物基础接地体或人工敷设的包围建筑物的环形接地体。

5.2.3.2 接地装置的接地体材料规格应符合附录A的表A.2的要求,人工接地装置的接地线应与水平接地体的截面面积相同。

5.2.3.3 接地装置的冲击接地电阻值应符合表3的要求。当土壤电阻率较高等原因难于满足表3的要求时,若采用A型接地体,接地体最小长度应满足GB/T 21714.3—2008中5.4.2.1的规定。若采用B型接地体,第一等防雷建筑物环形接地体应满足GB 50057—2010中4.3.6的规定,第二等、第三等防雷建筑物的环形接地体应满足GB 50057—2010中4.4.6的规定。按上述方法布置接地体以及环形接地体所包围面积的等效圆半径等于或大于所规定的值时,可不计及冲击接地电阻。

表3　接地装置冲击接地电阻值要求

| 学校建筑防雷等级 | 冲击接地电阻值 |
| --- | --- |
| 第一等防雷建筑物 | 不大于 10 Ω |
| 第二等防雷建筑物 | 不大于 30 Ω |
| 第三等防雷建筑物 | 不大于 30 Ω |

5.2.3.4　接地装置在土壤中的埋设深度应不小于 0.5 m。角钢、钢管、铜棒、铜管等接地体应垂直配置。人工垂直接地体的长度宜为 2.5 m，其间距宜不小于 5 m。

5.2.3.5　接地系统宜采用共用接地方式，接地电阻应不大于 50 Hz 电气装置对人身安全所要求的阻值。电气装置的安全接地电阻值要求见 GB 50054—2011。

5.2.3.6　为防止跨步电压对出入建筑物的人员造成伤害，应采用以下一种或多种方法：

a)　利用建筑物金属构架和建筑物互相连接的钢筋在电气上是贯通且不少于 10 根柱子组成的自然引下线，作为自然引下线的柱子包括位于建筑物四周和建筑物内的柱子；

b)　引下线 3 m 范围内地表层的电阻率不小于 50 kΩm，或敷设 5 cm 厚沥青层或 15 cm 厚砾石层；

c)　用网状接地装置对地面做均衡电位处理；

d)　使用护栏、警示牌使进入距引下线 3 m 范围内地面的可能性减小到最低限度。

## 5.3　电气系统和电子系统的雷电防护

5.3.1　电气系统的电磁屏蔽和等电位连接应符合 GB 50057—2010 的要求，电涌保护器的选择和安装应符合 QX/T 10.2—2007 的要求。

5.3.2　计算机网络控制系统、视听教学系统、安全防范监控系统、通信网络系统、卫星接收及有线电视系统、有线广播及扩声系统等电子系统在直击雷防护措施完善的前提下，还应符合 GB 50057—2010 对电磁屏蔽和等电位连接的要求，电涌保护器的选择和安装应符合 QX/T 10.3—2007 的要求。具体措施见附录 B。

## 5.4　其他场所和设施的雷电防护

5.4.1　学校食堂、锅炉房等采用金属燃气管道且主管道已采取了阴极保护措施时，应在燃气供气管道入户处接入绝缘段或绝缘法兰盘。绝缘段或绝缘法兰盘两端安装的电源 SPD 应符合 GB 50057—2010 中 4.2.4 的第 13 款和第 14 款的要求。

5.4.2　校园气象站的防雷措施应符合 QX 4 和 QX 30—2004 的要求。

5.4.3　学校操场的金属旗杆、金属围栏等金属设施应做好接地，接地电阻值不宜大于 30 Ω，并应采取防接触电压、防跨步电压措施。户外活动器材、高杆灯、报栏、车棚、雕塑等金属物体应进行接地处理，接地装置应符合 5.2.3 的要求。

5.4.4　经园林或林业管理部门确认的校园古树宜采取直击雷防护措施。当古树高度低于 20 m 时，可在古树群中央部位设置独立接闪杆，使周边古树在其保护范围内。接闪杆的滚球半径可取 75 m；当古树高度高于 20 m 时，可在古树树冠的主要干叉上装设圆钢制成的短接闪杆，并使其高于树冠 2 m，同时用软钢绞线上端与接闪杆电气连接、中间部分弯曲布设，并与树根附近的人工垂直接地极连接。

5.4.5　屋顶太阳能热水器宜设置接闪杆进行保护，金属支架应采用不小于直径 8 mm 的圆钢与屋面防雷装置作等电位连接。接闪杆与智能型太阳能热水器的距离不宜小于 3 m，智能型太阳能热水器应处于 $LPZ0_B$ 区内，电源线路、液位传感器线路、温度传感器线路等应套金属线槽（钢管）敷设，金属线槽（钢管）应全长保持电气连通并作两端接地处理。太阳能热水器的电源线路在入户端应安装电源 SPD，信号线路入户端宜安装信号SPD。应有雷雨天气不要使用的警示。

5.4.6 卫星接收及有线电视系统的屋面天线应装设接闪杆，接闪杆与天线的间距不宜小于3 m，天线应处于$LPZ0_B$区内。天线馈线除了应采取屏蔽措施且屏蔽体应两端接地外，还应采取防闪电电涌侵入和过电压保护措施。若有线电视的天线放大器设置在竖杆上，并采用专用电源线供电，则电源线应穿金属管敷设，其金属管应与竖杆(架)进行电气连接。

## 6 施工要求

### 6.1 一般要求

6.1.1 施工人员、资质和计量器具应符合下列要求：

a) 施工中的各工种技工、技术人员均应具备相应的资格并持证上岗；

b) 施工单位应具备相应的防雷工程施工资质；

c) 在安装和调试中使用的各种计量器具，应经法定计量认证机构检定合格，并应在检定合格有效期内。

6.1.2 防雷工程采用的主要设备、材料、成品、半成品进场检验结论应有记录，并应在确认符合附录A的要求后再在施工中应用。对依法定程序批准进入市场的新设备、器具和材料进场验收，供应商应提供安装、使用、维修和试验要求等技术文件。对进口设备、器具和材料进场验收，供应商应提供商品检验(或国内检测机构)证明和中文的质量合格证明文件，规格、型号、性能检验报告，以及中文的安装、使用、维修和试验要求等技术文件。当对防雷工程采用的主要设备、材料、成品、半成品存在异议时，应由法定检测机构的试验室进行抽样检测，并应出具检测报告。

6.1.3 各工序应按GB 50601—2010的规定进行质量控制，每道工序完成后应进行检查。相关各专业工种之间应进行交接检验，并形成记录(含隐蔽工程记录)。未经监理工程师或建设单位技术负责人检查确认，不得进行下道工序施工。

6.1.4 除设计要求外，承力建筑钢结构构件上，不得采用熔焊工艺连接固定低压电气设备、线路和器具的支架、螺栓等部件，应采用机械连接，且不得热加工开孔。

### 6.2 接闪器安装

6.2.1 专用接闪杆应能承受0.7 $kN/m^2$基本风压，在经常发生台风和大于11级大风的地区，应增大其抗风能力。专用接闪杆位置应正确，螺栓固定的应有防松零件(垫圈)，焊接固定的焊缝应饱满无遗漏，焊接部分补刷的防腐油漆应完整。接闪导线应位置正确、平正顺直、无急弯。

6.2.2 接地体的连接应采用焊接，并宜采用放热焊接(热剂焊)。当采用通用的焊接方法时，应在焊接处做防腐处理。钢材、铜材的焊接应符合以下要求：

a) 导体为钢材时，焊接时的搭接长度及焊接方法要求见表4；

b) 导体为铜材与铜材或铜材与钢材时，连接工艺应采用放热焊接，其熔接接头应符合下列规定：

1) 被连接的导体应完全包在接头里；

2) 应保证连接部位的金属完全熔化，连接牢固；

3) 放热焊接接头的表面应平滑且无贯穿性气孔。

表 4　防雷装置钢材焊接时的搭线长度及焊接方法

| 焊接材料 | 搭接长度 | 焊接方法 |
|---|---|---|
| 扁钢与扁钢 | 不应少于扁钢宽度的 2 倍 | 不少于 3 个棱边焊接 |
| 圆钢与圆钢 | 不应少于圆钢直径的 6 倍 | 双面施焊 |
| 圆钢与扁钢 | 不应少于圆钢直径的 6 倍 | 双面施焊 |
| 扁钢与钢管、扁钢与角钢 | 紧贴角钢外侧两面或紧贴 3/4 钢管表面，上下两侧施焊，并应焊以由扁钢弯成的弧形（或直角形）卡子或直接由扁钢本身弯成弧形或直角形与钢管或角钢焊接 | |

6.2.3　固定接闪带的固定支架应固定可靠，每个固定支架应能承受 49 N(5kgf)的垂直拉力。固定支架应均匀，并符合表 5 中的间距要求。

表 5　明敷接闪导体和引下线固定支架的间距

| 布置方式 | 扁形导体和绞线固定支架的间距 | 单根圆形导体固定支架的间距 |
|---|---|---|
| 水平面上的水平导体 | 500 mm | 1000 mm |
| 垂直面上的水平导体 | 500 mm | 1000 mm |
| 地面至 20 m 处的垂直导体 | 1000 mm | 1000 mm |
| 从 20 m 处起往上的垂直导体 | 500 mm | 1000 mm |

6.2.4　校园内古建筑防雷工程施工中，应遵守不改变文物原状的文物保护原则。选择使用接闪带的颜色应与古建筑物相应位置的颜色协调一致，接闪带应随形敷设。固定支架固定在屋面脊瓦时不应对脊瓦造成破坏或破坏屋面的防水结构。古建筑防雷工程中接闪带的安装方法可参见图集《建筑物防雷设施安装》99D501-1 中的做法。

## 6.3　引下线安装

6.3.1　暗敷或明敷的专用引下线应分段固定，并以最短路径敷设到接地体，敷设应平正顺直、无急弯。焊螺栓固定的应有防松零件（垫圈），接固定的焊缝饱满无遗漏，焊接部分补刷的防腐油漆完整。

6.3.2　引下线安装应与易燃材料的墙壁或墙体保温层间距大于 0.1 m。按 GB/T 21714.3—2008 中 D.5.1 的规定，当难以实现 0.1 m 要求时，引下线截面面积应不小于 100 $mm^2$。

6.3.3　引下线固定支架应固定可靠，每个固定支架应能承受 49 N(5 kgf)的垂直拉力。固定支架应均匀，并符合表 5 中的间距要求。在校园内古建筑中沿廊柱引下时，不应使用钉入柱内的固定支架，而应采用圆抱箍进行固定。

6.3.4　引下线可利用建筑物的钢梁、钢柱、消防梯等金属构件作为自然引下线，这些金属构件之间应电气贯通，可采用铜锌合金焊、熔焊、卷边压接、缝接、螺钉或螺栓进行连接。当利用混凝土内钢筋、钢柱作为自然引下线并采用基础钢筋接地体时，不宜设断接卡，但应在室外墙体上留出供测量用的测接地电阻孔洞及与引下线相连的测试点接头。暗敷的自然引下线（柱内钢筋）的施工应符合 GB 50204 的要求。对混凝土柱内钢筋的连接，应采用土建施工的绑扎法、螺丝扣连接等机械连接或对焊、搭焊等焊接连接。

6.3.5　引下线不应敷设在下水管道内，不宜敷设在排水槽沟内。

## 6.4　接地装置安装

6.4.1　接地体的连接应采用焊接，并宜采用放热焊接（热剂焊）。当采用通用的焊接方法时，应在焊接处做防腐处理。钢材、铜材的焊接应符合 6.2.2 的要求。

6.4.2 接地线连接要求及防止发生机械损伤和化学腐蚀的措施应符合 GB 50169—2006 中 3.2.7，3.3.1和 3.3.3 的要求。

6.4.3 降低接地电阻的方法包括：

a) 将垂直接地体深埋到低电阻率的土壤中或扩大接地体与土壤的接触面积；

b) 置换成低电阻率的土壤；

c) 采用降阻剂或新型接地材料。

6.4.4 在永冻土地区和采用深孔(井)技术的降阻方法应符合 GB 50169—2006 中 3.2.10 的要求。

## 7 管理和维护

7.1 学校防雷工程施工与质量验收应符合 GB 50601—2010 的要求。防雷工程(子分部工程)应由具备资质的机构进行检测验收。

7.2 应确定专人负责管理和维护学校防雷装置，每年应对学校的防雷装置进行检测，防雷装置检测宜在雷雨季节前进行。应及时对防雷装置的设计、安装、综合布线等图纸和防雷装置检测报告资料进行归档保存。如需对建筑物进行防雷工程整改，应及时制定整改措施并加以落实，消除隐患。

7.3 学校应及时把雷电预警信息发布给师生，宜安装雷电预警系统和 LED 显示屏。

7.4 在雷雨天气应停止在操场活动并远离旗杆、金属围栏、大树等以防旁侧闪络造成人员伤害。

7.5 学校应建立健全雷电灾害报告制度，在遭受雷电灾害后应及时向教育行政主管部门和气象主管机构报告灾情，并协助气象主管机构做好雷电灾害的调查、鉴定工作，分析雷电灾害事故原因，提出解决方案和措施。

7.6 检查维护和检测应有详细记录，并由参加检测人员填写、整理。记录内容应包括：

a) 接闪器、引下线的总体情况；

b) 保护措施和材料现状；

c) 接地装置的接地电阻；

d) 电涌保护器的功能状况，雷击计数器的记录值；

e) 对雷击防护装置的评估和建议，以及整改情况。

7.7 学校应经常对师生进行防雷安全教育。

# 附 录 A
## (规范性附录)
## 防雷装置的材料、规格和试验要求

## A.1 接闪器和引下线的材料规格

**A.1.1** 接闪杆、接闪线、接闪带和引下线的材料规格见表A.1。

**表 A.1 接闪杆、接闪线、接闪带和引下线的材料规格**

| 材料 | 结构 | 最小截面面积[j] $mm^2$ | 备注 |
| --- | --- | --- | --- |
| 铜、镀锡铜[a] | 单根扁铜 | 50 | 厚度 2 mm |
| | 单根圆铜[g] | 50 | 直径 8 mm |
| | 铜绞线 | 50 | 每股线直径 1.7 mm |
| | 单根圆铜[c,d] | 176 | 直径 15 mm |
| 铝 | 单根扁铝 | 70 | 厚度 3 mm |
| | 单根圆铝 | 50 | 直径 8 mm |
| | 铝绞线 | 50 | 每股线直径 1.7 mm |
| 铝合金 | 单根扁形导体 | 50 | 厚度 2.5 mm |
| | 单根圆形导体 | 50 | 直径 8 mm |
| | 绞线 | 50 | 每股线直径 1.7 mm |
| | 单根圆形导体[c] | 176 | 直径 15 mm |
| | 外表面镀铜的单根圆形导体 | 50 | 直径 8mm，径向镀铜厚度至少 70μm，铜纯度 99.9% |
| 热浸镀锌钢[b] | 单根扁钢 | 50 | 厚度 2.5 mm |
| | 单根圆钢[i] | 50 | 直径 8 mm |
| | 绞线 | 50 | 每股线直径 1.7 mm |
| | 单根圆钢[c,d] | 176 | 直径 15 mm |
| 不锈钢[e] | 单根扁钢[f] | 50[h] | 厚度 2 mm |
| | 单根圆钢[f] | 50[h] | 直径 8 mm |
| | 绞线 | 70 | 每股线直径 1.7 mm |
| | 单根圆钢[c,d] | 176 | 直径 15 mm |
| 外表面镀铜的钢 | 单根圆钢(直径 8 mm) | 50 | 镀铜厚度至少 70μm，铜纯度 99.9% |
| | 单根扁钢(厚 2.5mm) | | |

[a] 热浸或电镀锡的锡层最小厚度为 1μm。

[b] 镀锌层宜光滑连贯、无焊剂斑点。圆钢镀锌层厚度至少为 22.7 $g/m^2$、扁钢镀锌层厚度至少为 32.4 $g/m^2$。

**表 A.1 接闪杆、接闪线、接闪带和引下线的材料规格(续)**

| |
|---|
| [c]仅应用于接闪杆。当应用于机械应力(例如风力)不构成危险时,可采用直径 10 mm、最长 1 m 的接闪杆,并增加固定。<br>[d]仅应用于入地之处。<br>[e]不锈钢中,铬的含量大于或等于 16%、镍的含量大于或等于 8%、碳的含量小于或等于 0.08%。<br>[f]对埋于混凝土中以及与可燃材料直接接触的不锈钢,当为单根圆钢时最小尺寸宜增大至直径 10 mm、截面面积 78 mm$^2$;当为单根扁钢时,最小厚度宜为 3 mm、截面面积 75 mm$^2$。<br>[g]在机械强度没有重要要求之处,截面面积 50 mm$^2$(直径 8 mm)可减为截面面积 28 mm$^2$(直径 6 mm)。并应减小固定支架间的间距。<br>[h]当温升和机械受力是重点考虑之处,50 mm$^2$加大至 75 mm$^2$。<br>[i]铜、铝、钢、不锈钢等材料避免在单位能量 10 MJ/Ω 下熔化的最小截面面积分别是 16 mm$^2$,25 mm$^2$,50 mm$^2$,50 mm$^2$。<br>[j]截面积允许误差为−3%。 |

**A.1.2** 利用金属屋面做建筑物的接闪器时,下列不同情况下,接闪的金属屋面的材料和规格分别为:

a) 金属板下无易燃物品时:
——铅板厚度大于或等于 2 mm;
——钢板、钛板、铜板厚度大于或等于 0.5 mm;
——铝板厚度大于或等于 0.65 mm;
——锌板大于或等于 0.7 mm。

b) 金属板下有易燃物品时:
——钢板、钛板厚度大于或等于 4 mm;
——铜板厚度大于或等于 5 mm;
——铝板厚度大于或等于 7 mm。

c) 使用单层彩钢板为屋面接闪器时,其厚度应满足 A.1.2 a)或 A.1.2 b)的要求;

d) 使用双层夹保温材料的彩钢板时,如保温材料为非阻燃材料和(或)彩钢板下无阻隔材料(如石膏板、水泥板等),不宜在有易燃物品的场所使用。

## A.2 接地体的材料规格

接地体的材料规格见表 A.2。

**表 A.2 接地体的材料规格**

| 材料 | 结构 | 最小尺寸 | | | 备注 |
|---|---|---|---|---|---|
| | | 垂直接地体最小直径 mm | 水平接地体最小截面面积或直径 $mm^2$ | 接地板最小尺寸 mm | |
| 铜 | 铜绞线 | — | 50 | — | 每股直径 1.7 mm |
| | 单根圆铜 | — | 50 | — | 直径 8 mm |
| | 单根扁铜 | — | 50 | — | 厚度 2 mm |
| | 单根圆铜 | 15 | — | — | — |
| | 铜管 | 20 | — | — | 壁厚 2 mm |
| | 整块铜板 | — | — | 500×500 | 厚度 2 mm |
| | 网格铜板 | — | — | 600×600 | 各网格边截面为 25 mm×2 mm，网格网边总长度不少于 4.8 m |
| 钢 | 热镀锌圆钢 | 14 | 78 | — | — |
| | 热镀锌钢管 | 20 | — | — | 壁厚 2 mm |
| | 热镀锌扁钢 | — | 90 | — | 厚度 3 mm |
| | 热镀锌钢板 | — | — | 500×500 | 厚度 3 mm |
| | 热镀锌网格钢板 | — | — | 600×600 | 各网格边截面为 30 mm×3 mm，网格网边总长度不少于 4.8m |
| | 镀铜圆钢 | 14 | — | — | 径向镀铜层至少 250 μm，铜纯度 99.9% |
| | 裸圆钢 | 14 | 78 | — | — |
| | 裸扁钢或热镀锌扁钢 | — | 90 | — | 厚度 3 mm |
| | 热镀锌、钢绞线 | — | 70 | — | 每股直径 1.7 mm |
| | 热镀锌角钢 | 50×50×3 | — | — | — |
| | 镀铜圆钢 | — | 50 | — | 径向镀铜层至少 250μm，铜纯度 99.9% |
| 不锈钢 | 圆形导体 | 16 | 78 | — | — |
| | 扁形导体 | — | 100 | — | 厚度 2 mm |

镀锌层应光滑连贯、无焊剂斑点，镀锌层至小圆钢镀层厚度为 22.7 $g/m^2$、扁钢为 32.4 $g/m^2$。

热镀锌之前螺纹应先加工好。

铜应与钢结合良好。

**注 1**：铜绞线、单根圆铜、单根扁铜也可采用镀锡。

**注 2**：裸圆钢、裸扁钢和钢绞线作为接地体时，只有在完全埋在混凝土中时才可采用。

**注 3**：裸扁钢或热镀锌扁钢、热镀锌钢绞线，只适用于与建筑物内的钢筋或钢结构每隔 5 m 的连接。

**注 4**：不锈钢中铬大于或等于 16%，镍大于或等于 5%，钼大于或等于 2%，碳小于或等于 0.08%。

**注 5**：截面积允许误差为－3%。

**注 6**：不同截面的型钢，其截面面积不小于 290 $mm^2$，最小厚度为 3 mm。可用 50 mm×50 mm×3 mm 的角钢做垂直接地体。

## A.3 等电位连接导体的材料规格

防雷装置各连接部件的最小截面面积规格见表A.3。

**表A.3 防雷装置各连接部件的最小截面面积**

<table>
<tr><th colspan="3">等电位连接部件</th><th>材料</th><th>截面<br>mm²</th></tr>
<tr><td colspan="3">等电位连接带(铜或热镀锌钢)</td><td>铜、铁</td><td>50</td></tr>
<tr><td colspan="3" rowspan="3">从等电位连接带至接地装置或至其他等电位连接带的连接导体</td><td>铜</td><td>16</td></tr>
<tr><td>铝</td><td>25</td></tr>
<tr><td>铁</td><td>50</td></tr>
<tr><td colspan="3" rowspan="3">从屋内金属装置至等电位连接带的连接导体</td><td>铜</td><td>6</td></tr>
<tr><td>铝</td><td>10</td></tr>
<tr><td>铁</td><td>16</td></tr>
<tr><td rowspan="5">连接SPD的导体</td><td rowspan="3">电气系统</td><td>Ⅰ级试验的SPD</td><td rowspan="5">铜</td><td>6</td></tr>
<tr><td>Ⅱ级试验的SPD</td><td>2.5</td></tr>
<tr><td>Ⅲ级试验的SPD</td><td>1.5</td></tr>
<tr><td rowspan="2">电子系统</td><td>D1类SPD</td><td>1.2</td></tr>
<tr><td>其他类SPD</td><td>根据具体情况确定<br>(连接导体的截面可小于1.2 mm²)</td></tr>
<tr><td colspan="5">连接单台或多台Ⅰ级分类试验或D1类SPD的单根导体的最小截面面积的计算方法,应符合GB 50057—2010中5.1.2的要求。</td></tr>
</table>

## A.4 低压配电系统的SPD分类

连接至低压配电系统的SPD分类见表A.4。

**表A.4 低压配电系统的SPD分类**

| 大类序号 | 分类方式 | 小类序号 | 具体分类 |
|---|---|---|---|
| 1 | 按有无串联附加阻抗 | 1<br>2 | 无串阻抗(单口)<br>串联阻抗(双口) |
| 2 | 按电路设计拓扑 | 3<br>4<br>5 | 电压开关型<br>电压限制型<br>组合型 |
| 3 | 按冲击试验类型 | 6<br>7<br>8 | Ⅰ级分类试验 $I_{imp}$ 即 T1<br>Ⅱ级分类试验 $I_{imx}$ 即 T2<br>Ⅲ级分类试验 $U_{OC}$ 即 T3 |

**表 A.4　低压配电系统的 SPD 分类(续)**

<table>
<tr><th>大类序号</th><th colspan="2">分类方式</th><th>小类序号</th><th>具体分类</th></tr>
<tr><td>4</td><td colspan="2">按可触及性</td><td>9<br>10</td><td>易触及型<br>不易触及型</td></tr>
<tr><td>5</td><td colspan="2">按安装方式</td><td>11<br>12</td><td>固定式<br>可移式</td></tr>
<tr><td rowspan="2">6</td><td rowspan="2">脱离器</td><td>安装位置</td><td>13<br>14<br>15</td><td>安在 SPD 内部<br>安在 SPD 外部<br>内、外部均有</td></tr>
<tr><td>保护功能</td><td>16<br>17<br>18</td><td>有防过热功能<br>有防泄漏电流功能<br>有防过电流功能</td></tr>
<tr><td>7</td><td colspan="2">后备过电流保护</td><td>19<br>20</td><td>有具体规定的<br>无具体规定的</td></tr>
<tr><td>8</td><td colspan="2">外壳保护等级</td><td>21<br>21+1<br>21+2<br>……<br>21+n</td><td>按 IP 代码规定划分</td></tr>
<tr><td>9</td><td colspan="2">温度范围</td><td>22<br>23</td><td>工作在正常温度范围<br>工作在异常温度范围</td></tr>
</table>

## A.5　电子系统信号网络的 SPD 分类

连接至电子系统信号网络的 SPD 分类见表 A.5 和表 A.6。

**表 A.5　电子系统信号网络的 SPD 分类**

| 大类序号 | 分类方式 | 小类序号 | 具体分类 |
| --- | --- | --- | --- |
| 1 | 有、无限流元件 | 1<br>2 | 无限流元件<br>有限流元件 |
| 2 | 按冲击试验分类 | 3<br>4<br>5<br>6 | A 类:见表 A.6<br>B 类:见表 A.6<br>C 类:见表 A.6<br>D 类:见表 A.6 |
| 3 | 按过载故障模式 | 7<br>8<br>9 | 模式 1<br>模式 2<br>模式 3 |
| 4 | 按使用地点分类 | 10<br>11 | 户外型<br>户内型 |

**表 A.5　电子系统信号网络的 SPD 分类(续)**

| 大类序号 | 分类方式 | 小类序号 | 具体分类 |
| --- | --- | --- | --- |
| 5 | 按线路对数 | 12 | 一对线的 |
| | | 13 | 一对线以上的 |
| 6 | 按限流器件的可复位性能 | 14 | 非复位的 |
| | | 15 | 可复位的 |
| | | 16 | 自动复位的 |
| 7 | 温度范围 | 17 | 工作在正常温度范围 |
| | | 18 | 工作在异常温度范围 |
| 8 | 外壳保护等级 | 19<br>19+1<br>……<br>19+$n$ | 按 IP 代码规定划分 |

**表 A.6　SPD 按实验方法分类**

| 类别 | 试验类型 | 开路电压 | 短路电流 |
| --- | --- | --- | --- |
| A1 | 很慢的上升速率 | ≥1 kV<br>0.1 kV/μs～100 kV/s | 10 A,0.1 A/μs～2 A/μs<br>≥1000 μs(持续时间) |
| A2 | AC | 按 GB/T 18802.21 中表 5 的规定实验 | |
| B1 | 慢的上升速率 | 1 kV,10/1000 μs | 100 A,10/1000μs |
| B2 | | 1 kV～4 kV,10/700 μs | 25 A～100 A,5/300 μs |
| B3 | 慢的上升速率 | ≥1 kV,100V/μs | 10 A～100A,10/1000 μs |
| C1 | 快的上升速率 | 0.5 kV～<1 kV,1.2/50μs | 0.25 kA～1 kA,8/20 μs |
| C2 | | 2 kV～10 kV,1.2/50μs | 1 kA～5 kA,8/20 μs |
| C3 | | ≥1 kV,1 kV/μs | 10 A～100 A,10/1000 μs |
| D1 | 高能量 | ≥1 kV | 0.5 kA～2.5 kA,10/350 μs |
| D2 | | ≥1 kV | 0.6 kA～2.0 kA,10/250 μs |

# 附　录　B
## （规范性附录）
## 学校电子系统的雷电防护措施

学校电子系统的雷电防护措施见表 B.1。

**表 B.1　学校电子系统的雷电防护措施**

| 系统 | 措施 | | | |
|---|---|---|---|---|
| | 屏蔽 | 等电位连接及接地 | 安装电涌保护器 | 其他 |
| 有线广播及扩声系统 | 电源线路、信号线路应采取屏蔽措施。 | 室内智能广播控制器、广播机柜、计算机等设备、设施应采取等电位连接措施；户外扬声器的金属外壳应与外部防雷装置或建筑物的结构钢筋作等电位连接措施。 | 广播室电源进线端应安装电源 SPD。 | 户外扩音器应接地并处在直击雷防护区内。 |
| 视听教学系统 | 电源线路、信号线路应采取屏蔽措施。 | 控制中心机房及各教室内视听教学设备的控制主机（台）、电脑主机外壳、金属机柜及金属线槽等设备、设施应采取等电位连接措施。 | 电源进线端应安装电源 SPD。信号线端口宜安装信号 SPD。 | — |
| 电话系统 | 电话线路应采取屏蔽措施。 | 电话程控交换机房的配电柜、交换机柜、分线箱等设备、设施应采取等电位连接措施。 | 电话程控交换机房电源进线端应安装电源 SPD，电话线路进线端宜安装信号 SPD。 | — |
| 消防系统 | 电源线路、信号线路应采取屏蔽措施。 | 火灾报警主机、联动控制柜、消防控制台等设备、设施应采取等电位连接措施。 | 消防系统的电源进线端应安装电源 SPD，消防设备前端宜安装信号 SPD。 | — |
| 安全防范监控系统、可视会商系统、考试系统 | 机房终端及监控设备端的电源线路、信号线路应采取屏蔽措施。 | 机房内安防控制主机、矩阵、视频分配器、硬盘录像机、监控显示屏、门禁一卡通系统主机的机柜等设备、设施应采取等电位连接措施；室外摄像头金属支架（柱）距建筑物主体大于 20 m 时，可设置单独接地装置。 | 机房电源进线端、室外摄像头、门禁系统等应安装电源 SPD，控制主机、矩阵、视频分配器、硬盘录像机、室外摄像头、门禁系统前端宜安装信号 SPD。 | 室外摄像头应接地并处于直击雷防护区内，其控制信号线路宜安装信号 SPD。 |
| 计算机网络系统 | 进入机房内的电源线路、信号线路应采取屏蔽措施。 | 网络机柜、电脑主机外壳、服务器、光缆金属铁皮、光纤加强芯及金属线槽等设备、设施应采取等电位连接措施。 | 电源进线端应安装电源 SPD。信号线端口宜安装信号 SPD。 | — |

**表 B.1 学校电子系统的雷电防护措施(续)**

| 系统 | 措施 | | | |
|---|---|---|---|---|
| | 屏蔽 | 等电位连接及接地 | 安装电涌保护器 | 其他 |
| 有线电视系统 | 电源线路、信号线路应采取屏蔽措施。 | — | 有线电视系统的电源进线端应安装电源SPD,机房设备前端宜安装信号SPD。 | 有线电视信号线路宜根据干线放大器参数安装信号SPD。 |
| 布线应符合GB 50311—2007中3.5和第7章的要求。 | | | | |

# 参 考 文 献

[1] GB/T 21714.2—2008 雷电防护 第2部分:风险管理
[2] 中国建筑标准设计研究院.建筑物防雷设施安装.北京:中国计划出版社.2007

ICS 07.060
A 47
备案号：46692—2014

# 中华人民共和国气象行业标准

QX/T 231—2014

# 古树名木防雷技术规范

Technical specitication for lightning protection of ancient and rare trees

2014-07-25 发布　　2014-12-01 实施

中 国 气 象 局　发 布

# 前　言

本标准按照 GB/T 1.1—2009 给出的规则起草。

本标准由全国雷电灾害防御行业标准化技术委员会提出并归口。

本标准起草单位:云南省雷电中心、山西省雷电防护监测中心、河南省防雷中心。

本标准主要起草人:李兆华、王成业、李溯、冯武、芮希攀、庄嘉、苗连杰、殷娴、陈珍珍、张华明。

# 古树名木防雷技术规范

## 1 范围

本标准规定了古树名木防雷装置的设置、安装和维护等要求。

本标准适用于古树名木的雷电防护。

## 2 规范性引用文件

下列文件对于本文件的应用是必不可少的。凡是注日期的引用文件，仅注日期的版本适用于本文件。凡是不注日期的引用文件，其最新版本(包括所有的修改单)适用于本文件。

GB 2894—2008 安全标志及使用导则

GB/T 21431 建筑物防雷装置检测技术规范

## 3 术语和定义

下列术语和定义适用于本文件。

3.1

**古树 ancient tree**

树龄在100年以上的树木。

3.2

**名木 rare tree**

珍贵稀有或具有历史、科学、文化价值以及有重要纪念意义的树木。

3.3

**防雷装置 lightning protection system ;LPS**

用于减少闪击击于建(构)筑物上或建(构)筑物附近造成的物质性损害和人身伤亡，由外部防雷装置和内部防雷装置组成。

[GB 50057—2010，定义2.0.5]

3.4

**接闪器 air-termination system**

由拦截闪击的接闪杆、接闪带、接闪线、接闪网以及金属屋面、金属构件等组成。

[GB 50057—2010，定义2.0.8]

3.5

**引下线 down-conductor system**

用于将雷电流从接闪器传导至接地装置的导体。

[GB 50057—2010，定义2.0.9]

3.6

**接地装置 earth-termination system**

接地体和接地线的总和，用于传导雷电流并将其流散入大地。

[GB 50057—2010，定义2.0.10]

## 4 一般规定

4.1 古树名木的防雷应根据古树名木所处的地理位置、环境条件、雷击概率、雷击后果以及被保护物的特点等综合因素，采用不同的雷电防护措施。

4.2 防雷装置宜与古树名木、自然景观相协调。

4.3 古树名木的防雷设计安装，应尽可能减少对树体和根系的影响。

4.4 古树名木防雷装置的设置不应影响行人的正常活动。在人行通道或人员聚集场所附近时，宜距离人行通道边缘不小于 3 m，并设置警示标志、安全护栏等设施。当无法满足要求时，接地装置的埋设深度不应低于 1 m。

4.5 在环境条件允许时，接地装置的设置应尽量远离树体的主根系。

4.6 对遭受过雷击、树干存在裂缝或枝体受损的古树名木，应先进行恢复性抢救，填平封堵后，再进行防雷保护。

4.7 当古树名木附近的建(构)筑物已安装防雷装置且其保护范围覆盖古树名木的，可不再对古树名木单设防雷装置。

## 5 单株古树名木防雷装置的设置与安装

### 5.1 接闪器

#### 5.1.1 接闪器的设置

5.1.1.1 保护单株古树名木的接闪器，可选择以下一种或其组合：

a) 设置于树体主干或粗壮枝干上；

b) 设置于古树名木附近。

5.1.1.2 设置于树体上的接闪杆，应考虑树木的生长变化且宜高于树冠最高点不小于 1.0 m，必要时应采用多支接闪杆组合保护。

5.1.1.3 设置于树体上的接闪杆的支撑杆宜采用轻质、抗老化的材料，其机械强度应考虑当地最大风力、树体摆动和疲劳程度等因素。

5.1.1.4 设置于树体上的接闪杆应使用抱箍固定，抱箍宜选择非金属抗老化的柔性材料。若选择金属材料，应符合以下要求：

——抱箍宜选用宽度不小于 40 mm，厚度不小于 4 mm 的片状弧形金属带，松紧可调；

——应选用非金属抗老化的柔性材料做抱箍内衬，柔性材料的宽度应大于抱箍宽度，且抱箍长度应留有余量。

5.1.1.5 当古树名木附近存在建(构)筑物时，宜利用其基础及高度设置接闪塔(杆)进行保护。

5.1.1.6 若古树名木的树体主干或枝干不易设置接闪杆时，可在距树干 3 m 外设置独立接闪塔(杆)进行保护，其高度宜高于树冠最高点不少于 1.0 m。

#### 5.1.2 接闪器的安装

5.1.2.1 设置于树体上的接闪杆的安装可参照附录 A，并应符合以下要求：

——固定的抱箍不宜少于 3 个；

——固定抱箍时不应损伤古树名木；

——金属抱箍应与引下线连接。

5.1.2.2 设置于古树名木附近的接闪塔(杆)的设计、安装和选材宜参照《防雷与接地安装》(国家建筑标准设计图集 D501-1～4)。

## 5.2 引下线

### 5.2.1 引下线的设置

5.2.1.1 当接闪器选择 5.1.1.1a)的形式时,引下线应沿树干敷设,并用抱箍与树干固定。

5.2.1.2 当接闪器选择 5.1.1.1b)的形式时,可利用独立接闪杆(塔)的金属支柱、金属结构柱作为引下线。

5.2.1.3 引下线的材料可选用圆钢、圆铜,若选用多芯金属绞线,宜选用多芯铜绞线。

5.2.1.4 引下线的规格应符合以下要求:

——单根引下线的截面积不应小于 50 $mm^2$,多芯绞线的每股线直径不应小于 1.7 mm;

——使用 2 根及以上引下线时,截面积总和不应小于 50 $mm^2$。

5.2.1.5 同一株树木采用 2 根以上引下线时,每根引下线应在距地面上 0.3 m 至 1.8 m 间设置断接卡。

5.2.1.6 位于文物保护单位、旅游景区、宅院以及其他人员活动密集场所的古树名木,其引下线从地面至 2.7 m 的高度应穿耐 1.2/50 μs 冲击电压 100 kV 的绝缘套管。对于需要防机械损伤的场所,还应再在引下线的地面上 1.8 m 至地面下 0.3 m 增加改性塑料管或橡胶管等加以保护。

### 5.2.2 引下线的安装

5.2.2.1 引下线应敷设在隐蔽侧,敷设应平直,拐弯处不可成直角或锐角,且应固定牢固,并经最短路径接地。

5.2.2.2 引下线与接闪杆、接地装置的连接应采用螺栓压接或电气焊接,焊接点应作防腐处理。

5.2.2.3 断接卡上的紧固螺栓不应少于两颗,且应可靠压接,过渡电阻值不应大于 0.2 Ω。

5.2.2.4 引下线与接闪器端、接地体端的连接处均应预留不少于 20 cm 的余量。

## 5.3 接地装置

### 5.3.1 接地装置的设置

5.3.1.1 宜选用安全距离内的自然接地装置,其接地体宜采取均压等电位连接和共用接地措施。

5.3.1.2 接地体的位置,应选择在古树名木树冠稀疏的一侧,并宜设置在树冠的垂直投影 3 m 之外。当环境条件允许时,接地装置可选用环形接地体,此时引下线应在两个不同方向与环形接地体连接。

5.3.1.3 接地体可由水平接地体和垂直接地体组成,也可只由水平接地体组成。接地体的材质宜与引下线材质相同,并应符合以下要求:

——水平接地体宜采用圆钢或是扁钢,其中:圆钢应不小于∅10 mm;扁钢截面积应不小于 90 $mm^2$,其厚度应不小于 4 mm。其埋设深度不宜小于 0.8 m;

——垂直接地体宜采用角钢、圆钢或钢管,其中:角钢应不小于 40 mm×4 mm,圆钢应不小于∅20 mm;钢管应不小于∅50 mm×3.5 mm。垂直接地体长度不宜小于 2.5 m,垂直接地极间距宜大于 5 m。

5.3.1.4 接地装置的冲击接地电阻值不应大于 30 Ω。

### 5.3.2 接地装置的安装

5.3.2.1 相同材质接地体的连接应采用搭接焊,不同材质接地体应采用热熔焊。焊接长度应符合以下要求:

——扁钢与扁钢搭接长度为扁钢宽度的两倍,且至少三个棱边施焊;

——圆钢与圆钢搭接长度为圆钢直径的六倍，且双面施焊；

——圆钢与扁钢连接时，其长度为圆钢直径的六倍，且双面施焊；

——接地体的焊接应牢固无虚焊，并在焊接处进行防腐处理。

5.3.2.2 在高土壤电阻率的场地，降低接地电阻值宜采用以下方法：

——采用多支线外引接地装置，外引长度不应大于其有效长度；

——采用新型环保、无毒、无污染的接地材料；

——将原土壤置换成低电阻率的土壤；

——采用深井钻孔技术；

——扩大接地体与土壤的接触面积。

5.3.2.3 对于古树名木的根系处于土壤浅表层的情况，连接引下线与接地装置之间的水平接地体宜采用绝缘套管或多芯绝缘线缆，沿根系之下或之中敷设后再与接地装置相连。

## 6 多株古树名木防雷装置的设置与安装

6.1 多株或成群成片的古树名木，宜采用独立接闪塔（杆）进行保护。若单座接闪塔不能保护成群的古树名木，则应选用多座接闪塔（杆）或接闪线组合保护。

6.2 接闪塔应设置在古树名木相对集中的区域，宜选择在地势较高的位置并高于树木群中最高树冠3 m以上。

6.3 对于古树群，除按6.2的要求设置接闪塔外，可同时在雷暴来向的空旷位置设置拦截作用的接闪塔，其高度可适当提高。

6.4 宜利用接闪塔自身金属结构作引下线。

6.5 应利用接闪塔的基础作接地装置。当其接地电阻值不满足要求时，应增设接地体，接地装置的设置与安装应符合5.3的要求。

6.6 接闪线应采用镀锌钢绞线，其截面积不应小于50 $mm^2$。

6.7 接闪塔的设计、安装和选材，宜参照《防雷与接地安装》（国家建筑标准设计图集D501-1～4）。

## 7 警示标志及护栏

7.1 设置在人员密集或活动较多场所的防雷装置，应在每根引下线（树干）、接闪塔、接闪杆的明显位置设置警示安全标志，形状和几何尺寸可根据现场具体情况确定。

7.2 标志应直观醒目、简明扼要、长期保持。其警示标志的内容可使用文字、图示。文字用语宜同时使用中、英文或其他语种。

7.3 标志的设置应符合GB 2894—2008的规定，并根据识读距离和设施大小确定其尺寸。

7.4 标志应选用非金属材质的物料，其固定方式不宜选用铁钉等金属物品。标志宜采用悬挂、附着等方式设置。

7.5 若环境条件允许，宜在距离引下线（树体）、接闪塔（杆）3 m的外围设置安全护栏。护栏高度不宜小于0.8 m，其材质宜采用木材、石材、改性塑料等非金属材料，色调宜与树体和景观相协调。

7.6 护栏的设置不应对古树名木的根系造成影响或损伤。

## 8 防雷装置的维护

8.1 防雷装置投入使用后，应建立管理制度，纳入日常管理范畴，由专人负责管理。

8.2 防雷装置应定期巡视检查，当出现脱焊、松动、断裂、严重锈蚀、变形、失效或损坏时，应及时维修。

雷电天气后应对防雷装置进行检测维护。

8.3　防雷装置的检测应符合GB/T 21431的规定。

8.4　定期观察古树名木生长变化对防雷装置的影响，并按第7章的要求定期检查警示标志、护栏等设施。

8.5　当雷击事故发生后，事故现场在调查鉴定前应尽可能保持原状，详细记录雷击发生的时间、地点、特征和损坏情况等，对事故现场拍照并及时报告当地防雷主管机构，按照8.3的要求对防雷装置进行检测，如有损伤应及时维修。

# 附　录　A
## (资料性附录)
## 古树名木防雷装置安装示意图

图 A.1 给出了古树名木防雷装置安装示意图。

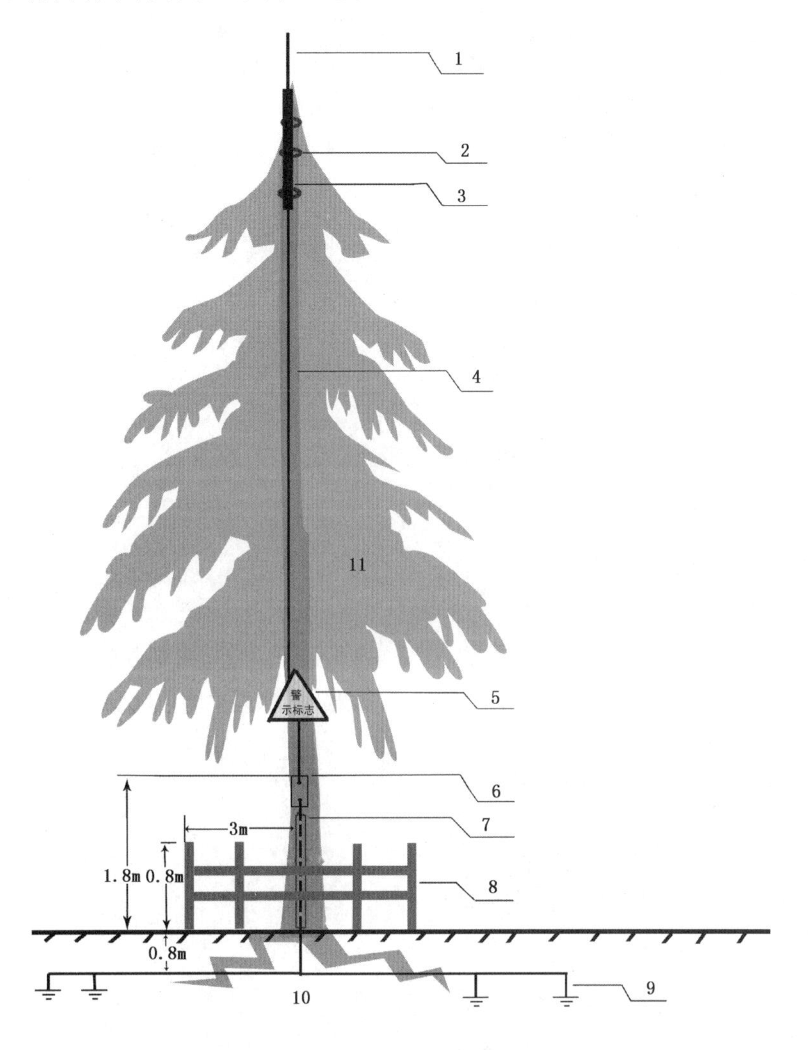


说明：

1—— 接闪杆；2—— 抱箍；3—— 支撑杆；4—— 引下线；5—— 警示标志；6—— 断接卡；7—— 绝缘护管；8—— 护栏；9—— 接地体；10—— 土壤；11—— 古树。

**图 A.1　古树名木防雷装置安装示意图**

# 参考文献

[1] 中国建筑标准设计研究院. 防雷与接地安装[M]. 北京:中国计划出版社,2007

ICS 07.060
A 47
备案号：46693—2014

# 中华人民共和国气象行

QX/T 232—2014

# 防雷装置定期检测报告编制规范

## Compilation specification for the periodic inspection report of lightning protection system

2014-07-25 发布　　　　2014-12-01 实施

中　国　气　象　局　发布

# 前　　言

本标准按照GB/T 1.1—2009给出的规则起草。

本标准由全国雷电灾害防御行业标准化技术委员会提出并归口。

本标准起草单位：海南省防雷中心、黑龙江省防雷中心、贵州省防雷减灾中心、河南省防雷中心。

本标准主要起草人：高燚、吕东波、周道刚、卢广建、胡玉蓉、杨明、甘文强、张茂华、李鹏、蒙小亮。

# 防雷装置定期检测报告编制规范

## 1 范围

本标准规定了防雷装置定期检测报告编制的组成、要素、要求和格式。

本标准适用于防雷装置定期检测报告的编制。

## 2 规范性引用文件

下列文件对于本文件的应用是必不可少的。凡是注日期的引用文件,仅注日期的版本适用于本文件。凡是不注日期的引用文件,其最新版本(包括所有的修改单)适用于本文件。

GB/T 2887—2011 电子计算机场地通用规范

GB/T 21431—2008 建筑物防雷装置检测技术规范

GB 50057—2010 建筑物防雷设计规范

GB/T 50065—2011 交流电气装置的接地设计规范

GB 50074—2002 石油库设计规范

GB 50156—2012 汽车加油加气站设计与施工规范

GB 50174—2008 电子信息系统机房设计规范

GB 50343—2012 建筑物电子信息系统防雷技术规范

GB 50689—2011 通信局(站)防雷与接地工程设计规范

## 3 术语和定义

下列术语和定义适用于本文件。

3.1

**防雷装置定期检测 periodic inspection of lightning protection system**

具备相应防雷检测资质的单位,根据防雷装置设计和施工标准,对防雷装置的安全设置和性能特性进行定期检查、测试和综合分析处理的过程。

3.2

**检测报告 inspection report**

防雷装置现场检测后,经综合分析处理出具的法定防雷装置定期检测报告书。

3.3

**总表 total form**

记录受检单位的基本信息、检测项目、检测报告的有效时间和检测单位签章等信息的表格。

3.4

**分类检测表 sort inspection form**

检测表

根据受检对象的行业特点,记录防雷检测要素值的表格。

3.5

**等电位连接 equipotential bonding**

将分开的装置、诸导电物体用导体或电涌保护器连接起来以减小雷电流在它们之间产生的电位差。

注:改写 GB/T 19663—2005,定义 5.8。

3.6

**外部防雷装置　external lightning protection system**

由接闪器、引下线和接地装置组成。

[GB 50057—2010,定义 2.0.6]

3.7

**内部防雷装置　internal lightning protection system**

由防雷等电位连接和与外部防雷装置的间隔距离组成。

[GB 50057—2010,定义 2.0.7]

3.8

**共用接地系统　common earthing system**

将各部分防雷装置、建筑物金属构件、低压配电保护线(PE 线)、设备保护地、屏蔽体接地、防静电接地和信息设备逻辑地等连接在一起的接地装置。

[GB/T 19663—2005,定义 5.19]

3.9

**屏蔽　shielding**

一个外壳、屏障或其他物体(通常具有导电性),能够削弱一侧的电、磁场对另一侧的装置或电路的作用。

[GB/T 19663—2005,定义 6.2]

3.10

**电涌保护器　surge protective device;SPD**

用于限制瞬态过电压和分泄电涌电流的器件,它至少含有一个非线性元件。

[GB 50057—2010,定义 2.0.29]

## 4　一般规定

### 4.1　编制依据

4.1.1　受检单位提供的以下防雷装置资料:

——设计图纸;

——施工图纸;

——施工隐蔽记录;

——验收资料。

4.1.2　现场检测原始记录。

4.1.3　使用的国家标准、行业标准和地方标准。

4.1.4　历史检测资料。

### 4.2　检测报告的组成

由封皮、总表、检测表和防雷装置检测平面示意图四部分组成。

### 4.3　检测报告的要求

#### 4.3.1　页码

从总表开始顺序编号,编成第×页共×页,置于该页右上角。

### 4.3.2 封皮

宜采用硬皮纸印刷成通用文本，包括正面和背面两部分，要求见附录A。

### 4.3.3 总表

4.3.3.1 包含档案编号、受检单位名称、地址、联系部门、负责人、电话、邮政编码、检测项目、本次检测时间、下次检测时间、检测单位(公章)、签发人和检测单位基本信息，见附录B图B.1。

4.3.3.2 受检单位地址填写受检单位总部地址，检测项目有多处地址的应在检测表中填写。

4.3.3.3 检测项目列表内的项目名称，应与其后检测表中的各项目名称相对应。

4.3.3.4 当一个单位检测周期有半年和一年时，应将一年和半年的检测项目分开归档，分成两个检测报告，也即同一单位编两个档案编号，检测周期从本次检测结束时间按半年或一年计算。

4.3.3.5 下次检测时间从检测周期结束日的第二天开始算起。

4.3.3.6 签发人应用黑色的钢笔或碳素笔签署。

4.3.3.7 检测单位(公章)栏应盖法定检测单位的公章，不应盖检测专用章，分类检测表的技术评定栏盖检测专用章。

### 4.3.4 检测表

4.3.4.1 检测表分五类，可选择使用：

——建筑物防雷装置检测表(格式见附录B图B.2)；

——电子系统机房防雷装置检测表(格式见附录B图B.3)；

——油(气)站防雷装置检测表(格式见附录B图B.4)；

——油(气)库防雷装置检测表(格式见附录B图B.5)；

——通信局站(基站)防雷装置检测表(格式见附录B图B.6)。

4.3.4.2 4.3.4.1中的5类检测表应分别按第6章、第7章、第8章、第9章、第10章的要求进行编制。

4.3.4.3 检测表不设档案编号和检测单位信息，检测专用(章)下的日期为该项目的检测时间。

4.3.4.4 除4.3.4.1规定的分类检测表外，其余类型宜参照本标准，用与其相近的检测表进行编制，也可根据实际情况自行扩充。

### 4.3.5 平面示意图

4.3.5.1 防雷装置检测平面示意图为检测报告编制的可选择内容。

4.3.5.2 平面示意图应包含图号、图例、方位标示和人员签字。方位标示的大小和在图上的位置见附录C。

4.3.5.3 平面示意图不设页码，以图号来检索和区分。

4.3.5.4 平面示意图应含检测对象的基本要素：

——被检对象基本形状；

——被检对象长、宽、高；

——接闪器；

——引下线；

——接地装置；

——检测点；

——电气预留点；

——配线拓扑和SPD示意图。

4.3.5.5 图例应列出出现的符号和意义，常见的制图符号可参见附录D列出的国家标准。

### 4.4 检测报告的用词要求

4.4.1 用于表示声明符合标准需要满足的要求的助动词：

——“应”，表示应该、只准许，不使用“必须”作为“应”的替代词；

——“不应”，表示不得、不准许，不使用“不可”代替“不应”表示禁止。

4.4.2 用于表示在几种可能性中推荐特别适合的一种，不提及也不排除其他可能性，或表示某个行动步骤是首选的但未必是所要求的，或(以否定形式)表示不赞成但也不禁止某种可能性或行动步骤的助动词：

——“宜”，表示推荐、建议；

——“不宜”，表示不推荐、不建议。

4.4.3 用于表示在标准的界限内所允许的行动步骤的助动词：

——“可”，表示可以、允许，“可”是标准所表达的许可，而“能”指主、客观原因导致的能力，“可能”则指主、客观原因导致的可能性，不使用“能”代替“可”；

——“不必”，表示无须、不需要。

4.4.4 用于陈述由材料的、生理的或某种原因导致的能力或可能性的助动词：

——“能”，表示能够；

——“不能”，表示不能够；

——“可能”，表示有可能；

——“不可能”，表示没有可能。

## 5 编制技术要求

### 5.1 原始记录

5.1.1 各项记录应填写准确、字迹清楚。

5.1.2 现场检测数据宜在总表和相应的分类检测表中记录，也可参照 GB/T 21431—2008 的附录 F 填写，还应根据现场情况增减填写检测数据。

5.1.3 现场检测的草图应尽量详细，或根据竣工图绘制。

5.1.4 工频电阻应进行线阻订正，检测仪器本身已经进行线阻订正的除外。

5.1.5 电阻值为工频接地电阻，当要求检测土壤电阻率时，可以换算为冲击接地电阻来记录。接地装置冲击接地电阻与工频接地电阻的换算方法应符合 GB 50057－2010 中附录 C 的规定。

5.1.6 应有检测人员、校核人员和现场负责人签名。

### 5.2 检测报告

#### 5.2.1 编码与编号

5.2.1.1 档案编号应按“行政区域简称”＋“雷检字”＋“[年]”＋“四位编码”进行顺序编号。

示例：琼雷检字[2008]0069。

5.2.1.2 平面示意图上的图号应按“年”＋“-”＋“四位编码”＋“-”＋“三位编码”进行编号，其中“四位编码”应与档案编号中的“四位编码”一致，“三位编码”从 001 开始顺序编排。

示例：2008-0069-001。

5.2.1.3 平面示意图上检测点应编号。

#### 5.2.2 计量单位与符号

5.2.2.1 使用的计量单位和符号应符合国家计量标准，计量单位的国家标准参见附录 E。

5.2.2.2 建筑物和被保护物长宽高以及接闪器、引下线、接地体长度等大尺寸物体的计量单位为米(m),数值四舍五入后保留小数一位;扁钢、圆钢、角钢、钢板厚度、线截面积等表示规格的计量单位为毫米(mm),数值直接取整数不再保留小数;电阻值计量单位为欧姆(Ω),除过渡电阻数值四舍五入后保留三位小数外其他一律四舍五入后保留一位小数。

### 5.2.3 编辑与排版

5.2.3.1 检测表格宜采用A4幅面纵排,平面示意图宜采用A4幅面横排,表图名称宜用宋体小二号加粗居中排版,表头、表尾和表内文字宜采用宋体五号排版,格式分别见附录B和附录C。

5.2.3.2 报告文字中句号、逗号、顿号、分号和冒号占一个字符位置,居左偏下,不出现在一行之首;引号、括号、书名号的前一半不出现在一行之末,后一半不出现在一行之首;破折号和省略号都占两个字的位置,中间不能断开,上下居中。

5.2.3.3 检测报告中的空栏均应用"—"填满。

### 5.2.4 其他

5.2.4.1 应使用电子档进行编辑,并保证电子档文件在同一地区的兼容性。

5.2.4.2 平面示意图宜使用图形软件进行编辑,并保证图形文件在同一地区的兼容性。

5.2.4.3 电子档文件宜按每一个档案编号建立一个文件夹。

5.2.4.4 终审通过的检测报告电子档应以文件夹的形式归入当年的资料库。

## 5.3 校核和审批流程

5.3.1 宜采用网上电子审核。

5.3.2 总表应经单位主要负责人或其委托的负责人签发,并加盖单位公章。

5.3.3 检测表应经校核人初审和技术负责人终审方能打印文本,应有技术负责人、校核人和不少于两名检测员用黑色的钢笔或碳素笔签字,并在技术评定栏加盖检测专用章。

5.3.4 一份完整的防雷装置检测报告,应按图1规定的流程校核审批才能送出。

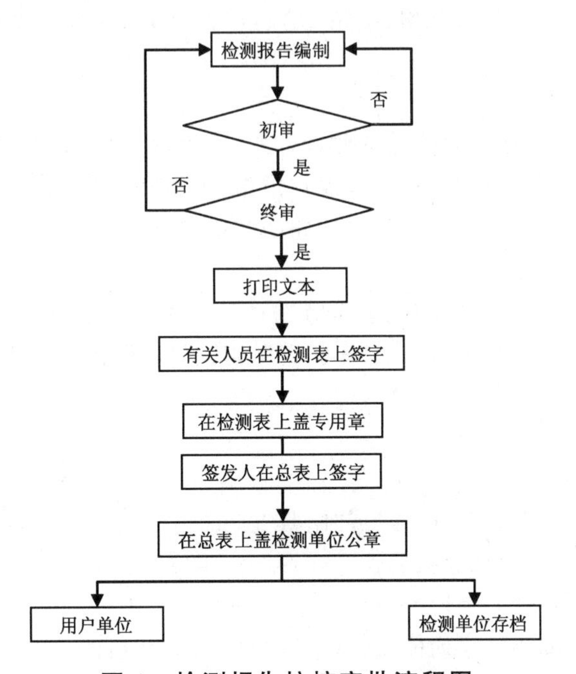


**图1 检测报告校核审批流程图**

# 6 建筑物防雷装置检测表

## 6.1 使用范围

涉及第一类、第二类、第三类防雷建筑物的防雷装置检测，宜采用附录B图B.2格式表编制检测报告。

每栋独立建筑物可作为一个检测项目，主楼与裙房连为一体的，宜视为两个检测项目，分别填写检测表。

## 6.2 主要编制要素技术说明和填表要求

### 6.2.1 依据标准和主要检测仪器

引用标准一般不宜超过四项，应按引用的国家标准、行业标准、地方标准顺序填写，只填写标准号。当检测仪器设备超过四种时，可选主要设备填写。

### 6.2.2 建筑物

高度为受检建筑物由地面到最高点的高度，面积为受检建筑物的占地面积和建筑面积。楼层数包括地上层数和地下层数。主要用途简要说明受检建筑物的用途，如商务、住宅还是办公等。根据GB 50057—2010第3.0.2～3.0.4条及第4.5.1条的要求进行计算判别防雷类别。

### 6.2.3 屋面设施

接闪杆、带、网格等接闪装置，根据原始记录填写材料规格、锈蚀情况（填写"无锈蚀"、"锈蚀"、"严重锈蚀"）、保护范围（填写"够"或"不够"）、网格密度，并按照GB 50057—2010第5.1条和第5.2条，在单项评价栏填写"符合"或"不符合"。

屋面安装的所有大型金属构件间等电位连接、金属构件与避雷带连接填写过渡电阻值的范围，连接材料填写等电位连接所用材料的型号规格，按照GB 50057—2010第5.1条的内容进行判断，在单项评价栏填写"符合"或"不符合"。

示例：过度电阻值的范围可写作：0.020Ω～0.060Ω。

电源、信号线路敷设方式是指主要线路的敷设方式，可填写"架空敷设"、"沿屋面敷设"、"沿女儿墙敷设"等；屏蔽保护措施是指屋面敷设线路屏蔽保护措施，可填写"穿金属管"、"金属线槽"等；屏蔽保护层接地填写是否接地；并对屋面上的电源、信号线路防雷措施按照GB 50057—2010第4.5.4条进行单项评价，填写"符合"或"不符合"。

屋面附属设备的防直击雷措施、防闪电感应措施分别按照GB 50057—2010第5.1条和第5.2条进行评价，填写"符合"或"不符合"，只要有一项"不符合"，则该附属设备单项评价填写"不符合"，否则填写"符合"。

### 6.2.4 引下线

引下线的型式，填写"利用柱筋"、"明敷"或"暗敷"。

数目为引下线的总数，有平面示意图的还应在图上标明位置。

分布位置为引下线布设位置是否均匀，填写"均匀"或"不均匀"。

平均间距为所有引下线间距的平均值，计量单位为米(m)，数值四舍五入后保留小数一位。

材料、规格填写引下线所用的材料和规格。

检查引下线螺栓坚固、焊接质量，填写"符合"或"不符合"；检查是否安装断接卡，填写"安装"或"未安装”。引下线单项评价按照 GB 50057—2010 第 5.3 条填写“符合”或“不符合”，只要有一根引下线不符合，单项评价应为不符合。

#### 6.2.5 防侧击雷

分别检测金属门窗，外墙大型金属物与均压环，玻璃幕墙、外装饰板金属框架的等电位连接，记录检测点总数和过渡电阻值的范围，若最大过渡电阻值小于 0.030Ω，单项评价符合，否则判断不符合。

#### 6.2.6 接地装置

接地装置形式填写“自然”、“人工”或“混和”。

接地方式填写“共用”或“独立”。

记录检测接地装置接地电阻的检测点总数。

共用接地系统填写接地阻值的范围值，独立接地应分别填写接地阻值的范围值。

接地装置的单项评价按照 GB 50057—2010 第 5.4 条进行判断，填写“符合”或“不符合”。

#### 6.2.7 电源、信号线路

对电源入户线编号，敷设方式填写“架空”或“埋地”。

记录电源线路和信号线路的 SPD 型号、SPD 安装位置，SPD 安装质量填写“优”、“良”或“差”，SPD 运行情况填写“正常”或“劣化”。

电源线路 SPD 参数评定包括通流容量、最大持续运行电压、压敏电压、漏电流和电压保护水平等参数，信号线路 SPD 参数评定包括通流容量、最大持续运行电压、接口方式、插入损耗和电压保护水平等参数，按照 GB/T 21431—2008 第 5.8 条对之进行评定，填写“符合”或“不符合”。

只要有一个电源/信号线路检测不符合要求，对应栏中的单项评价栏填写“不符合”，否则填写“符合”。

#### 6.2.8 室内大型设备、管线等电位连接

表中列出的大型设备和管线的等电位连接均按照 GB/T 21431—2008 第 5.7 条填写“符合”或“不符合”。

#### 6.2.9 技术评定和签章(字)

技术评定为检测项目或建筑物的检测最终结论，对不符合规范要求的项目应分别提出整改意见，并加盖检测专用章，年月日为该项目或建筑物的检测时间。检测员、校核人和技术负责人签字应符合第 5.3.3 条的要求。

## 7 电子系统机房防雷装置检测表

### 7.1 使用范围

涉及建筑物内电子系统和机房的内部防雷装置检测，宜采用附录 B 图 B.3 格式表编制检测报告。

### 7.2 主要编制要素技术说明和填表要求

#### 7.2.1 依据标准和主要检测仪器

附录 B 图 B.3 式样表中依据标准和主要检测仪器应符合第 6.2.1 条的规定。

#### 7.2.2 基本信息

建筑物总层数填写该电子系统机房所在建筑物的总层数,防雷类别应符合第6.2.3条的规定。建筑物主体结构可按实际填写,同时检查并填写电子系统或机房所在的楼层和面积。填写机房名称,参照GB 50343 2012第4章雷电防护等级的分级方法,按防雷装置的拦截效率和电子系统的使用性质划分为A、B、C、D四级,填写雷电防护等级。

机房温湿度应按照GB/T 2887—2011第6.2条和第6.3条的方法测试并填写。填写机房内的主要设备距外墙、柱、窗的最近距离。

#### 7.2.3 防直击、侧击雷措施

当电子系统机房所在的建筑物已经出具了附录B图B.2格式表时,本条的相关内容可不再填写,否则可按照GB 50057—2010第4.2.4条、第4.3.9条和第4.4.8条的要求进行单项评价,填写"符合"或"不符合"。

#### 7.2.4 机房等电位连接、线路敷设及屏蔽措施

等电位连接类型填写"S型"、"M型"或"混合型",材料按实际检测结果填写;总等电位连接带和设备局部等电位连接线规格按实际检测结果填写;连接部件的规格可按照GB 50057—2010表5.1.2进行单项评价,填写"符合"或"不符合"。

环形导体、支架格栅等接地项,金属管道、线槽、桥架项,配电柜(箱、盘)项以及光缆金属构件(接头、加强芯)项,可在检测结果处填写实际测试的接地电阻范围值,并按照GB/T 50065—2011第7.2.2条、第7.2.11条及GB/T 50343—2012第5.2.5条进行单项评价,填写"符合"或"不符合"。

电源、信号线路敷设及屏蔽情况填写"埋地"、"架空"、"套金属管"、"接地"、"屏蔽"和"强弱电线路敷设净距",线路敷设净距应根据GB 50343—2012表5.3.4的要求进行单项评价,填写"符合"或"不符合"。

机房屏蔽情况和非金属外壳设备屏蔽可在检测结果处填写"屏蔽"或"不屏蔽",按照GB 50343—2012第5.3条进行单项评价,填写"符合"或"不符合"。

机房电磁兼容性能测试较为复杂,本项为选检内容。若进行该项检查,在检测结果处填写"已测试",具体的测试数据可视机房电子系统的要求另附表图,单项评价为空栏。

#### 7.2.5 电源接地型式及机房防静电性能

引入形式填写引入机房的电源线路是"架空"或"埋地","架空"时单项评价为"不符合"。

电源接地型式填写"低压电源系统接地的型式",按照GB 50343—2012第5.4.2条和GB/T 2887—2011第4.7.2条进行单项评价,填写"符合"或"不符合"。

测试表面静电电位,将最大值填写在实测结果处,大于1 kV则在单项评价填写"不符合"。

测试防静电地板的表面或体积电阻、静电地板网格支架接地电阻,检查静电地板导电胶导电性能的好坏,按照GB 50174—2008第8.3.1条和第8.3.5条进行判断,在单项评价填写"符合"或"不符合"。

#### 7.2.6 SPD检测

名称栏列出了常见的可能安装SPD的设备和线路,在填写时可根据实际情况增减使用。SPD的检查测试包括型号及数量、参数评定、安装质量、运行情况四方面。

型号及数量按实际检测结果填写;参数评定包括通流容量、最大持续运行电压、压敏电压、漏电流和电压保护水平等,应根据GB/T 21431—2008第5.8条的要求评定,填写"符合"或"不符合"。

安装质量包括位置、连接情况、接地、牢固程度的检测,其中位置按具体楼号和楼层填写,连接情况

填写连接线最小截面积和接线长度总和，接地填写接地电阻实测值，牢固程度填写“牢固”或“松垮”。

运行情况可根据SPD状况填写“正常”或“劣化”。

以上各指标按照GB/T 21431—2008第5.8条和GB 50057—2010表5.1.2进行判断，有一项不符合要求，单项评价填写“不符合”，否则填写“符合”。

### 7.2.7 技术评定和签章(字)

技术评定为电子系统机房检测的最终结论，对不符合规范要求的项目应分别提出整改意见，并加盖检测专用章，年月日为该项目的检测时间。检测员、校核人和技术负责人签字应符合第5.3.3条的要求。

## 8 油(气)站防雷装置检测表

### 8.1 使用范围

涉及加油加气站防雷装置检测，宜采用附录B图B.4格式表编制检测报告。油(气)站中非油罐区和生产区的单体建筑物防雷装置检测报告，应采用附录B图B.2格式表编制，并与其他检测表顺序编号。

### 8.2 主要编制要素技术说明和填表要求

### 8.2.1 依据标准和主要检测仪器

附录B图B.4格式表中依据标准和主要检测仪器应符合第6.2.1条的规定。

### 8.2.2 防雷类别

根据GB 50057—2010第3.0.2～3.0.4条及第4.5.1条的要求判断防雷类别，爆炸性气体环境分区应符合GB 50156—2012附录C的要求。

### 8.2.3 建筑物、罐体及相关设施检测

罩棚和站房的类型规格是指接闪杆、带、网、线等防直击雷措施的类型，点数为接地电阻测试点数量，检测结果填写罩棚和站房检测的接地电阻范围值，按照GB 21431—2008第5.4.1.4条在单项评价栏填写“符合”或“不符合”。

油(气)罐体、供电电缆和信息线路金属护套的类型规格填写其接地线的规格，点数填写一个罐或一条金属外套的最少接地线数量，检测结果填写最大的接地电阻值，按照GB 50156—2012第11.2条在单项评价栏填写“符合”或“不符合”。

通风管和卸油(车)管口类型规格填写接地线的规格，点数为接地电阻测试点数量，检测结果填写接地电阻范围值，按照GB 50156—2012第11.2条在单项评价栏填写“符合”或“不符合”。

加油机、枪类型规格填写接地线的规格，每台加油机、枪各测试一个点，点数就是加油机、枪的个数，将接地电阻范围值填写在检测结果处，最大值不大于4 Ω时，单项评价填写“符合”，否则填写“不符合”。

卸油静电接地桩及静电接地仪的类型规格为空栏，数量填写在点数栏，检测结果填写测试的接地电阻范围值，最大值不大于100 Ω时，单项评价填写“符合”，否则填写“不符合”。

金属法兰盘类型规格为跨接线的规格，检测数量填在点数栏，过渡电阻范围值填在检测结果处，当法兰盘的连接螺栓少于5根且过渡电阻最大值大于0.030 Ω时，单项评价填写“不符合”，否则填写“符合”。

#### 8.2.4 供配电系统检测

进入油(气)站的供配电系统的引入方式和接地型式,可在检测结果处填写“埋地(埋地长度)、架空”和“低压电源系统接地的型式”,按照 GB 50156—2012 第 11.2 条在单项评价栏填写“符合”或“不符合”。

#### 8.2.5 SPD 检测

型号按实际检测结果填写。

参数评定包括通流容量、最大持续运行电压、压敏电压、漏电流和电压保护水平等,应按照 GB/T 21431—2008 第 5.8 条的要求评定,填写“符合”或“不符合”。

安装质量包括位置、连接情况、接地、牢固程度的检测,其中位置填写安装 SPD 配线柜、箱、盘的编号,连接情况填写连接线最小截面积和接线长度总和,接地填写接地电阻实测值,牢固程度填写“牢固”或“松垮”。

运行情况可根据 SPD 状况填写“正常”或“劣化”。

以上各指标按照 GB/T 21431—2008 第 5.8 条和 GB 50057—2010 表 5.1.2 进行判断,有一项不符合要求,单项评价填写“不符合”,否则填写“符合”。

#### 8.2.6 技术评定和签章(字)

技术评定为该油(气)站检测的最终结论,对不符合规范要求的项目应分别提出整改意见,并加盖检测专用章,年月日为该项目的检测时间。检测员、校核人和技术负责人签字应符合第 5.3.3 条的要求。

## 9 油(气)库防雷装置检测表

### 9.1 使用范围

涉及石油库、天然气库、液化气库(站)的防雷装置检测,宜采用附录 B 图 B.5 格式表编制检测报告。

### 9.2 主要编制要素技术说明和填表要求

#### 9.2.1 依据标准和主要检测仪器

附录 B 图 B.5 格式表中依据标准和主要检测仪器应符合第 6.2.1 条的规定。

#### 9.2.2 防雷类别

应根据 GB 50057—2010 第 3.0.2—3.0.4 条及第 4.5.1 条的要求计算判定防雷类别,爆炸性气体环境分区应符合 GB 50074—2002 附录 B 的要求。

#### 9.2.3 建筑物及泵房

接闪器类型可填写“接闪杆”、“接闪带”、“接闪线”或“接闪网”,数量规格为接闪器直径和网格尺寸,接地填写实际测试接闪器接地电阻范围值,运行情况填写“无锈蚀”、“锈蚀”或“严重锈蚀”,单项评价按照 GB 50057—2010 第 5.2 条填写“符合”或“不符合”。

引下线类型填写“利用柱筋”、“明敷”或“暗敷”,数量规格为实际安装使用数量及最小直径(或截面积)规格,接地填写实际测试引下线接地电阻范围值,运行情况填写“无锈蚀”、“锈蚀”或“严重锈蚀”,单项评价按照 GB 50057—2010 第 5.3 条填写“符合”或“不符合”。

屋面等电位连接类型填写“等电位”或“非等电位”,数量规格填写等电位设施数量及最小连接线直径(或截面积)规格,接地填写实测接地电阻范围值,运行情况填写“无锈蚀”、“锈蚀”或“严重锈蚀”,单项评价按照 GB 50057—2010 表 5.1.2 填写“符合”或“不符合”。

电源、信息线路敷设方式类型填写“架空屏蔽”、“架空非屏蔽”、“埋地屏蔽”或“埋地非屏蔽”,接地填写屏蔽层实际测试接地电阻范围值,数量规格和运行情况栏为空栏,单项评价按照 GB 50074—2002 第 14.2 条填写“符合”或“不符合”。

接地装置类型填写“人工”、“自然”或“混和”,接地填写接地网测试点的接地电阻值,数量规格和运行情况栏为空栏,单项评价按照 GB 50057—2010 第 5.4 条填写“符合”或“不符合”。

进出金属管道类型填写“明敷”或“暗敷”,数量规格为进行等电位连接设施数量及最小连接线直径(或截面积)规格,接地填写实际测试的接地电阻范围值,运行情况填写“无锈蚀”、“锈蚀”或“严重锈蚀”,单项评价按照 GB 50074—2002 第 14.2 条填写“符合”或“不符合”。

建筑物和泵房项可根据实际检测情况增减表格栏。

#### 9.2.4 SPD 检测

库区内总配电室、建筑物配电室、泵房配电箱、监控室配电箱及其他地方的电源信息线路 SPD 检测应包含型号、参数评定、安装质量和运行情况。型号按实测结果填写,参数评定包括通流容量、最大持续运行电压、压敏电压、漏电流和电压保护水平等,应按照 GB/T 21431—2008 第 5.8 条的要求评定,填写“符合”或“不符合”;安装质量填写“优”、“良”或“差”;运行情况填写“正常”或“劣化”。

以上各指标有一项不符合要求,单项评价填写“不符合”,否则填写“符合”。

#### 9.2.5 储油(气)罐及设施

##### 9.2.5.1 储油(气)罐

顶板类型填写“金属”或“非金属”,非金属顶板的数量规格、接地、运行情况和单项评价为空栏。金属顶板的数量规格为壁厚度,接地填写测试的接地电阻范围值,运行情况填写“无锈蚀”、“锈蚀”或“严重锈蚀”,单项评价应根据顶板厚度和接地电阻进行判断,顶板作为接闪器时厚度不小于 4 mm 且接地电阻不大于 10 Ω,填写“符合”,否则填写“不符合”。

呼吸阀等金属附件类型为空栏,数量规格填写检测的呼吸阀金属附件总数,接地填写测试的接地电阻范围值,运行情况填写“无锈蚀”、“锈蚀”或“严重锈蚀”,按照 GB 50074—2002 第 14.2.3 条进行单项评价,填写“符合”或“不符合”。

接地线间隔类型、接地和运行情况为空栏,数量规格填写接地线的间距,沿油(气)罐四周的平均间距不大于 30 m,单项评价填写“符合”,否则填写“不符合”。

接地线:类型填写“扁钢”、“圆钢”或“其他”,数量规格填写实际检查的根数和最小连接线直径(或截面积)规格,接地填写实际测试的接地电阻范围值,运行情况填写“无锈蚀”、“锈蚀”或“严重锈蚀”,按照 GB 50074—2002 第 14.2.1 条和 GB 50057—2010 第 5.3.4 条进行单项评价,填写“符合”或“不符合”。

连接管道类型填写“跨接”或“不跨接”,数量规格填写实际检查的跨接数和最小跨接线直径(或截面积)规格,接地为连接管道实测接地电阻范围值,运行情况填写“无锈蚀”、“锈蚀”或“严重锈蚀”,按照 GB 50074—2002 第 14.2.14 条进行单项评价,填写“符合”或“不符合”。

信息线路敷设类型填写“屏蔽”或“不屏蔽”、数量规格填写信息线路条数,接地填写屏蔽层的接地电阻范围值(类型为不屏蔽时该项为空栏),运行情况为空栏,按照 GB 50074—2002 第 14.2.5 条和第 14.2.8 条进行单项评价,填写“符合”或“不符合”。

接地装置类型填写“人工”、“自然”或“混和”,接地填写实测接地电阻值,数量规格和运行情况栏为空栏,接地电阻值不大于 10 Ω 时,单项评价填写“符合”,否则填写“不符合”。

储油(气)罐项可根据实际检测情况增减表格栏。

#### 9.2.5.2 装卸台

栈桥类型填写“铁路”、“汽车”或“码头”，数量规格填写首末端和中间处接地端子的数量，接地填写栈桥接地的实测接地电阻范围值，运行情况为空栏，单项评价按照GB 50074—2002第14.2.13条填写“符合”或“不符合”。

铁轨类型填写“高压进入”或“高压不进入”，数量规格填写设置的绝缘轨缝数量，接地填写铁轨的实测接地电阻范围值，运行情况为空栏，单项评价按照GB 50074—2002第14.3.5条和第14.3.6条进行判断，填写“符合”或“不符合”。

鹤管类型为空栏，数量规格填写鹤管数量和接地线的规格，接地填写鹤管实测接地电阻范围值，运行情况填写已接地和未接地鹤管的编号，出现鹤管未接地或接地电阻值大于10 Ω时，单项评价填写“不符合”，否则填写“符合”。

示例：鹤管的运行情况填写“1、2号接地，3－6号未接地”。

进出管道类型填写“跨接”或“未跨接”，数量规格填写跨接间距最大值，接地填写实测接地电阻范围值，运行情况填写“无锈蚀”、“锈蚀”或“严重锈蚀”，出现未跨接、跨接间距大于30 m或接地电阻大于20 Ω时，单项评价填写“不符合”，否则填写“符合”。

信息电缆敷设类型填写“屏蔽”或“不屏蔽”，数量规格填写信息电缆数，接地填写实测屏蔽层的接地电阻范围值(类型为不屏蔽时该项为空栏)，运行情况为空栏，按照GB 50074—2002第14.2.5条和第14.2.8条进行单项评价，填写“符合”或“不符合”。

#### 9.2.5.3 防静电装置

输油管道接地类型填写“共用”或“未共用”，数量规格填写接地点(支架)数，接地填写实测接地电阻范围值，运行情况填写“无锈蚀”、“锈蚀”或“严重锈蚀”，按照GB 50074—2002第14.3.9条和第14.3.10条进行单项评价，填写“符合”或“不符合”。

罐装设施接地类型填写“油罐车”或“油桶”，数量规格填写罐装点数，接地填写实测接地电阻范围值，运行情况填写“跨接”或“未跨接”，按照GB 50074—2002第14.3.7条进行罐装设施单项评价，填写“符合”或“不符合”。

防静电接地仪检查油品装卸场所采用能检测接地状况的防静电接地仪器情况，在数量规格栏填写检查到的数量，其余为空栏。

人体消除静电装置类型和运行情况为空栏；检查泵房门外、储罐的上罐扶梯入口处、装卸作业区内操作平台的扶梯入口处和码头上下船的出入口处，是否装设了消除人体静电装置，数量规格栏填写检查数量；接地栏填写实测接地电阻范围值，如果以上列出地均装设了人体消除静电装置，且接地电阻最大值不大于100 Ω时，单项评价填写“符合”，否则填写“不符合”。

### 9.2.6 技术评定和签章(字)

技术评定为油(气)库检测的最终结论，对不符合规范要求的项目应分别提出整改意见，并加盖检测专用章，年月日为该项目的检测时间。检测员、校核人和技术负责人签字应符合第5.3.3条的要求。

## 10 通信局站(基站)防雷装置检测表

### 10.1 使用范围

涉及新建、改建、扩建和利用商品房做机房的移动通信基站以及通信局站，若不能划分为单体建筑物或独立电子系统的，宜采用附录B图B.6格式表编制检测报告。通信局站内的单体建筑物防雷装置检测报告，宜采用附录B图B.2格式表编制检测报告，并与其他检测表顺序编号。

通信局站独立系统机房防雷装置检测报告，宜采用附录B图B.3格式表编制检测报告，并与其他检测表顺序编号。

### 10.2 主要编制要素技术说明和填表要求

#### 10.2.1 依据标准和主要检测仪器

附录B图B.6格式表中依据标准和主要检测仪器应符合第6.2.1条的规定。

#### 10.2.2 防雷类别

应根据GB 50057—2010第3.0.2～3.0.4条及第4.5.1条的要求计算判定防雷类别。

#### 10.2.3 防直击雷装置

铁塔高度应含接闪杆高度；接闪杆的规格与长度按实际检测结果填写；铁塔塔身规格为铁塔底座长、宽和塔高（不含接闪杆长度）；铁塔塔身连接方式填写“焊接”或“搭接”；铁塔塔身离机房距离、接地线数量、接地线规格与测试点接地电阻按实际检测结果填写；接地装置类型填写“独立”或“共网”。

接闪杆规格、接地线数量和规格、接地装置类型和测试点接地电阻的单项评价按照GB 50689—2011第5～8章和GB 50057—2010第5.2条填写“符合”或“不符合”。其余单项评价为空栏。

#### 10.2.4 防闪电电涌侵入措施

电源接地型式填写低压配电系统电源接地的型式；光缆防雷接地电阻填写加强芯、防雷线、光缆吊线的电阻值；接地引入线和垂直接地汇集线规格填写其金属材料规格；其余栏按实际检测结果填写电阻值和级数。单项评价按照GB 50689—2011第3章、第5章、第6章、第7章、第8章填写“符合”或“不符合”。

#### 10.2.5 SPD检测

电源和信号SPD检测应包含型号、安装位置、参数评定、安装质量和运行情况。

型号和安装位置按实际检测结果填写；参数评定应按照GB 50689—2011第9章的规定判定是否符合要求，填写“符合”或“不符合”；安装质量填写“优”、“良”或“差”；运行情况可采用红外测温仪和防雷元件测试仪，测试其压敏电压、漏电流及SPD工作温度，根据GB/T 21431—2008第5.8.3条来判定SPD是否正常运行，填写“正常”或“劣化”。

以上各指标有一项不符合要求，单项评价填写“不符合”，否则填写“符合”。

#### 10.2.6 等电位连接装置

记录等电位连接物的接地线规格和接地电阻值，按照GB 50689—2011第3.5条及第3.6条进行单项评价，填写“符合”或“不符合”。

#### 10.2.7 等电位连接方式及土壤电阻率

按照GB 50689—2011第3.7条填写“S型”、“M型”或“混合型”；土壤电阻率按实际检测结果填写。

#### 10.2.8 技术评定和签章（字）

技术评定为通信局站（基站）防雷检测的最终结论，对不符合规范要求的项目应分别提出整改意见，并加盖检测专用章，年月日为该项目的检测时间。检测员、校核人和技术负责人签字应符合第5.3.3条的要求。

# 附 录 A
# (规范性附录)
# 防雷装置定期检测报告封皮要求

## A.1 幅面

封皮幅面大小宜为A4,纵向印制,不留装订线。

## A.2 特性元素

封皮宜按照各省特色进行封面设计,有LOGO的可以加注到封皮。

## A.3 正面

封皮正面“防雷装置定期检测报告”分两行排版,为黑体小初号,封皮正面“×××省(区、市)气象局监制”一行排版,为黑体小一号。

## A.4 背面

封皮背面第一行“说明”为宋体二号,其他行为宋体小二号。

## A.5 封皮一般要求

封皮由各省(区、市)气象局统一监制,不加盖公章,也无签字要求。

# 附 录 B
## （规范性附录）
## 防雷装置定期检测报告格式

防雷装置检测报告的总表是检测情况的汇总，见图 B.1。根据受检对象的行业特点，将检测报告分成建筑物、电子系统机房、油（气）站、油（气）库及通信局站（基站）这五类来编制，防雷装置检测表格式分别见图 B.2～图 B.6。

**防雷装置检测报告总表**

档案编号：×××雷检字[×××]-××××　　　　第×页 共×页

<table>
<tr><td>受检单位名称</td><td colspan="3"></td><td>地址</td><td colspan="3"></td></tr>
<tr><td>联系部门</td><td></td><td>负责人</td><td></td><td>电话</td><td></td><td>邮编</td><td></td></tr>
<tr><td colspan="8">检测项目列表</td></tr>
<tr><td>序号</td><td colspan="4">项目名称</td><td colspan="3">备注</td></tr>
<tr><td>1</td><td colspan="4"></td><td colspan="3"></td></tr>
<tr><td>2</td><td colspan="4"></td><td colspan="3"></td></tr>
<tr><td>3</td><td colspan="4"></td><td colspan="3"></td></tr>
<tr><td>4</td><td colspan="4"></td><td colspan="3"></td></tr>
<tr><td>5</td><td colspan="4"></td><td colspan="3"></td></tr>
<tr><td>6</td><td colspan="4"></td><td colspan="3"></td></tr>
<tr><td>7</td><td colspan="4"></td><td colspan="3"></td></tr>
<tr><td>8</td><td colspan="4"></td><td colspan="3"></td></tr>
<tr><td>9</td><td colspan="4"></td><td colspan="3"></td></tr>
<tr><td>10</td><td colspan="4"></td><td colspan="3"></td></tr>
<tr><td>11</td><td colspan="4"></td><td colspan="3"></td></tr>
<tr><td>12</td><td colspan="4"></td><td colspan="3"></td></tr>
<tr><td>13</td><td colspan="4"></td><td colspan="3"></td></tr>
<tr><td>14</td><td colspan="4"></td><td colspan="3"></td></tr>
<tr><td>15</td><td colspan="4"></td><td colspan="3"></td></tr>
<tr><td>16</td><td colspan="4"></td><td colspan="3"></td></tr>
<tr><td colspan="4">本次检测时间</td><td colspan="4" rowspan="5">检测单位（公章）<br>年 月 日</td></tr>
<tr><td colspan="2">年 月 日</td><td>至</td><td>年 月 日</td></tr>
<tr><td colspan="4">下次检测时间</td></tr>
<tr><td colspan="4">年 月 日以前</td></tr>
<tr><td>签发人</td><td colspan="3"></td></tr>
</table>

检测单位：×××　　　　地址：×××　　　　电话：×××

**图 B.1　防雷装置检测报告总表格式**

**建筑物防雷装置检测表**

第×页 共×页

| 项目名称 | | 地址 | | 天气情况 | |
|---|---|---|---|---|---|
| 联系人 | | 电话 | | 依据标准 | |

| 建筑物 | 高度(m) | 面积 | 占地 | (m²) | 层数 | 地上 | 层 | 主要用途 | 防雷类别 |
|---|---|---|---|---|---|---|---|---|---|
| | | | 建筑 | (m²) | | 地下 | 层 | | |

| 屋面设施 | | | | | | | | |
|---|---|---|---|---|---|---|---|---|
| 接闪装置 | 接闪杆 | 材料规格 | | 接闪带 | 材料规格 | | 接闪网格 | 材料规格 |
| | | 锈蚀情况 | | | 锈蚀情况 | | | 锈蚀情况 |
| | | 保护范围 | | | 保护范围 | | | 保护范围 |
| | | 单项评价 | | | 单项评价 | | | 单项评价 |

| 屋面设施 | 金属构件间等电位连接 | 金属构件与避雷带连接 | 连接用材料 | 单项评价 |
|---|---|---|---|---|
| 大型金属构件 | | | | |

| 屋面设施 | 敷设方式 | 屏蔽保护措施 | 屏蔽保护层接地 | 单项评价 |
|---|---|---|---|---|
| 电源、信号线路 | | | | |

| 序号 | 屋面附属设备名称 | 防直击雷 | 防闪电感应 | 单项评价 |
|---|---|---|---|---|
| 1 | | | | |
| 2 | | | | |
| 3 | | | | |
| 4 | | | | |
| 5 | | | | |

| 引下线 | 型式 | 数目 | 分布位置 | 平均间距 | 材料、规格 | 紧固、焊接 | 断接卡 | 单项评价 |
|---|---|---|---|---|---|---|---|---|
| | | | | | | | | |

| 防侧击雷 | 金属门窗等电位连接 | | | 外墙大型金属物与均压环等电位连接 | | | 玻璃幕墙、外装饰板金属框架等电位连接 | | |
|---|---|---|---|---|---|---|---|---|---|
| | 检测点数 | 过渡电阻(Ω) | 单项评价 | 检测点数 | 过渡电阻(Ω) | 单项评价 | 检测点数 | 过渡电阻(Ω) | 单项评价 |
| | | | | | | | | | |

**图 B.2 建筑物防雷装置检测表格式**

第×页 共×页

| 接地装置 | 接地装置形式 | 接地方式 | 检测点数 | 接地阻值(Ω) | 单项评价 |
|---|---|---|---|---|---|
| | | | | | |

| 电源信号线路 | 电源线路 | | | | | | | 信号线路 | | | | |
|---|---|---|---|---|---|---|---|---|---|---|---|---|
| | 编号 | 敷设方式 | SPD 型号 | SPD安装位置 | SPD安装质量 | SPD运行情况 | SPD参数评定 | SPD 型号 | SPD安装位置 | SPD安装质量 | SPD运行情况 | SPD参数评定 |
| | | | | | | | | | | | | |
| | | | | | | | | | | | | |
| | | | | | | | | | | | | |
| | | | | | | | | | | | | |
| | | | | | | | | | | | | |
| | | | | | | | | | | | | |
| | 单项评价 | | | | | | | 单项评价 | | | | |

| 室内大型设备等电位连接 | | 入户管线等电位连接 | | 竖向管井内管线等电位连接 | |
|---|---|---|---|---|---|
| 1. 电梯 | | 1. 上、下水管道 | | 1. 上、下水管井 | |
| 2. 中央空调 | | 2. 取暖管道 | | 2. 电力缆线井 | |
| 3. 油、气锅炉 | | 3. 燃气、油管道 | | 3. 消防管井 | |
| 4. | | 4. 入户缆线 | | 4. 弱电井 | |
| 5. | | 5. | | 5. | |

| 主要检测仪器： | | | | | |
|---|---|---|---|---|---|
| 技术评定 | | | | | |
| 检测专用(章)<br>年 月 日 | | | | | |
| 检测员 | | 校核人 | | 技术负责人 | |

图 B.2 建筑物防雷装置检测表格式(续)

## 电子系统机房防雷装置检测表

第×页 共×页

<table>
<tr><td>项目名称</td><td colspan="5"></td></tr>
<tr><td>项目地址</td><td colspan="5"></td></tr>
<tr><td>联 系 人</td><td></td><td>联系电话</td><td></td><td>天气</td><td></td></tr>
<tr><td>依据标准</td><td colspan="5"></td></tr>
</table>

<table>
<tr><td colspan="5">基本信息</td></tr>
<tr><td colspan="2">检测项目</td><td colspan="3">检测结果</td></tr>
<tr><td>1</td><td>建筑物总层数/防雷类别</td><td colspan="3"></td></tr>
<tr><td>2</td><td>建筑物主体结构/机房楼层/面积</td><td colspan="3"></td></tr>
<tr><td>3</td><td>机房名称/雷电防护等级</td><td colspan="3"></td></tr>
<tr><td>4</td><td>机房温度/湿度</td><td colspan="3"></td></tr>
<tr><td>5</td><td>机房设备距外墙、柱、窗距离(m)</td><td colspan="3"></td></tr>
<tr><td colspan="5">防直击、侧击雷措施</td></tr>
<tr><td colspan="2">检测项目</td><td>规范标准/要点</td><td>检测结果</td><td>单项评价</td></tr>
<tr><td>1</td><td>建筑物接闪器形式、性能</td><td>杆、带、网、线</td><td></td><td></td></tr>
<tr><td>2</td><td>室外天线防直击雷保护性能</td><td rowspan="2">天线在 LPZ0B 防护区内、<br>基座就近接地</td><td></td><td></td></tr>
<tr><td>3</td><td>室外天线基座等连接情况及规格</td><td></td><td></td></tr>
<tr><td>4</td><td>均压环和引下线的位置、数量</td><td>符合 GB 50057—2010</td><td></td><td></td></tr>
<tr><td>5</td><td>防雷接地方式、电阻值</td><td>≤10 Ω</td><td></td><td></td></tr>
<tr><td>6</td><td>机房金属幕墙、外窗接地性能</td><td>符合 GB 50057—2010</td><td></td><td></td></tr>
<tr><td colspan="5">机房等电位连接、线路敷设及屏蔽措施</td></tr>
<tr><td colspan="2">检测项目</td><td>规范标准/要点</td><td>检测结果</td><td>单项评价</td></tr>
<tr><td>1</td><td>等电位连接类型、材料</td><td>S 型、M 型/铜排、扁钢</td><td></td><td></td></tr>
<tr><td>2</td><td>总等电位连接带规格</td><td>≥50 mm²</td><td></td><td></td></tr>
<tr><td>3</td><td>设备局部等电位连接线规格</td><td>≥16 mm²(钢)、≥6 mm²(钢)</td><td></td><td></td></tr>
<tr><td>4</td><td>环形导体、支架格栅等接地</td><td>共用接地系统取量小值</td><td></td><td></td></tr>
<tr><td>5</td><td>金属管道、线槽、桥架等</td><td>防雷区界面处接地</td><td></td><td></td></tr>
<tr><td>6</td><td>配电柜、箱、盘</td><td>接地</td><td></td><td></td></tr>
<tr><td>7</td><td>光缆金属构件(接头、加强芯等)</td><td>共用接地系统取最小值</td><td></td><td></td></tr>
<tr><td>8</td><td>电源线路敷设及屏蔽情况</td><td rowspan="2">埋地、架空、套金属管、接地、<br>屏蔽和强弱电线路敷设净距</td><td></td><td></td></tr>
<tr><td>9</td><td>信号线路(天馈、控制等)敷设<br>及屏蔽情况</td><td></td><td></td></tr>
<tr><td>10</td><td>机房屏蔽情况</td><td>门、窗、地板等屏蔽情况</td><td></td><td></td></tr>
<tr><td>11</td><td>非金属外壳设备屏蔽</td><td>金属屏蔽网/空、等电位连接并接地</td><td></td><td></td></tr>
<tr><td>12</td><td>机房电磁兼容性能测试</td><td>视机房具体要求</td><td></td><td></td></tr>
<tr><td colspan="5">备注:</td></tr>
</table>

**图 B.3 电子系统机房防雷装置检测表格式**

第×页 共×页

<table>
<tr><td colspan="4">电源接地型式及机房防静电性能</td></tr>
<tr><td colspan="2">检测项目</td><td>规范标准</td><td>实测结果</td><td>单项评价</td></tr>
<tr><td>1</td><td>引入形式</td><td>不宜采用架空线路</td><td></td><td></td></tr>
<tr><td>2</td><td>电源接地形式</td><td>TN 供电时采用 TN-S</td><td></td><td></td></tr>
<tr><td>3</td><td>表面静电电位</td><td>≤1 kV</td><td></td><td></td></tr>
<tr><td>4</td><td>表面或体积电阻</td><td>$2.5\times10^{1}\,\Omega\sim1.0\times10^{9}\,\Omega$</td><td></td><td></td></tr>
<tr><td>5</td><td>静电地板网格支架接地电阻值</td><td>共用接地系统取最小值</td><td></td><td></td></tr>
<tr><td>6</td><td>静电地板导电胶导电性能</td><td>能有效导静电</td><td></td><td></td></tr>
</table>

<table>
<tr><td colspan="10">SPD</td></tr>
<tr><td colspan="2" rowspan="3">名　　称</td><td colspan="7">SPD 检测内容</td><td rowspan="3">单项评价</td></tr>
<tr><td rowspan="2">型号及数量</td><td rowspan="2">参数评定</td><td colspan="4">安装质量</td><td rowspan="2">运行情况</td></tr>
<tr><td>位置</td><td>连接情况</td><td>接地(Ω)</td><td>牢固程序</td></tr>
<tr><td>1</td><td>总配电室</td><td></td><td></td><td></td><td></td><td></td><td></td><td></td><td></td></tr>
<tr><td>2</td><td>楼层配电柜</td><td></td><td></td><td></td><td></td><td></td><td></td><td></td><td></td></tr>
<tr><td>3</td><td>机房电源间</td><td></td><td></td><td></td><td></td><td></td><td></td><td></td><td></td></tr>
<tr><td>4</td><td>主机/服务器</td><td></td><td></td><td></td><td></td><td></td><td></td><td></td><td></td></tr>
<tr><td>5</td><td>光端机电源端</td><td></td><td></td><td></td><td></td><td></td><td></td><td></td><td></td></tr>
<tr><td>6</td><td>网络交换机</td><td></td><td></td><td></td><td></td><td></td><td></td><td></td><td></td></tr>
<tr><td>7</td><td>路由器</td><td></td><td></td><td></td><td></td><td></td><td></td><td></td><td></td></tr>
<tr><td>8</td><td>集线器</td><td></td><td></td><td></td><td></td><td></td><td></td><td></td><td></td></tr>
<tr><td>9</td><td>调制解调器</td><td></td><td></td><td></td><td></td><td></td><td></td><td></td><td></td></tr>
<tr><td>10</td><td>×.25/ADSL 专线</td><td></td><td></td><td></td><td></td><td></td><td></td><td></td><td></td></tr>
<tr><td>11</td><td>DDN/ISDN 设备</td><td></td><td></td><td></td><td></td><td></td><td></td><td></td><td></td></tr>
<tr><td>12</td><td>天馈线路(信号)</td><td></td><td></td><td></td><td></td><td></td><td></td><td></td><td></td></tr>
<tr><td>13</td><td>程控交换机信号线</td><td></td><td></td><td></td><td></td><td></td><td></td><td></td><td></td></tr>
<tr><td>14</td><td>安防供电线路</td><td></td><td></td><td></td><td></td><td></td><td></td><td></td><td></td></tr>
<tr><td>15</td><td>主、分控机信号线路</td><td></td><td></td><td></td><td></td><td></td><td></td><td></td><td></td></tr>
<tr><td>16</td><td>户外摄像机(信号)</td><td></td><td></td><td></td><td></td><td></td><td></td><td></td><td></td></tr>
<tr><td>17</td><td>安防控制信号线路</td><td></td><td></td><td></td><td></td><td></td><td></td><td></td><td></td></tr>
<tr><td>18</td><td>安防视频线路</td><td></td><td></td><td></td><td></td><td></td><td></td><td></td><td></td></tr>
<tr><td>19</td><td>消防控制信号系统</td><td></td><td></td><td></td><td></td><td></td><td></td><td></td><td></td></tr>
<tr><td>20</td><td>119 联网端口</td><td></td><td></td><td></td><td></td><td></td><td></td><td></td><td></td></tr>
<tr><td>21</td><td>有线电视信号系统</td><td></td><td></td><td></td><td></td><td></td><td></td><td></td><td></td></tr>
</table>

<table>
<tr><td colspan="6">主要检测仪器：</td></tr>
<tr><td>技术<br>评定</td><td colspan="5">检测专用(章)<br>年　　月　　日</td></tr>
<tr><td>检测员</td><td></td><td>校核人</td><td></td><td>技术负责人</td><td></td></tr>
</table>

**图 B.3　电子系统机房防雷装置检测表格式**(续)

## 油(气)站防雷装置检测表

第×页 共×页

| 项目名称 | | 联系人 | |
|---|---|---|---|
| 地　址 | | 电　话 | |
| 依据标准 | | | |
| 防雷类别 | | 天气情况 | |

| 建筑物、罐体及相关设施检测 | | 规范标准/要点 | 类型规格 | 点数 | 检测结果 | 单项评价 |
|---|---|---|---|---|---|---|
| 1 | 罩棚 | 宜共用接地系统≤4Ω | | | | |
| 2 | 站房 | | | | | |
| 3 | 油(气)罐体 | | | | | |
| 4 | 供电电缆金属护套 | | | | | |
| 5 | 信息线路金属护套 | | | | | |
| 6 | 通风管 | | | | | |
| 7 | 卸油(车)管口 | | | | | |
| 8 | 加油机 | | | | | |
| 9 | 加油枪 | | | | | |
| 10 | 卸油静电接地桩 | ≤100Ω | — | | | |
| 11 | 金属法兰 | ≤0.030Ω | | | | |
| 12 | 静电接地仪 | ≤100Ω | — | | | |
| | | | | | | |

| 供配电系统检测 | | 规范标准/要点 | 检测结果 | 单项评价 |
|---|---|---|---|---|
| 1 | 引入方式 | 采用电缆并直埋敷设 | | |
| 2 | 接地型式 | 采用 TN-S 系统 | | |

| SPD 检测 | | 型　号 | 参数评定 | 安装质量 | | | | 运行情况 | 单项评价 |
|---|---|---|---|---|---|---|---|---|---|
| | | | | 位置 | 连接情况 | 接地(Ω) | 牢固程度 | | |
| 1 | 总配电室 | | | | | | | | |
| 2 | 设备供电处 | | | | | | | | |
| 3 | 监控系统 | | | | | | | | |
| 4 | 网络系统 | | | | | | | | |
| 5 | 计算机设备 | | | | | | | | |
| | | | | | | | | | |

| 主要检测仪器： | | | | | |
|---|---|---|---|---|---|
| 技术评定 | 检测专用(章)<br>年　　月　　日 | | | | |
| 检测员 | | 校核人 | | 技术负责人 | |

**图 B.4　油(气)站防雷装置检测表格式**

**油(气)库防雷装置检测表**

第×页 共×页

<table>
<tr><td colspan="2">项目名称</td><td colspan="3"></td><td>联系人</td><td colspan="2"></td></tr>
<tr><td colspan="2">项目地址</td><td colspan="3"></td><td>电　话</td><td colspan="2"></td></tr>
<tr><td colspan="2">依据标准</td><td colspan="2"></td><td>防雷类别</td><td></td><td>天气情况</td><td></td></tr>
<tr><td colspan="3">建筑物及泵房</td><td>类　型</td><td>数量规格</td><td>接　地</td><td>运行情况</td><td>单项评价</td></tr>
<tr><td rowspan="6">建筑物1</td><td>1</td><td>接闪器</td><td></td><td></td><td></td><td></td><td></td></tr>
<tr><td>2</td><td>引下线</td><td></td><td></td><td></td><td></td><td></td></tr>
<tr><td>3</td><td>屋面等电位连接</td><td></td><td></td><td></td><td></td><td></td></tr>
<tr><td>4</td><td>电源线路敷设方式</td><td></td><td>—</td><td></td><td>—</td><td></td></tr>
<tr><td>5</td><td>信息线路敷设方式</td><td></td><td>—</td><td></td><td>—</td><td></td></tr>
<tr><td>6</td><td>接地装置</td><td></td><td>—</td><td></td><td>—</td><td></td></tr>
<tr><td rowspan="6">建筑物2</td><td>1</td><td>接闪器</td><td></td><td></td><td></td><td></td><td></td></tr>
<tr><td>2</td><td>引下线</td><td></td><td></td><td></td><td></td><td></td></tr>
<tr><td>3</td><td>屋面等电位连接</td><td></td><td></td><td></td><td></td><td></td></tr>
<tr><td>4</td><td>电源线路敷设方式</td><td></td><td>—</td><td></td><td>—</td><td></td></tr>
<tr><td>5</td><td>信息线路敷设方式</td><td></td><td>—</td><td></td><td>—</td><td></td></tr>
<tr><td>6</td><td>接地装置</td><td></td><td>—</td><td></td><td>—</td><td></td></tr>
<tr><td rowspan="6">泵房1</td><td>1</td><td>接闪器</td><td></td><td></td><td></td><td></td><td></td></tr>
<tr><td>2</td><td>引下线</td><td></td><td></td><td></td><td></td><td></td></tr>
<tr><td>3</td><td>进出金属管道</td><td></td><td></td><td></td><td></td><td></td></tr>
<tr><td>4</td><td>电源线路敷设方式</td><td></td><td>—</td><td></td><td>—</td><td></td></tr>
<tr><td>5</td><td>信息线路敷设方式</td><td></td><td>—</td><td></td><td>—</td><td></td></tr>
<tr><td>6</td><td>接地装置</td><td></td><td>—</td><td></td><td>—</td><td></td></tr>
<tr><td rowspan="6">泵房2</td><td>1</td><td>接闪器</td><td></td><td></td><td></td><td></td><td></td></tr>
<tr><td>2</td><td>引下线</td><td></td><td></td><td></td><td></td><td></td></tr>
<tr><td>3</td><td>进出金属管道</td><td></td><td></td><td></td><td></td><td></td></tr>
<tr><td>4</td><td>电源线路敷设方式</td><td></td><td>—</td><td></td><td>—</td><td></td></tr>
<tr><td>5</td><td>信息线路敷设方式</td><td></td><td>—</td><td></td><td>—</td><td></td></tr>
<tr><td>6</td><td>接地装置</td><td></td><td>—</td><td></td><td>—</td><td></td></tr>
<tr><td colspan="3">SPD 检测</td><td>型　号</td><td>参数评定</td><td>安装质量</td><td>运行情况</td><td>单项评价</td></tr>
<tr><td rowspan="6">电源信息线路</td><td>1</td><td>库区总配电室</td><td></td><td></td><td></td><td></td><td></td></tr>
<tr><td>2</td><td>建筑物配电室</td><td></td><td></td><td></td><td></td><td></td></tr>
<tr><td>3</td><td>泵房配电箱</td><td></td><td></td><td></td><td></td><td></td></tr>
<tr><td>4</td><td>监控室配电箱</td><td></td><td></td><td></td><td></td><td></td></tr>
<tr><td>5</td><td></td><td></td><td></td><td></td><td></td><td></td></tr>
<tr><td>6</td><td></td><td></td><td></td><td></td><td></td><td></td></tr>
</table>

**图 B.5　油(气)库防雷装置检测表格式**

| 储油(气)罐及设施 | | | 类　型 | 数量规格 | 接　地 | 运行情况 | 单项评价 |
|---|---|---|---|---|---|---|---|
| 储油(气)罐1 | 1 | 顶板 | | | | | |
| | 2 | 呼吸阀等金属附件 | — | | | | |
| | 3 | 接地线间隔 | — | | — | — | |
| | 4 | 接地线 | | | | | |
| | 5 | 连接管道 | | | | | |
| | 6 | 信息线路敷设 | | | | — | |
| | 7 | 接地装置 | | — | | — | |
| 储油(气)罐2 | 1 | 顶板 | | | | | |
| | 2 | 呼吸阀等金属附件 | — | | | | |
| | 3 | 接地线间隔 | — | | — | — | |
| | 4 | 接地线 | | | | | |
| | 5 | 连接管道 | | | | | |
| | 6 | 信息线路敷设 | | | | — | |
| | 7 | 接地装置 | | — | | — | |
| 装卸台 | 1 | 栈桥 | | | | — | |
| | 2 | 铁轨 | | | | — | |
| | 3 | 鹤管 | — | | | | |
| | 4 | 进出管道 | | | | | |
| | 5 | 信息电缆敷设 | | | | — | |
| 防静电装置 | 1 | 输油管道接地 | | | | | |
| | 2 | 罐装设施接地 | | | | | |
| | 3 | 防静电接地仪 | — | | — | — | — |
| | 4 | 人体消静电装置 | — | | | — | |
| | 5 | | | | | | |
| 主要检测仪器： | | | | | | | |
| 技术评定 | (检测专用章)<br>年　　月　　日 | | | | | | |
| 检测员 | | 校核人 | | 技术负责人 | | | |

**图 B.5　油(气)库防雷装置检测表格式(续)**

## 通信局站(基站)防雷装置检测表

第×页 共×页

<table>
<tr><td colspan="2">项目名称</td><td colspan="3"></td><td>联系人</td><td></td></tr>
<tr><td colspan="2">项目地址</td><td colspan="3"></td><td>电　话</td><td></td></tr>
<tr><td colspan="2">依据标准</td><td colspan="2"></td><td>防置类别</td><td></td><td>天气情况</td></tr>
<tr><td colspan="2">序号</td><td>项　　目</td><td>单位</td><td colspan="2">实　测</td><td>单项评价</td></tr>
<tr><td rowspan="14">防直击雷装置</td><td>1</td><td>铁塔高度</td><td>m</td><td colspan="2"></td><td>—</td></tr>
<tr><td>2</td><td>接闪杆规格</td><td>mm</td><td colspan="2"></td><td></td></tr>
<tr><td>3</td><td>接闪杆长度</td><td>mm</td><td colspan="2"></td><td>—</td></tr>
<tr><td>4</td><td>铁塔塔身规格</td><td>m</td><td colspan="2"></td><td>—</td></tr>
<tr><td>5</td><td>铁塔塔身连接方式</td><td>—</td><td colspan="2"></td><td>—</td></tr>
<tr><td>6</td><td>铁塔塔身离机房距离</td><td>m</td><td colspan="2"></td><td>—</td></tr>
<tr><td>7</td><td>接地线数量</td><td>根</td><td colspan="2"></td><td></td></tr>
<tr><td>8</td><td>接地线规格</td><td>—</td><td colspan="2"></td><td></td></tr>
<tr><td>9</td><td>接地装置类型</td><td>—</td><td colspan="2"></td><td></td></tr>
<tr><td>10</td><td>测试点接地电阻</td><td>Ω</td><td colspan="2"></td><td></td></tr>
<tr><td></td><td></td><td></td><td colspan="2"></td><td></td></tr>
<tr><td></td><td></td><td></td><td colspan="2"></td><td></td></tr>
<tr><td></td><td></td><td></td><td colspan="2"></td><td></td></tr>
<tr><td></td><td></td><td></td><td colspan="2"></td><td></td></tr>
<tr><td rowspan="14">防闪电电涌侵入措施</td><td>1</td><td>配电变压器接地电阻</td><td>Ω</td><td colspan="2"></td><td></td></tr>
<tr><td>2</td><td>电源接地型式</td><td>—</td><td colspan="2"></td><td></td></tr>
<tr><td>3</td><td>电源线路 SPD 安装级数</td><td>—</td><td colspan="2"></td><td></td></tr>
<tr><td>4</td><td>信号线路 SPD 安装级数</td><td>—</td><td colspan="2"></td><td></td></tr>
<tr><td>5</td><td>天馈线 SPD 安装级数</td><td>—</td><td colspan="2"></td><td></td></tr>
<tr><td>6</td><td>光缆防雷接地电阻</td><td>Ω</td><td colspan="2"></td><td></td></tr>
<tr><td>7</td><td>入户电缆屏蔽层接地电阻</td><td>Ω</td><td colspan="2"></td><td></td></tr>
<tr><td>8</td><td>入户处电缆桥架接地电阻</td><td>Ω</td><td colspan="2"></td><td></td></tr>
<tr><td>9</td><td>接地引入线规格</td><td>$mm^2$</td><td colspan="2"></td><td></td></tr>
<tr><td>10</td><td>接地引入线接地电阻</td><td>Ω</td><td colspan="2"></td><td></td></tr>
<tr><td>11</td><td>垂直接地汇集线规格</td><td>$mm^2$</td><td colspan="2"></td><td></td></tr>
<tr><td>12</td><td>垂直接地汇集线接地电阻</td><td>Ω</td><td colspan="2"></td><td></td></tr>
<tr><td></td><td></td><td></td><td colspan="2"></td><td></td></tr>
<tr><td></td><td></td><td></td><td colspan="2"></td><td></td></tr>
</table>

**图 B.6　通信局站(基站)防雷装置检测表格式**

第×页 共×页

<table>
<tr><td colspan="3">序号</td><td colspan="6">项　目</td></tr>
<tr><td rowspan="15">SPD</td><td rowspan="9">电源</td><td></td><td>型号</td><td>安装位置</td><td>参数评定</td><td>安装质量</td><td>运行情况</td><td>单项评价</td></tr>
<tr><td>1</td><td></td><td></td><td></td><td></td><td></td><td></td></tr>
<tr><td>2</td><td></td><td></td><td></td><td></td><td></td><td></td></tr>
<tr><td>3</td><td></td><td></td><td></td><td></td><td></td><td></td></tr>
<tr><td>4</td><td></td><td></td><td></td><td></td><td></td><td></td></tr>
<tr><td>5</td><td></td><td></td><td></td><td></td><td></td><td></td></tr>
<tr><td>6</td><td></td><td></td><td></td><td></td><td></td><td></td></tr>
<tr><td>7</td><td></td><td></td><td></td><td></td><td></td><td></td></tr>
<tr><td>8</td><td></td><td></td><td></td><td></td><td></td><td></td></tr>
<tr><td rowspan="6">信号</td><td>9</td><td></td><td></td><td></td><td></td><td></td><td></td></tr>
<tr><td>10</td><td></td><td></td><td></td><td></td><td></td><td></td></tr>
<tr><td>11</td><td></td><td></td><td></td><td></td><td></td><td></td></tr>
<tr><td>12</td><td></td><td></td><td></td><td></td><td></td><td></td></tr>
<tr><td>13</td><td></td><td></td><td></td><td></td><td></td><td></td></tr>
<tr><td>14</td><td></td><td></td><td></td><td></td><td></td><td></td></tr>
<tr><td colspan="2" rowspan="11">等电位连接装置</td><td></td><td>连接物名称</td><td colspan="2">接地线规格（mm²）</td><td colspan="2">接地电阻（Ω）</td><td>单项评价</td></tr>
<tr><td>1</td><td>环形接地汇集线</td><td colspan="2"></td><td colspan="2"></td><td></td></tr>
<tr><td>2</td><td>接地排 1</td><td colspan="2"></td><td colspan="2"></td><td></td></tr>
<tr><td>3</td><td>接地排 2</td><td colspan="2"></td><td colspan="2"></td><td></td></tr>
<tr><td>4</td><td>静电地板支架</td><td colspan="2"></td><td colspan="2"></td><td></td></tr>
<tr><td>5</td><td>配电柜</td><td colspan="2"></td><td colspan="2"></td><td></td></tr>
<tr><td>6</td><td>UPS 供电柜</td><td colspan="2"></td><td colspan="2"></td><td></td></tr>
<tr><td>7</td><td>设备柜 1</td><td colspan="2"></td><td colspan="2"></td><td></td></tr>
<tr><td>8</td><td>设备柜 2</td><td colspan="2"></td><td colspan="2"></td><td></td></tr>
<tr><td>9</td><td></td><td colspan="2"></td><td colspan="2"></td><td></td></tr>
<tr><td>10</td><td></td><td colspan="2"></td><td colspan="2"></td><td></td></tr>
<tr><td colspan="4">等电位连接方式（S 型、M 型、混和型）</td><td></td><td>土壤电阻率（Ω・m）</td><td colspan="3"></td></tr>
<tr><td colspan="9">主要检测仪器：</td></tr>
<tr><td colspan="2">技术评定</td><td colspan="7">（检测专用章）<br>年　　月　　日</td></tr>
<tr><td colspan="2">检测员</td><td colspan="2"></td><td>校核人</td><td></td><td>技术负责人</td><td colspan="2"></td></tr>
</table>

**图 B.6　通信局站（基站）防雷装置检测表格式（续）**

# 附 录 C
## (规范性附录)
## 防雷装置检测平面示意图格式

防雷装置检测平面示意图的格式见图 C.1。

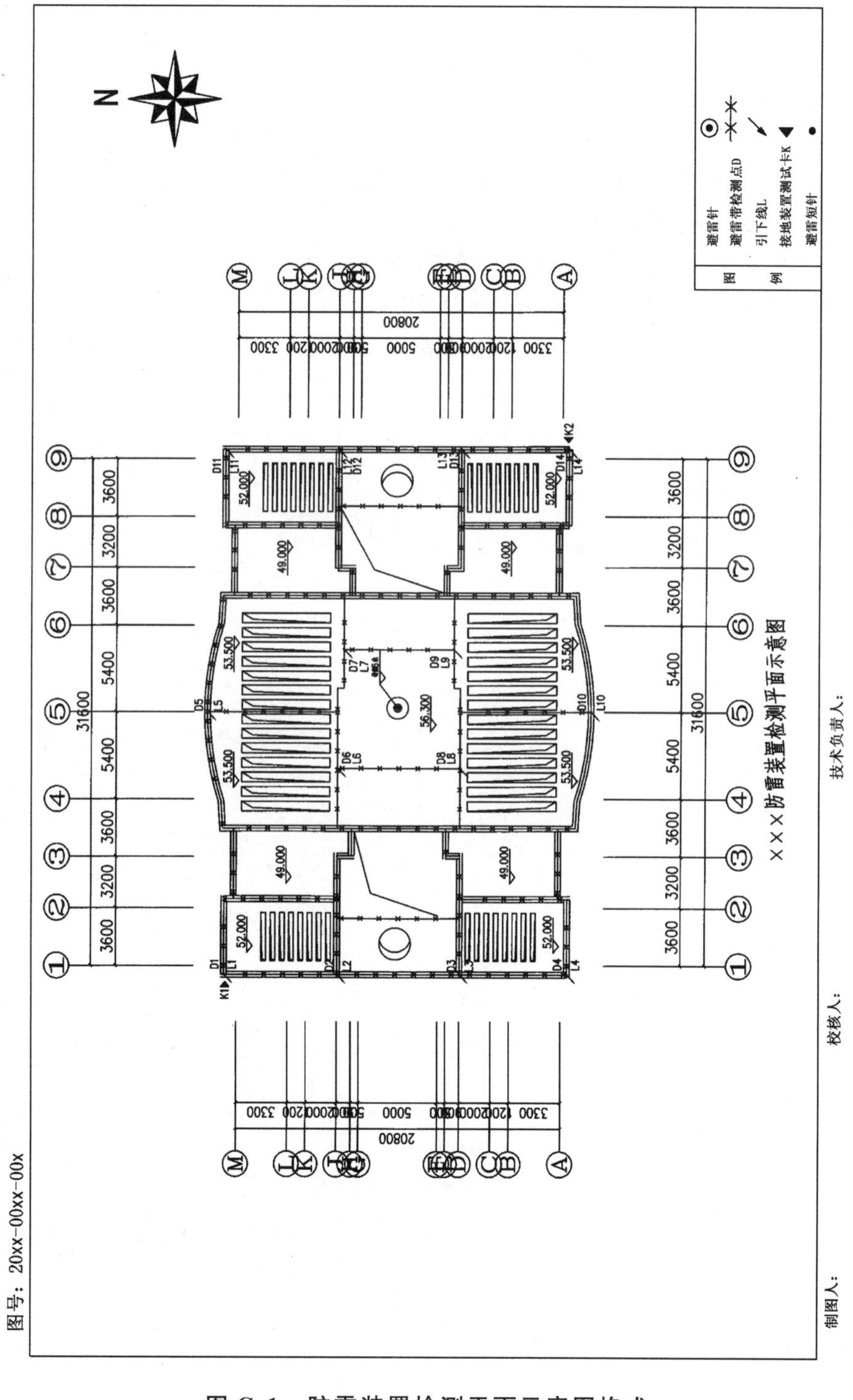


图 C.1 防雷装置检测平面示意图格式

# 附 录 D
# (资料性附录)
# 有关制图符号的国家标准

GB/T 4728(所有部分) 电气简图用图形符号

GB/T 5465.2 电气设备用图形符号 第2部分:图形符号(GB/T 5465.2—2008,IEC 60417:2007,IDT)

GB/T 6988(所有部分) 电气技术用文件的编制

GB/T 14691(所有部分) 技术产品文件 字体[ISO 3098(所有部分)]

GB/T 16273(所有部分) 设备用图形符号

GB/T 17450 技术制图 图线(GB/T 17450—1998,idt ISO 128-20:1996)

GB/T 17451 技术制图 图样画法 视图

GB/T 17452 技术制图 图样画法 剖视图和断面图

GB/T 17453 技术制图 剖面区域的表示法(GB/T 17453—2005,ISO 128-50:2001)

GB/T 18686 技术制图 CAD系统用图线的表示(GB/T 18686—2002,idt ISO 128-21:1997)

# 附 录 E
# （资料性附录）
# 有关计量单位的国家标准

GB 3100　国际单位制及其应用
GB 3101　有关量、单位和符号的一般原则
GB 3102.1　量和单位　第1部分　空间和时间
GB 3102.2　量和单位　第2部分　周期及其有关现象
GB 3102.3　量和单位　第3部分　力学
GB 3102.4　量和单位　第4部分　热学
GB 3102.5　量和单位　第5部分　电学和磁学
GB 3102.6　量和单位　第6部分　光及有关电磁辐射
GB 3102.7　量和单位　第7部分　声学
GB 3102.8　量和单位　第8部分　物理化学和分子物理学
GB 3102.9　量和单位　第9部分　原子物理学和核物理学
GB 3102.10　量和单位　第10部分　核反应和电离辐射
GB 3102.11　量和单位　第11部分　物理科学和技术中使用的数学符号
GB 3102.12　量和单位　第12部分　特征数
GB 3102.13　量和单位　第13部分　固体物理学

ICS 07.060
A 47
备案号：46694—2014

# 中华人民共和国气象行业标准

QX/T 233—2014

# 气象数据库存储管理命名

**Naming for storage and management of meteorological database**

2014-07-25 发布　　　　2014-12-01 实施

中 国 气 象 局　发 布

# 前　　言

本标准按照 GB/T 1.1—2009 给出的规则起草。

本标准由全国气象基本信息标准化技术委员会(SAC/TC 346)提出并归口。

本标准起草单位:国家气象信息中心。

本标准主要起草人:赵芳、高峰、高华云、李德泉。

# 气象数据库存储管理命名

## 1 范围

本标准规定了气象数据库存储管理命名的组成与规则。

本标准适用于气象数据库系统的建立与应用。

## 2 规范性引用文件

下列文件对于本文件的应用是必不可少的。凡是注日期的引用文件,仅注日期的版本适用于本文件。凡是不注日期的引用文件,其最新版本(包括所有的修改单)适用于本文件。

QX/T 102—2009 气象资料分类与编码

QX/T 129—2011 气象数据传输文件命名

QX/T 133—2011 气象要素分类与编码

## 3 术语和定义

下列术语和定义适用于本文件。

3.1

**数据 data**

为进行通信、解释和处理而使用的信息的形式化表现形式。

[GB/T 17532—2005,定义 3.2]

3.2

**气象数据 meteorological data**

对使用各种观、探测手段获取的大气状态、现象及其变化过程的记录及各类衍生资料进行通信、解释和处理而使用的信息的形式化表示。

3.3

**气象要素 meteorological element**

表征大气和下垫面状态的物理量。

[QX/T 133—2011,定义 2.1]

3.4

**气象数据存储管理 storage and management of meteorological data**

在存储设备中存放气象数据或保持气象数据,并提供对数据的访问、执行或监视数据的存储,以及控制输入输出操作等功能。

3.5

**数据库 database**

按照预定结构组织成的数据集合。

[GB/T 17532—2005, 定义 7.5]

3.6

**数据库对象　database object**

数据库中的数据和对该数据进行操作的服务的封装体。

3.7

**代码　code**

表示特定事物(或概念)的一个或一组字符。

[QX/T 102—2009,定义 3.6]

3.8

**气象数据存储管理代码　storage and management code of meteorological data**

在气象数据库系统中,唯一标识某类气象数据并表示其特征的一个或一组字符。

3.9

**强制段　mandatory segment**

标识某些属性,在命名时强制执行,且类型、格式、顺序都无法改变的代码组。

3.10

**自由段　free segment**

自行定义,标识某些属性的代码组。

## 4　通则

### 4.1　内容

气象数据库存储管理命名包括气象数据库命名、气象数据存储管理代码、气象要素存储管理命名、气象数据库对象存储管理命名、气象数据存储管理目录命名、气象数据存储管理文件命名。

### 4.2　结构

气象数据库存储管理命名一般由强制段、自由段及段分隔符组成。带有方括号“[]”的段为可选段。

强制段描述各命名规则的基本信息,可包含一组或多组。如无特别规定,组间用下划线“_”分隔。气象数据库存储管理命名应符合各强制段的要求。

自由段描述各命名规则的自定义信息,可自行定义和扩展,可包含一组或多组。如无特别规定,组间用减号“－”分隔。

强制段与强制段间、强制段与自由段间、自由段与自由段间,如无特别规定,用下划线“_”分隔。

如无特别规定,各段可使用的合法字符为英文字母“A”～“Z”及数字“0”～“9”。

## 5　气象数据库命名

### 5.1　组成和结构

气象数据库命名由以下段组成:

气象数据库分级代码_气象数据管理中心代码_气象数据库分类代码_气象数据库特征代码

其中,气象数据库特征代码段为自由段,其他段为强制段。各段代码见 5.2。

气象数据库命名示例参见附录 A 中 A.1。

### 5.2 代码

#### 5.2.1 气象数据库分级代码

指示气象数据库所在行政单位级别，长度为1个字符，取值见表1。

表1 气象数据库分级和代码

| 分级名称 | 代码 | 含义 |
|---|---|---|
| 国家级 | N | 国家级气象数据库。 |
| 区域级 | R | 区域级、流域级气象数据库。 |
| 省级 | P | 省、自治区(或直辖市)级气象数据库。 |

#### 5.2.2 气象数据管理中心代码

指示气象数据库所在的管理中心，为4位字母代号，取值见附录B。

#### 5.2.3 气象数据库分类代码

指示气象数据库所属类别，长度为1个字符，取值见表2。

表2 气象数据库分类和代码

| 分类名称 | 代码 | 含义 |
|---|---|---|
| 公用类 | B | 供两个及以上气象业务、科研用户使用的气象数据库。 |
| 专用类 | S | 供单一业务系统、单位或用户专用的气象数据库。 |
| 专题类 | D | 面向某特定研究领域或专题应用的气象数据库。 |
| 其他类 | O | 指无法归并到上述种类的气象数据库。 |

#### 5.2.4 气象数据库特征代码

为自由段，用于说明区别不同气象数据库的特征属性，总长度不超过8个字符。

## 6 气象数据存储管理代码

### 6.1 组成和结构

气象数据存储管理代码由以下段组成：

气象数据一级分类代码_气象数据二级分类代码[_气象数据扩展属性代码]

其中，气象数据扩展属性代码段为自由段，其他段为强制段。各段代码见6.2。

气象数据存储管理代码示例参见附录A中A.2。

### 6.2 代码

#### 6.2.1 气象数据一级分类代码

指示气象数据的一级分类，为依据气象资料内容属性和来源属性划分的14大类，分类代码长度为4个字符。

各气象数据的分类和代码应符合 QX/T 102－2009 中 5.1 的规定。

#### 6.2.2 气象数据二级分类代码

指示气象数据的二级分类，为依据各气象数据的特性，选取内容、区域、时间、要素、垂直层次、来源、类别等属性按先后顺序的组合，属性组代码间以“_”分隔。

各气象数据二级分类的属性组成、代码及组合顺序应符合 QX/T 102－2009 中 5.3 至 5.15 的规定。

#### 6.2.3 气象数据扩展属性代码

为自由段，用于说明气象数据的进一步分类（即二级以下，不含二级）及/或扩展属性特征，总长度不超过 16 个字符。

## 7 气象要素存储管理命名

### 7.1 组成和结构

气象要素存储管理命名由以下段组成：

气象要素存储管理代码[_气象要素扩展属性代码]

其中，气象要素存储管理代码段为强制段，气象要素扩展属性代码段为自由段。自由段组间用下划线“_”分隔。各段代码见 7.2。

气象要素存储管理命名示例参见附录 A 中 A.3。

### 7.2 代码

#### 7.2.1 气象要素存储管理代码

标识气象数据库中存储管理的各气象要素，长度为 6 个字符，由 1 位前缀和气象要素代码组成。

各气象要素代码应符合 QX/T 133－2011 中 4.2.1 至 4.2.28 的规定。

气象要素的前缀取值为“V”，该要素对应质量控制码的前缀取值为“Q”。

#### 7.2.2 气象要素扩展属性代码

为自由段，用于说明气象要素的扩展属性特征，总长度不超过 16 个字符。

## 8 气象数据库对象存储管理命名

### 8.1 组成和结构

气象数据库对象存储管理命名由以下段组成：

气象数据存储管理代码[_气象数据存储管理代码]_数据库对象代码[_数据库对象代码][_数据库对象扩展属性代码]

其中，数据库对象扩展属性代码段为自由段，其他段为强制段。

气象数据存储管理代码段应符合第 6 章的规定，其他段的代码见 8.2。

气象数据库对象命名示例参见附录 A 中 A.4。

当该数据库对象同时管理多类气象数据时，气象数据存储管理代码可包含多组，各组间用下划线“_”分隔。

### 8.2 代码

#### 8.2.1 数据库对象代码

指示数据库对象基本特征，每个特征由3位字母代码表示，取值见附录C。

当数据库对象间存在隶属关系时，数据库对象代码可包含多组，按隶属关系的先后顺序组合，各组之间用下划线“_”分隔。

#### 8.2.2 数据库对象扩展属性代码

为自由段，用于说明数据库对象的扩展属性特征，总长度不超过16个字符。

## 9 气象数据存储管理目录命名

### 9.1 组成和结构

气象数据存储管理目录可为一级或多级，一般不应超过8级。

气象数据存储管理目录命名由一级目录命名、二级目录命名和三级及以上目录命名组成。命名规则见9.2，命名示例参见附录A中A.5。

气象数据存储管理目录命名可使用的合法字符为英文字母“A”～“Z”，数字“0”～“9”，以及减号“－”、下划线“_”，首字符须为英文字母或数字。

### 9.2 命名

#### 9.2.1 一级目录命名

一级目录命名为气象数据库名，其命名要求应符合第5章规定。

#### 9.2.2 二级目录命名

二级目录命名为气象数据一级分类代码，其命名要求应符合6.2.1的规定。

#### 9.2.3 三级及以上目录命名

三级及以上目录命名由气象数据管理中心自行定义和扩展。

当三级及以上目录具有气象数据分类及属性特征时，其命名要求应符合QX/T 102－2009中5.1至5.15的规定。当具有气象数据扩展属性特征时，其命名要求应符合6.2.3的规定。当具有气象要素特征时，其命名要求应符合7.2.1的规定。当具有气象要素扩展属性特征时，其命名要求应符合7.2.2的规定。

三级及以上目录命名长度一般不超过64个字符。

## 10 气象数据存储管理文件命名

### 10.1 组成和结构

气象数据存储管理文件命名由以下段组成：

气象数据存储管理代码[_数据或产品生成中心][_自由格式]_资料时间.类型[.压缩方式]

其中，自由格式段为自由段，其他段为强制段。强制段间用下划线“_”或小数点“.”分隔。

气象数据存储管理代码段应符合第6章的规定，其他段的规定见10.2。

气象数据存储管理文件命名示例参见附录 A 中 A.6。

## 10.2 规定

### 10.2.1 数据或产品生成中心

数据或产品生成中心标识应符合 QX/T 129—2011 中 3.3.4 的规定。

### 10.2.2 自由格式

为自由段，用于说明气象数据的要素、区域、高度、频次、时效、站点等属性值，总长度不超过 128 个字符。

### 10.2.3 资料时间

气象数据的时间特征，使用国际协调时(UTC)，可包含一组或多组，组间以"_"分隔。

### 10.2.4 类型

文件类型标识，取值见表 3。对于表 3 中未能规定的其他类型，应采用原文件类型后缀。类型段和其他段使用点号"."分隔。

**表 3 类型代码表**

| Type | 含义 |
|---|---|
| AVI | AVI 格式视频文件 |
| AWX | 高级气象卫星数据交换格式文件(Advanced Weather-satellite eXchange format) |
| BIN | 二进制格式文件 |
| BMP | BMP 格式图像文件 |
| BFR | 按 WMO 规定的 BUFR 编码格式编码的文件 |
| CRX | 按 WMO 规定的 CREX 编码格式编码的文件 |
| DOC | Word 文件 |
| GIF | GIF 格式图像文件 |
| GRB | 按 WMO 规定的 GRIB 编码格式编码的文件 |
| GRD | GrADS 标准格式 |
| HDF | 科学数据记录格式文件(Hicrarchical Data Format) |
| HTM | HTML 超文本文件 |
| JPG | JPEG 格式图像文件 |
| MIC | MICAPS 数据文件 |
| MPG | MPEG 格式多媒体文件 |
| NC | NetCDF 格式文件 |
| PDF | Adobe Acrobat 格式文件 |
| PNG | PNG 格式图像文件 |
| PS | Postscript 文件 |

表 3 类型代码表(续)

| Type | 含义 |
| --- | --- |
| RNX | GPS 观测资料编码格式 RENIX |
| SHP | 空间数据开放格式文件 |
| TIF | TIFF 格式图像文件 |
| TXT | 文本文件 |
| VCT | 地球空间数据交换格式文件 |
| WMF | WMF 格式视频文件 |
| XML | XML 数据文件 |

### 10.2.5 压缩方式

文件压缩方式标识,应符合 QX/T 129—2011 中 3.3.10 的规定。

# 附 录 A
# (资料性附录)
# 气象数据库存储管理命名示例

## A.1 气象数据库命名示例

"中国气象局基础数据库"命名为"N_BABA_B_BDB"。
"中国气象局公共气象服务中心定制地面产品专用库"命名为"N_BAGF_S_PDB-SURF"
"安徽省气象科学数据共享数据库"命名为"P_BCHF_D_CDC"。

## A.2 气象数据存储管理代码示例

"全球地面逐小时观测数据"命名为"SURF_WEA_GLB_MUL_HOR"。
"中国多普勒天气雷达基数据"命名为"RADA_CHN_DOR_L2_FMT"。
"T213 北半球客观分析场数据"命名为"NAFP_T213_ANA_FTM_NHE"。

## A.3 气象要素存储管理命名示例

"过去 12 小时地面最低气温要素"命名为"V12013"。
"平均 5cm 地温"命名为"V12030_701_005"。
"气压要素质量控制信息"命名为"Q10004"。

## A.4 气象数据库对象存储管理命名示例

"全球地面逐小时观测资料数据表"命名为"SURF_WEA_GLB_MUL_HOR_TAB"。
"全球地面逐小时观测资料数据表唯一索引"命名为"SURF_WEA_GLB_MUL_HOR_TAB_UK_01"。

## A.5 气象数据存储管理目录命名示例

"中国气象局基础数据库全球地面逐小时观测资料数据存储管理目录"命名为"/N_BABA_B_BDB/SURF/SURF_WEA_GLB_MUL_HOR"。
"中国气象局基础数据库 T213 客观分析场 2001 年数据存储管理目录"命名为"/N_BABA_B_BDB/NAFP/NAFP_T213_ANA_FTM/2001"。

## A.6 气象数据存储管理文件命名示例

"2010 年 9 月 1 日全球地面逐小时观测资料气温要素数据文件"命名为"SURF_WEA_GLB_MUL_HOR_20100901. TXT"。
"2010 年 9 月 1 日 00 点 00 分 Z9990 多普勒雷达站 bzip2 压缩基数据文件"命名为"RADA_CHN_DOR_L2_UFMT_Z9990_201009010000. BIN. bz2"。

“2012年9月9日00点T639模式东北半球(分辨率0.28125度×0.28125度)500 hPa标准层温度露点差168小时预报场的GRIB编码数据文件”命名为“NAFP_T639_FOR_FTM_38_NEHE-DPD-281X281-100-500-999998-168_2012122500.GRB”。

# 附　录　B
## （规范性附录）
## 国内气象数据管理中心规定

表 B.1 给出了国内各气象数据管理中心代码。

**表 B.1　国内气象数据管理中心代码**

| 代码 | 单位名称 | 代码 | 单位名称 |
|---|---|---|---|
| BABA | 中国气象局 | BATC | 中国气象局气象探测中心 |
| BABJ | 国家气象中心 | BAGF | 中国气象局公共气象服务中心 |
| BAQH | 国家气候中心 | BAQK | 中国气象科学研究院 |
| BAWX | 国家卫星气象中心 | BAOB | 中国气象局气象干部培训学院 |
| BAXX | 国家气象信息中心 | BAHF | 华风气象传媒集团 |
| | | | |
| BEPK | 北京 | BCGZ | 广州 |
| BETJ | 天津 | BENN | 南宁 |
| BESZ | 石家庄 | BEHK | 海口 |
| BETY | 太原 | BECQ | 重庆 |
| BEHT | 呼和浩特 | BCCD | 成都 |
| BCSY | 沈阳 | BEGY | 贵阳 |
| BECC | 长春 | BEKM | 昆明 |
| BEHB | 哈尔滨 | BELS | 拉萨 |
| BCSH | 上海 | BEXA | 西安 |
| BENJ | 南京 | BCLZ | 兰州 |
| BEHZ | 杭州 | BEXN | 西宁 |
| BEHF | 合肥 | BEYC | 银川 |
| BEFZ | 福州 | BCUQ | 乌鲁木齐 |
| BENC | 南昌 | BEDL | 大连 |
| BEJN | 济南 | BEQD | 青岛 |
| BEZZ | 郑州 | BENB | 宁波 |
| BCWH | 武汉 | BEXM | 厦门 |
| BECS | 长沙 | RCTP | 台北 |
| VHHH | 香港 | VMMC | 澳门 |

注：省级气象数据管理中心以中华人民共和国行政区划排序。

# 附　录　C
## （规范性附录）
## 数据库对象代码规定

表C.1给出了数据库对象代码。

表C.1　数据库对象代码表

| 代码 | 数据库对象 |
|---|---|
| TAB | 表 |
| PAR | 分区 |
| IDX | 索引 |
| TRI | 触发器 |
| VEW | 视图 |
| UNC | 唯一约束 |
| NON | 非空约束 |
| PKI | 主键约束 |
| FKI | 外建约束 |
| CHK | 检查约束 |
| PRO | 存储过程 |
| SEG | 段 |
| RUL | 规则 |
| OTH | 其他 |

# 参 考 文 献

[1] GB/T 5271.1—2000 信息技术 词汇 第1部分:基本术语
[2] GB/T 11457—2006 技术 软件工程术语
[3] GB/T 17532—2005 术语工作 计算机应用 词汇
[4] 中国气象局监测网络司.气象信息网络传输业务手册
[5] 《数据库百科全书》编委会. 数据库百科全书[M].上海:上海交通大学出版社,2009

ICS 07.060
A 47
备案号：46695—2014

# 中华人民共和国气象行业标准

QX/T 234—2014

# 气象数据归档格式　探空

**Meteorogical data archive format—Sounding**

2014-07-25 发布　　　　2014-12-01 实施

中 国 气 象 局　发 布

# 前　　言

本标准按照 GB/T 1.1—2009 给出的规则起草。

本标准由全国气象基本信息标准化技术委员会(SAC/TC 346)提出并归口。

本标准起草单位:国家气象信息中心、湖北省气象信息与技术保障中心、中国气象局气象探测中心。

本标准主要起草人:陈哲、王颖、张峻、张强、汪万林、曹丽娟、阮新、刘凤琴。

# 气象数据归档格式　探空

## 1　范围

本标准规定了气象探空全月观测数据文件(简称G文件)的归档格式。

本标准适用于气象探空全月观测数据的归档和管理。

## 2　术语和定义

下列术语和定义适用于本文件。

2.1

**指示码　indicator flag**

数据文件中标识气象要素名称或数据类别的字符。

[QX/T 119—2010,定义2.1]

2.2

**质量控制码　quality control flag**

标识观测资料质量状况的数字。

[QX/T 119—2010,定义2.3]

2.3

**订正数据　adjusted data**

当原始观测数据疑误或缺测时,通过一定的方法计算或估算,但不替代原始疑误或缺测数据,只需要按规定格式在更正数据段记录其订正状况的数据。

注:改写QX/T 119—2010,定义2.4。

2.4

**修改数据　revised data**

当原始观测数据疑误或缺测时,经过审核用以代替原疑误或缺测数据的数据。

[QX/T 119—2010,定义2.5]

2.5

**不观测数据　no observation data**

按照观测规定不做观测而造成的数据缺失。

2.6

**缺测数据　missing data**

按照观测规定必须观测,但因仪器问题、人为因素或天气条件等原因造成的数据缺失。

2.7

**日定时数据　daily regular data**

数据段中某日某时次的全部观测数据。

## 3 数据格式

### 3.1 文件名

G 文件为文本文件。文件名有如下两种命名方式：

a) 固定站观测数据文件名由 17 个字符组成，其结构为“GIIiii-YYYYMM. TXT”；

b) 固定站平行观测和移动站观测数据文件名由 19 个字符组成，其结构为“GIIiii-YYYYMM-X. TXT”。

文件名中各字符含义见表 1。

**表 1 G 文件文件名中字符的含义**

| 字符 | 含义 |
|---|---|
| G | 固定字符，为文件类别标识符(保留字) |
| IIiii | 区站号，由五位字母或数字组成，前两位为区号，后三位为站号。移动站用与该观测点距离最近的气象站区站号代替 |
| YYYY | 资料年份。 |
| MM | 资料月份，位数不足，高位补“0” |
| X | 可选项，固定站平行观测数据文件 X 为 0，移动站观测数据文件 X 为 1 |
| TXT | 固定字符，表示文件为文本格式 |

### 3.2 文件结构

G 文件由台站参数、观测数据、质量控制信息、附加信息 4 个部分组成，具体要求如下：

a) 台站参数是数据文件的第一部分，为必选部分，占一行。其构成见 3.3.1.1。

b) 观测数据是数据文件的第二部分，为必选部分，由多个数据段构成，结束符为“??????”。其构成见 3.3.2.1。

c) 质量控制信息是数据文件的第三部分，为可选部分，由多个数据段构成，结束符为“******”。其构成见 3.3.3.1。

d) 附加信息是数据文件的第四部分，为必选部分，结束符为“######”。其构成见3.3.4.1。

G 文件中每条记录为一行，每行结束时直接回车换行，在行尾不应有空格。具体结构参见附录 A。

G 文件全部内容应采用英文半角符号。

### 3.3 文件内容

#### 3.3.1 台站参数

##### 3.3.1.1 构成

台站参数为 G 文件的第一条记录，由 10 组数据构成，各组数据间隔符为 1 位空格。排列顺序为区站号、纬度、经度、探空海拔高度、测风海拔高度、测站类别、观测项目标识、质量控制信息指示码、年份、月份。具体结构参见附录 A。

##### 3.3.1.2 格式

台站参数各组数据格式如下：

a) 区站号(IIiii),由5位字母或数字组成:前2位为区号,后3位为站号;无区站号的移动观测站用“99999”代替。

b) 纬度(QQQQQQD),由6位数字加1位字母组成:前6位为纬度,其中1～2位为度,3～4位为分,5～6位为秒,位数不足,高位补“0”;最后1位大写字母“S”、“N”分别表示南纬、北纬。移动站纬度为放球点的纬度。

c) 经度(LLLLLLLD),由7位数字加1位字母组成:前7位为经度,其中1～3位为度,4～5位为分,6～7位为秒,位数不足,高位补“0”;最后1位大写字母“E”、“W”分别表示东经、西经。移动站经度为放球点的经度。

d) 探空海拔高度($H_1H_1H_1H_1H_1H_1$),即测站水银槽海拔高度,由6位数字组成:第1位为海拔高度参数,实测为“0”,约测为“1”;后2～6位为海拔高度,单位为“0.1米”,位数不足,高位补“0”。若测站位于海平面以下,第2位录入“-”号。

e) 测风海拔高度($H_2H_2H_2H_2H_2H_2$),即定向天线光电轴中心或经纬仪镜筒海拔高度,由6位数字组成:第1位为海拔高度参数,实测为“0”,约测为“1”;后2～6位为海拔高度,单位为“0.1米”,位数不足,高位补“0”。若测站位于海平面以下,第2位录入“-”号。

f) 测站类别($x_1$),由1位数字组成:$x_1=1$为探空站,$x_1=2$为测风站,$x_1=3$为移动观测站,$x_1=4$为固定站平行观测。

g) 观测项目标识($nny_1\cdots y_{nn}$),由nn+2个字符组成:nn表示观测数据部分的数据段个数,由2位数字组成,位数不足,高位补“0”;$y_1\cdots y_{nn}$为各段数据状况标识,$y_i=0(i=1,\cdots,nn)$为该段全月数据不观测的标识,$y_i=1(i=1,\cdots,nn)$为有该数据段的标识,$y_i=9(i=1,\cdots,nn)$为该段全月数据缺测的标识。

示例:

若观测数据部分由11个数据段构成,且所有数据段均有数据,则观测项目标识为“1111111111111”。

h) 质量控制信息指示码(C),由1位数字组成:C=0表示文件无质量控制信息部分,C=1表示文件有质量控制信息部分。

i) 年份(YYYY),由4位数字组成。

j) 月份(MM),由2位数字组成,位数不足,高位补“0”。

### 3.3.2 观测数据

#### 3.3.2.1 构成

观测数据与台站参数部分观测项目标识中标识为“1”和“9”的数据段相对应。观测数据最多由11个数据段构成,各数据段按照表2中的固定顺序排列。具体结构参见附录A。

表2 观测数据的数据段划分

| 序号 | 段指示码 | 数据名称 |
|---|---|---|
| 1 | AA | 规定等压面层压温湿和风向、风速 |
| 2 | BB | 零度层 |
| 3 | CC | 对流层顶 |
| 4 | DD | 压温湿特性层 |
| 5 | EE | 近地面层风向、风速 |
| 6 | FF | 规定高度层风向、风速 |
| 7 | GG | 最大风层风向、风速 |

**表 2　观测数据的数据段划分**(续)

| 序号 | 段指示码 | 数据名称 |
|---|---|---|
| 8 | HH | 风特性层 |
| 9 | II | 秒级数据 |
| 10 | JJ | 分钟级数据 |
| 11 | KK | 观测行为的基本描述 |

每个数据段由段首标识和若干数据节组成。具体规定如下：

a) 段首标识是各数据段的第一条记录，一般由段标识和观测时间标识 2 组数据组成，各组数据间隔符为 1 位空格；只有在 II 数据段中段首标识由段标识、观测时间标识和观测系统型号标识 3 组数据组成。且：
   1) 段标识的格式为“XXgg”，其中“XX”为段指示码，用大写字母(见表 2)表示；“gg”为数字，表示每天的日观测次数，位数不足，高位补“0”。
   2) 观测时间标识的格式为“$TT_1TT_2\cdots TT_{gg}$”，其中“$TT_i$”为数字，$i=1,\cdots,gg$，表示该段各数据节的观测时间(北京时)，各观测时间之间按照时间的先后顺序排列，位数不足，高位补“0”，各时间记录之间无空格。“$TT_i$”出现的组数与“gg”一致。
   3) 观测系统型号标识的格式为“xx”，格式要求见 3.3.2.12.3 a) 4)。

b) 每个数据段中的数据节按观测时次升序排列，如每天两次观测，时间为 08 时(北京时)和 20 时(北京时)，则两节数据排列次序是：先 08 时(北京时)，后 20 时(北京时)。每个数据节以“＝”作为结束符，结束符紧接在该数据节最后一组数据的后面。一个数据节包含了该数据段相同时次全月日定时数据，且：
   1) 日定时数据按日期升序排列；
   2) 日定时数据由若干条记录组成，每条记录占一行；
   3) 每条记录含有若干组数据，每组数据之间用一位空格分隔。

### 3.3.2.2　专用字符

观测数据中的专用字符如下：

a) “ ”：一位空格，为数据组与组之间的间隔符。

b) “，”：逗号，为数据段日定时数据结束符。除了 BB 段、EE 段和 KK 段无日定时数据结束符外，其他数据段日定时数据结束符均为“，”。

c) “＝”：等号，为每节数据结束符。每节的结束符同时也是该节最后一日的日结束符。

d) “/”：斜杠，为数据缺测标识符。若某组数据缺测，在该组的位置上，按照该组规定的位数，补齐相应的“/”。

e) “\”：反斜杠，为不观测数据标识符。若数据出现不做观测情况，则按照该组规定的位数补齐相应的“\”。

### 3.3.2.3　特殊规定

数据文件中相关特殊规定如下：

a) 若某段全月为不观测数据，则台站参数部分中的该段观测项目标识为“0”，该数据段不录入；若某段全月数据缺测，则台站参数部分中的该段观测项目标识为“9”，在该段指示码的后面紧接着录入段结束符号“＝”；若某段全月有观测数据，则台站参数部分中的该段观测项目标识为

"1",段结束符紧接在该段最后一天最后一组数据的后面。

b) 若某个数据段中某日定时数据为不观测数据或缺测数据,相应的日期组、实测层数组、记录条数组一并省略;如果没有相对时间、经度偏差和纬度偏差数据,则按缺测处理,缺测数据组各位以"/"补齐;数据的整数部分位数不足,高位补"0",小数部分位数不足,低位补"0"。

c) 对于单测风站,对应探空要素段无段首标识,该数据段不录入;台站参数部分中的探空数据段观测项目标识为"0"。

#### 3.3.2.4 AA段

##### 3.3.2.4.1 构成

AA段由段首标识和若干数据节构成。

一个数据节中包含了该数据段相同时次全月逐日规定等压面层压温湿和风向风速观测数据。每个数据节以"="作为结束符,结束符紧接在该数据节最后一组数据后面。

日定时数据由日期和观测层数标识作为起始标识,占一行,其后各行分别为这次观测中各规定等压面层的数据,每层数据占一行。日定时数据以","作为结束符,结束符紧接在该日定时数据最后一组数据的后面。

规定等压面层包括地面、1000百帕、925百帕、850百帕、700百帕、600百帕、500百帕、400百帕、300百帕、250百帕、200百帕、150百帕、100百帕、70百帕、50百帕、40百帕、30百帕、20百帕、15百帕、10百帕、7百帕、5百帕、3百帕、2百帕、1百帕层等。每一层数据由相对时间、地面层和各等压面层气压、高度、温度、露点温度、风向、风速7组数据构成。

AA段具体构成参见附录A。

##### 3.3.2.4.2 特殊规定

AA段组成遵循以下特殊规定:

a) 若地面层气压与规定等压面气压相同,地面层和该等压面层数据分别录入。

b) 若地面层与终止等压面层间某层数据缺测,用规定位数的"/"补齐。

c) 每个时次的终止等压面层应以实有数据为准。

d) 在进行历史资料录入时,如果出现3.3.2.4.1中没有列出的规定等压面层数据时,可以根据实际情况添加相应规定等压面层数据。

##### 3.3.2.4.3 格式

AA段各部分遵循以下格式:

a) 段首标识由段指示码、日观测次数和观测时间组成。段指示码和日观测次数记录中间无空格,观测次数与观测时间记录中间用空格分隔,各次观测时间记录之间无空格,段首标识占一行。具体规定为:

  1) 段指示码(AA),由2个大写字母"A"组成。

  2) 日观测次数(gg),用2位整数表示。如该月每日08时、20时(北京时)观测两次,则gg为02。

  3) 观测时间($TT_1TT_2\cdots TT_{gg}$),"$TT_i$"用2位整数表示,$i=1,\cdots,gg$,位数不足,高位补"0","$TT_i$"出现的组数与日观测次数"gg"一致。如该段该月每天最多有三次观测,分别为08时(北京时)、14时(北京时)和20时(北京时),则为"081420"。

b) 日期和观测层数标识中间用空格分隔,占一行,为一次观测行为数据的开始标识:

  1) 日期(YY),用2位整数表示,位数不足,高位补"0"。

2） 观测层数(nnn)，用 3 位整数表示，位数不足，高位补“0”。

c） 一次观测行为中的一条记录由 7 个要素组成，各要素间以空格分隔：

1） 相对时间(SSSSS)，单位为“秒”，是各层资料的实际观测时间与规定的观测时间之差，由 5 个字符组成：第 1 位为符号位，正为“0”，负为“-”，“0”表示气球实际施放时间或各层资料的实际观测时间等于或晚于规定的观测时间，“-”表示气球实际施放时间或各层资料的实际观测时间早于规定的观测时间；后 4 位为整数位，位数不足，高位补“0”。

2） 气压(PPPPPPPP)，单位为“百帕”，由 8 个字符组成：前 4 位为整数位，位数不足，高位补“0”；第 5 位为小数点；后 3 位为小数位，位数不足，低位补“0”。

3） 高度(hhhhh)，用 5 位整数表示，位数不足，高位补“0”。各等压面层高度为位势高度，单位为“位势米”。地面层高度采用观测场海拔高度(四舍五入取整)，单位为“米”。

4） 温度(TTTTT)，单位为“摄氏度”，由 5 个字符组成：第 1 位为符号位，正为“0”，负为“-”；第 2～3 位为整数位，位数不足，高位补“0”；第 4 位为小数点；第 5 位为小数位，位数不足，低位补“0”。

5） 露点温度($T_dT_dT_dT_dT_d$)，单位为“摄氏度”，由 5 个字符组成：第 1 位为符号位，正为“0”，负为“-”；第 2～3 位为整数位，位数不足，高位补“0”；第 4 位为小数点；第 5 位为小数位，位数不足，低位补“0”。

6） 风向(ddd)，单位为“度”，用 3 位整数表示，位数不足，高位补“0”。风向是指风的来向，以正北方位为 0 度，顺时针旋转一周为 360 度，静风时，风向为“000”。

7） 风速(fff)，单位为“米/秒”，用 3 位整数表示，位数不足，高位补“0”。

#### 3.3.2.5 BB 段

##### 3.3.2.5.1 构成

BB 段由段首标识和若干数据节构成。

一个数据节中包含了该数据段相同时次全月逐日零度层观测数据。每个数据节以“＝”作为结束符，结束符紧接在该数据节最后一组数据的后面。

一次零度层日定时数据为一条记录，每条记录为一行。日定时数据由日期、零度层气压、高度、露点温度 4 组数据构成。BB 段无日定时数据结束符。

BB 段具体构成参见附录 A。

##### 3.3.2.5.2 特殊规定

对于全月无零度层的情况，按照该段数据缺测处理，即台站参数部分中的该段观测项目标识为“9”，BB 段无段首标识，在该段指示码的后面紧接着录入段结束符号“＝”，即“BB＝”。

##### 3.3.2.5.3 格式

BB 段各部分遵循以下格式：

a） 段首标识由段指示码、日观测次数和观测时间组成，段指示码和日观测次数记录中间无空格，观测次数与观测时间记录中间用空格分隔，各次观测时间记录之间无空格，段首标识占一行：

1） 段指示码(BB)，由 2 个大写字母“B”组成。

2） 日观测次数(gg)，用 2 位整数表示，格式同 3.3.2.4.3 a) 2)。

3） 观测时间($TT_1TT_2\cdots TT_{gg}$)，格式同 3.3.2.4.3 a) 3)。

b） 一次观测中的零度层数据记录由 4 个要素组成，各要素间以空格分隔：

1） 日期(YY)，用 2 位整数表示，位数不足，高位补“0”。

2） 气压（PPPPPPPP），单位为“百帕”，由 8 个字符组成，格式同 3.3.2.4.3 c）2）。

3） 高度（hhhhh），为位势高度，单位为“位势米”，用 5 位整数表示，位数不足，高位补“0”。

4） 露点温度（$T_dT_dT_dT_dT_d$），单位为“摄氏度”，由 5 个字符组成，格式同 3.3.2.4.3 c）5）。

### 3.3.2.6 CC 段

#### 3.3.2.6.1 构成

CC 段由段首标识和若干数据节构成。

一个数据节中包含了该数据段相同时次全月逐日对流层顶观测数据。每个数据节以“＝”作为结束符，结束符紧接在该数据节最后一组数据的后面。

日定时数据由日期和观测层数标识作为起始标识，占一行，其后各行分别为该次观测中各对流层顶的数据，每层数据占一行。日定时数据以“，”作为结束符，结束符紧接在该日定时数据最后一组数据的后面。

对流层顶数据由对流层顶编号、相对时间、气压、高度、温度、露点温度、风向、风速 8 组数据构成。

CC 段具体构成参见附录 A。

#### 3.3.2.6.2 特殊规定

对于全月无对流层顶数据的情况，按照该段数据缺测处理，即台站参数部分中的该段观测项目标识为“9”，CC 段无段首标识，在该段指示码的后面紧接着录入段结束符号“＝”，即“CC＝”。

#### 3.3.2.6.3 格式

CC 段各部分遵循以下格式：

a） 段首标识由段指示码、日观测次数和观测时间组成，段指示码和日观测次数记录中间无空格，观测次数与观测时间记录中间用空格分隔，各次观测时间记录之间无空格，段首标识占一行：

1） 段指示码（CC），由 2 个大写字母“C”组成。

2） 日观测次数（gg），用 2 位整数表示。格式同 3.3.2.4.3 a）2）。

3） 观测时间（$TT_1TT_2\cdots TT_{gg}$），格式同 3.3.2.4.3 a）3）。

b） 日期和观测层数标识中间用空格分隔，占一行，为一次观测行为中对流层顶数据的开始标识：

1） 日期（YY），用 2 位整数表示，位数不足，高位补“0”。

2） 实测对流层顶层数（nnn），用 3 位整数表示，位数不足，高位补“0”。

c） 一次观测行为的对流层顶记录由 8 个要素组成，各要素间以空格分隔：

1） 对流层顶编号（kk），用 2 位整数表示，编号规则依据对流层顶分层规定，第一对流层顶 kk 为 01，第二对流层顶 kk 为 02。

2） 相对时间（SSSSS），单位为“秒”，格式同 3.3.2.4.3 c）1）。

3） 气压（PPPPPPPP），单位为“百帕”，由 8 个字符组成，格式同 3.3.2.4.3 c）2）。

4） 高度（hhhhh），为位势高度，单位为“位势米”，格式同 3.3.2.5.3 b）3）。

5） 温度（TTTTT），单位为“摄氏度”，由 5 个字符组成，格式同 3.3.2.4.3 c）4）。

6） 露点温度（$T_dT_dT_dT_dT_d$），单位为“摄氏度”，由 5 个字符组成，格式同 3.3.2.4.3 c）5）。

7） 风向（ddd），单位为“度”，用 3 位整数表示，格式同 3.3.2.4.3 c）6）。

8） 风速（fff），单位为“米/秒”，用 3 位整数表示，位数不足，高位补“0”。

3.3.2.7 **DD 段**

3.3.2.7.1 **构成**

DD 段由段首标识和若干数据节构成。

一个数据节中包含了该数据段相同时次全月逐日压温湿特性层观测数据。每个数据节以“＝”作为结束符，结束符紧接在该数据节最后一组数据的后面。

日定时数据由日期和观测层数标识作为起始标识，占一行，其后各行分别为这次观测中各压温湿特性层的数据，每层数据占一行。日定时数据以“，”作为结束符，结束符紧接在该日定时数据最后一组数据的后面。

压温湿特性层数据由压温湿特性层序号、相对时间、气压、温度、露点温度 5 组数据构成。

DD 段具体构成参见附录 A。

3.3.2.7.2 **特殊规定**

每次观测的终止压温湿特性层应以实测数据为准。

3.3.2.7.3 **格式**

DD 段各部分遵循以下格式：

a) 段首标识由段指示码、日观测次数和观测时间组成，段指示码和日观测次数记录中间无空格，观测次数与观测时间记录中间有一个空格，各次观测时间记录之间无空格，段首标识占一行：
   1) 段指示码(DD)，由 2 个大写字母“D”组成。
   2) 日观测次数(gg)，用 2 位整数表示。格式同 3.3.2.4.3 a) 2)。
   3) 观测时间($TT_1TT_2\cdots TT_{gg}$)，格式同 3.3.2.4.3 a) 3)。

b) 一次观测中的压温湿特性层数据记录由 5 个要素组成，各要素间以空格分隔：
   1) 特性层编号(kkk)，用 3 位整数表示，从 001 开始按升序编号。
   2) 相对时间(SSSSS)，单位为“秒”，格式同 3.3.2.4.3 c) 1)。
   3) 气压(PPPPPPPP)，单位为“百帕”，由 8 个字符组成，格式同 3.3.2.4.3 c) 2)。
   4) 温度(TTTTT)，单位为“摄氏度”，由 5 个字符组成，格式同 3.3.2.4.3 c) 4)。
   5) 露点温度($T_dT_dT_dT_dT_d$)，单位为“摄氏度”，由 5 个字符组成，格式同 3.3.2.4.3 c) 5)。

3.3.2.8 **EE 段**

3.3.2.8.1 **构成**

EE 段由段首标识和若干数据节构成。

一个数据节中包含了该数据段相同时次全月逐日近地面层风向风速观测数据。每个数据节以“＝”作为结束符，结束符紧接在该数据节最后一组数据的后面。

日定时数据由日期、地面层风向和风速、距地 300 米、距地 600 米、距地 900 米高度的风向和风速 9 组数据构成，占一行。EE 段无日定时数据结束符。

EE 段具体构成参见附录 A。

3.3.2.8.2 **格式**

EE 数据段各部分遵循以下格式：

a) 段首标识由段指示码、日观测次数和观测时间组成，段指示码和日观测次数记录中间无空格，观测次数与观测时间记录中间用空格分隔，各次观测时间记录之间无空格，段首标识占一行：

1） 段指示码（EE），由 2 个大写字母“E”组成。

2） 日观测次数（gg），用 2 位整数表示。格式同 3.3.2.4.3 a）2）。

3） 观测时间（$TT_1TT_2 \cdots TT_{gg}$），格式同 3.3.2.4.3 a）3）。

b） 一次观测中的近地面层风向、风速记录由 3 个要素 9 组数据组成，各要素间以空格分隔，占一行：

1） 日期（YY），用 2 位整数表示，位数不足，高位补“0”。

2） 风向（ddd），单位为“度”，用 3 位整数表示，格式同 3.3.2.4.3 c）6）。

3） 风速（fff），单位为“米/秒”，用 3 位整数表示，位数不足，高位补“0”。

#### 3.3.2.9 FF 段

##### 3.3.2.9.1 构成

FF 段由段首标识和若干数据节构成。

一个数据节中包含了该数据段相同时次全月逐日规定高度层风向、风速观测数据。每个数据节以“＝”作为结束符，结束符紧接在该数据节最后一组数据的后面。

日定时数据由日期和观测层数标识作为起始标识，占一行，其后各行分别为这次观测中各规定高度层的数据，每层数据占一行。日定时数据以“，”作为结束符，结束符紧接在该日定时数据最后一组数据的后面。

规定高度层包括距海平面高度 0.5 千米、1.0 千米、1.5 千米、2.0 千米、3.0 千米、4.0 千米、5.0 千米、5.5 千米、6.0 千米、7.0 千米、8.0 千米、9.0 千米、10.0 千米、10.5 千米、12.0 千米、14.0 千米、16.0 千米、18.0 千米、20.0 千米、22.0 千米、24.0 千米、26.0 千米、28.0 千米、30.0 千米、32.0 千米、34.0 千米、36.0 千米、38.0 千米、40.0 千米等。每一层数据由相对时间、规定高度、风向、风速 4 组数据构成。

FF 段具体构成参见附录 A。

##### 3.3.2.9.2 特殊规定

FF 数据段构成遵循以下特殊规定：

a） 每个时次的起始规定高度层应以高于地面层的第 1 个规定高度层为准。

b） 若某规定高度上数据缺测，用规定位数的“/”补齐。

c） 每个观测时次的终止高度以观测到的实际高度为准。

d） 在进行历史资料录入时，如果出现 3.3.2.9.1 中没有列出的规定高度层风数据时，可以根据实际情况添加相应规定高度层风数据。

##### 3.3.2.9.3 格式

FF 数据段各部分遵循以下格式规定：

a） 段首标识由段指示码、日观测次数和观测时间组成，段指示码和日观测次数记录中间无空格，观测次数与观测时间记录中间用空格分隔，各次观测时间记录之间无空格，段首标识占一行：

1） 段指示码（FF），由 2 个大写字母“F”组成。

2） 日观测次数（gg），用 2 位整数表示，格式同 3.3.2.4.3 a）2）。

3） 观测时间（$TT_1TT_2 \cdots TT_{gg}$），格式同 3.3.2.4.3 a）3）。

b） 日期和观测层数标识中间用空格分隔，占一行，为一次观测行为中规定高度风数据的开始标识：

1） 日期（YY），用 2 位整数表示，位数不足，高位补“0”。

2） 观测层数（nnn），用 3 位整数表示，位数不足，高位补“0”。

c) 一次观测行为的规定高度风记录由 4 个要素组成，各要素间以空格分隔，占一行：
   1) 相对时间(SSSSS)，单位为“秒”，格式同 3.3.2.4.3 c) 1)。
   2) 规定高度(hhh)，单位为“百米”，用 3 位整数表示，位数不足，高位补“0”。
   3) 风向(ddd)，单位为“度”，用 3 位整数表示，格式同 3.3.2.4.3 c) 6)。
   4) 风速(fff)，单位为“米/秒”，用 3 位整数表示，位数不足，高位补“0”。

#### 3.3.2.10 GG 段

##### 3.3.2.10.1 构成

GG 段由段首标识和若干数据节构成。

一个数据节中包含了该数据段相同时次全月逐日最大风层风向风速观测数据。每个数据节以“=”作为结束符，结束符紧接在该数据节最后一组数据的后面。

日定时数据由日期和观测层数标识作为起始标识，占一行，其后各行分别为这次观测中各最大风层的数据，每层数据占一行。日定时数据以“，”作为结束符，结束符紧接在该日定时数据最后一组数据的后面。

最大风层数据由最大风层编号、相对时间、最大风层气压、高度、风向、风速 6 组数据构成。

GG 段具体构成参见附录 A。

##### 3.3.2.10.2 格式

GG 数据段各部分遵循以下格式：

a) 段首标识由段指示码、日观测次数和观测时间组成，段指示码和日观测次数记录中间无空格，观测次数与观测时间记录中间用空格分隔，各次观测时间记录之间无空格，段首标识占一行：
   1) 段指示码(GG)，由 2 个大写字母“G”组成。
   2) 日观测次数(gg)，用 2 位整数表示，格式同 3.3.2.4.3 a) 2)。
   3) 观测时间($TT_1TT_2 \cdots TT_{gg}$)，格式同 3.3.2.4.3 a) 3)。

b) 日期和观测层数标识中间用空格分隔，占一行，为一次观测行为中最大风层数据的开始标识：
   1) 日期(YY)，用 2 位整数表示，位数不足，高位补“0”。
   2) 观测层数(nnn)，用 3 位整数表示，位数不足，高位补“0”。

c) 一次观测行为的最大风层记录由 6 个要素组成，各要素间以空格分隔，占一行：
   1) 最大风层编号(kkk)，用 3 位整数表示，编号规则按《世界气象组织电码手册》中的最大风层编报顺序，从 001 开始按升序编号。
   2) 相对时间(SSSSS)，单位为“秒”，格式同 3.3.2.4.3 c) 1)。
   3) 气压(PPPPPPPP)，单位为“hPa”，由 8 个字符组成，格式同 3.3.2.4.3 c) 2)。
   4) 高度(hhhhh)，为位势高度，单位为“位势米”，格式同 3.3.2.5.3 b) 3)。
   5) 风向(ddd)，单位为“度”，用 3 位整数表示，格式同 3.3.2.4.3 c) 6)。
   6) 风速(fff)，单位为“米/秒”，用 3 位整数表示，位数不足，高位补“0”。

#### 3.3.2.11 HH 段

##### 3.3.2.11.1 构成

HH 段由段首标识和若干数据节构成。

一个数据节中包含了该数据段相同时次全月逐日风特性层观测数据。每个数据节以“=”作为结束符，结束符紧接在该数据节最后一组数据的后面。

日定时数据由日期和观测层数标识作为起始标识，占一行，其后各行分别为该次观测中各风特性层的数据，每层数据占一行。日定时数据以“，”作为结束符，结束符紧接在该日定时数据最后一组数据的后面。

风特性层数据由风特性层编号、相对时间、气压、高度、温度、露点温度、风向、风速8组数据构成。

HH段具体构成参见附录A。

#### 3.3.2.11.2 特殊规定

HH数据段构成遵循以下特殊规定：

a) 若某风特性层数据缺测，用规定位数的“/”补齐。

b) 每次观测的终止风特性层应以实有数据为准。

#### 3.3.2.11.3 格式

HH数据段各部分遵循以下格式：

a) 段首标识由段指示码、日观测次数和观测时间组成，段指示码和日观测次数记录中间无空格，观测次数与观测时间记录中间用空格分隔，各次观测时间记录之间无空格，段首标识占一行：
   1) 段指示码(HH)，由2个大写字母“H”组成。
   2) 日观测次数(gg)，用2位整数表示，格式同3.3.2.4.3 a) 2)。
   3) 观测时间($TT_1TT_2\cdots TT_{gg}$)，格式同3.3.2.4.3 a) 3)。

b) 日期和观测层数标识中间用空格分隔，占一行，为一次观测行为中风特性层数据的开始标识：
   1) 日期(YY)，用2位整数表示，位数不足，高位补“0”。
   2) 观测层数(nnn)，用3位整数表示，位数不足，高位补“0”。

c) 一次观测行为的风特性层记录由8个要素组成，各要素间以空格分隔，占一行，其中：
   1) 风特性层编号(kkk)，用3位整数表示，从001开始按升序编号。
   2) 相对时间(SSSSS)，单位为“秒”，格式同3.3.2.4.3 c) 1)。
   3) 气压(PPPPPPPP)，单位为“百帕”，由8个字符组成，格式同3.3.2.4.3 c) 2)。
   4) 高度(hhhhh)，为位势高度，单位为“位势米”，格式同3.3.2.5.3 b) 3)。
   5) 温度(TTTTT)，单位为“摄氏度”，由5个字符组成，格式同3.3.2.4.3 c) 4)。
   6) 露点温度($T_dT_dT_dT_dT_d$)，单位为“摄氏度”，由5个字符组成，格式同3.3.2.4.3 c) 5)。
   7) 风向(ddd)，单位为“度”，用3位整数表示，格式同3.3.2.4.3 c) 6)。
   8) 风速(fff)，单位为“米/秒”，用3位整数表示，位数不足，高位补“0”。

### 3.3.2.12 II段

#### 3.3.2.12.1 构成

II段由段首标识和若干数据节构成。

一个数据节中包含了该数据段相同时次全月逐日秒级观测数据。每个数据节以“＝”作为结束符，结束符紧接在该数据节最后一组数据的后面。

日定时数据由日期和观测层数标识作为起始标识，占一行，其后各行分别为这次观测中各秒采样数据，每秒采样数据占一行。日定时数据以“，”作为结束符，结束符紧接在该日定时数据最后一组数据的后面。

每秒采样数据由采样相对时间、温度、气压、相对湿度、仰角、方位角、斜距、经度偏差、纬度偏差、风向、风速、高度12组数据构成。如果观测系统为GPS，每秒采样数据由采样相对时间、温度、气压、相对湿度、经度、纬度、高度7组数据构成。

II段具体构成参见附录A。

3.3.2.12.2 **特殊规定**

II 数据段构成遵循以下特殊规定：

a) 每个时次的终止高度应以最后一次采样为准。

b) 若某秒采样数据中某组数据缺测，用规定位数的“/”补齐。

3.3.2.12.3 **格式**

II 数据段各部分遵循以下格式：

a) 段首标识由段指示码、日观测次数、观测时间和观测系统型号编码组成，段指示码、日观测次数记录中间无空格，日观测次数、观测时间和观测系统型号编码记录中间用空格分隔，各次观测时间记录之间无空格，段首标识占一行：
   1) 段指示码(II)，由 2 个大写字母“I”组成。
   2) 日观测次数(gg)，用 2 位整数表示，格式同 3.3.2.4.3 a) 2)。
   3) 观测时间($TT_1TT_2\cdots TT_{gg}$)，格式同 3.3.2.4.3 a) 3)。
   4) 观测系统型号编码(xx)，由 2 个字符组成，各类观测系统编码见附录 B。

b) 日期和记录条数标识中间用空格分隔，占一行，为一次观测行为秒级数据的开始标识：
   1) 日期(YY)，用 2 位整数表示，位数不足，高位补“0”。
   2) 记录条数(nnnn)，用 4 位整数表示，位数不足，高位补“0”。

c) 一次观测行为的秒级数据记录由 12 个(L 波段观测系统)或 7 个(GPS 观测系统)要素组成，各要素间以空格分隔，占一行：
   1) 采样相对时间(SSSSS)，单位为“秒”，格式同 3.3.2.4.3 c) 1)。
   2) 温度(TTTTT)，单位为“摄氏度”，由 5 个字符组成，格式同 3.3.2.4.3 c) 4)。
   3) 气压(PPPPPPPP)，单位为“百帕”，由 8 个字符组成，格式同 3.3.2.4.3 c) 2)。
   4) 相对湿度(UUU)，单位为“%”，用 3 位整数表示，位数不足，高位补“0”。
   5) 仰角($e_3e_3e_3e_3e_3e_3$)，单位为“度”，由 6 个字符组成：第 1 位为符号位，正为“0”，负为“-”；第 2～3 位为整数位，位数不足，高位补“0”；第 4 位为小数点；第 5～6 位为小数位，位数不足，低位补“0”。
   6) 方位角($e_4e_4e_4e_4e_4e_4$)，单位为“度”，由 6 个字符组成：第 1～3 位为整数位，位数不足，高位补“0”；第 4 位为小数点；第 5～6 位为小数位，位数不足，低位补“0”。
   7) 斜距(rrrrrr)，单位为“米”，用 6 位整数表示，表示观测仪器与观测系统天线之间的直线距离。
   8) 经度偏差($L_{or}L_{or}L_{or}L_{or}L_{or}L_{or}L_{or}L_{or}L_{or}$)，单位为“度”，由 9 个字符组成：第 1 位为符号位，正为“0”，负为“-”，含义如下：“0”为东，“-”为西；第 2～3 位为整数位，位数不足，高位补“0”；第 4 位为小数点；第 5～9 位为小数位，位数不足，低位补“0”。
   9) 纬度偏差($L_{ar}L_{ar}L_{ar}L_{ar}L_{ar}L_{ar}L_{ar}L_{ar}L_{ar}$)，单位为“度”，由 9 个字符组成：第 1 位为符号位，正为“0”，负为“-”，含义如下：“0”为北，“-”为南；第 2～3 位为整数位，位数不足，高位补“0”；第 4 位为小数点；第 5～9 位为小数位，位数不足，低位补“0”。
   10) 经度(LLLLLLLLLL)，单位为“度”，由 10 个字符组成：第 1 位为符号位，正为“0”，负为“-”，含义如下：“0”为东经，“-”为西经；第 2～4 位为整数位，位数不足，高位补“0”；第 5 位为小数点；第 6～10 位为小数位，位数不足，低位补“0”。
   11) 纬度(QQQQQQQQQ)，单位为“度”，由 9 个字符组成：第 1 位为符号位，正为“0”，负为“-”，含义如下：“0”为北纬，“-”为南纬；第 2～3 位为整数位，位数不足，高位补“0”；第 4 位为小数点；第 5～9 位为小数位，位数不足，低位补“0”。

12） 风向（ddd），单位为“度”，用 3 位整数表示，格式同 3.3.2.4.3 c) 6)。

13） 风速（fff），单位为“米/秒”，用 3 位整数表示，位数不足，高位补“0”。

14） 高度（hhhhh），为位势高度，单位为“位势米”，用 5 位整数表示，格式同 3.3.2.5.3 b) 3)。

### 3.3.2.13 JJ 段

#### 3.3.2.13.1 构成

JJ 段由段首标识和若干数据节构成。

一个数据节中包含了该数据段相同时次全月逐日分钟级观测数据。每个数据节以“＝”作为结束符，结束符紧接在该数据节最后一组数据的后面。

日定时数据由日期和观测层数标识作为起始标识，占一行，其后各行分别为这次观测中各分钟数据，每分钟数据占一行。日定时数据以“，”作为结束符，结束符紧接在该日定时数据最后一组数据的后面。

每分钟数据由相对时间、温度、气压、相对湿度、风向、风速、高度、经度偏差、纬度偏差 9 组数据构成。

JJ 段具体构成参见附录 A。

#### 3.3.2.13.2 特殊规定

若某分钟数据中某组数据缺测，用规定位数的“/”补齐。

#### 3.3.2.13.3 格式

JJ 数据段各部分遵循以下格式：

a） 段首标识由段指示码、日观测次数和观测时间组成，段指示码和日观测次数记录中间无空格，观测次数与观测时间记录中间用空格分隔，各次观测时间记录之间无空格，段首标识占一行：

1） 段指示码(JJ)，由 2 个大写字母“J”组成。

2） 日观测次数(gg)，用 2 位整数表示，格式同 3.3.2.4.3 a) 2)。

3） 观测时间（$TT_1TT_2\cdots TT_{gg}$），格式同 3.3.2.4.3 a) 3)。

b） 日期和观测次数标识中间用空格分隔，占一行，为一次观测行为分钟级数据的开始标识：

1） 日期（YY），用 2 位整数表示，位数不足，高位补“0”。

2） 观测层数（nnn），用 3 位整数表示，位数不足，高位补“0”。

c） 一次观测行为的分钟级数据记录由 9 个要素组成，各要素间以空格分隔，占一行：

1） 相对时间（MMMMM），单位为“分钟”，由 5 个字符组成：前 3 位为整数位，位数不足，高位补“0”；第 4 位为小数点；第 5 位为小数位。

2） 温度（TTTTT），单位为“摄氏度”，由 5 个字符组成，格式同 3.3.2.4.3 c) 4)。

3） 气压（PPPPPPPP），单位为“百帕”，由 8 个字符组成，格式同 3.3.2.4.3 c) 2)。

4） 相对湿度（UUU），单位为“%”，用 3 位整数表示，位数不足，高位补“0”。

5） 风向（ddd），单位为“度”，用 3 位整数表示，格式同 3.3.2.4.3 c) 6)。

6） 风速（fffff），单位为“米/秒”，由 5 个字符组成：前 3 位为整数位，位数不足，高位补“0”；第 4 位为小数点；第 5 位为小数位，位数不足，低位补“0”。

7） 高度（hhhhh），为位势高度，单位为“位势米”，用 5 位整数表示，格式同 3.3.2.5.3 b) 3)。

8） 经度偏差（$L_{or}L_{or}L_{or}L_{or}L_{or}L_{or}L_{or}L_{or}L_{or}$），单位为“度”，由 9 个字符组成，格式同 3.3.2.12.3 c) 8)。

9） 纬度偏差（$L_{ar}L_{ar}L_{ar}L_{ar}L_{ar}L_{ar}L_{ar}L_{ar}L_{ar}$），单位为“度”，由 9 个字符组成，格式同 3.3.2.12.3

c) 9)。

### 3.3.2.14 KK段

#### 3.3.2.14.1 构成

KK段由段首标识和若干数据节构成。

一个数据节中包含了该数据段相同时次全月逐日观测行为的基本描述数据。每个数据节以"＝"作为结束符,结束符紧接在该数据节最后一组数据的后面。

日定时数据由日期、探空仪编码、探空仪生产厂家编码、探空仪生产日期、探空仪编号、施放计数、球重量、球与探空仪间实际绳长、平均升速、温度基测值、温度仪器值、温度偏差、气压基测值、气压仪器值、气压偏差、相对湿度基测值、相对湿度仪器值、相对湿度偏差、仪器检测结论、世界时和地方时的施放时间、探空终止时间、测风终止时间、探空终止原因编码、测风终止原因编码、探空终止高度、测风终止高度、施放时太阳高度角、终止时太阳高度角、总云量、低云量、云状、天气现象编码、能见度34组数据构成,占一行。KK段无日定时数据结束符。

KK段具体构成参见附录A。

#### 3.3.2.14.2 特殊规定

如果只有测风观测,在探空仪编码、探空终止时间、终止高度、终止原因等位置补齐规定位数的"/"。

#### 3.3.2.14.3 格式

KK数据段各部分遵循以下格式:

a) 段首标识由段指示码、日观测次数和观测时间组成,段指示码和日观测次数记录中间无空格,观测次数与观测时间记录中间用空格分隔,各次观测时间记录之间无空格,段首标识占一行:
   1) 段指示码(KK),由2个大写字母"K"组成;
   2) 日观测次数(gg),用2位整数表示,格式同3.3.2.4.3 a) 2)。
   3) 观测时间($TT_1TT_2\cdots TT_{gg}$),格式同3.3.2.4.3 a) 3)。
b) 一次观测行为由34个要素组成,各要素间以空格分隔,占一行:
   1) 日期(YY),用2位整数表示,位数不足,高位补"0"。
   2) 探空仪编码($X_1X_1$),由2个字符组成,各类探空仪编码见附录C。
   3) 探空仪生产厂家编码($X_2X_2$),由2个字符组成,生产厂家编码见附录D。
   4) 探空仪生产日期(YYYYMMDD),用8位整数表示,"YYYY"表示年,"MM"表示月,"DD"表示日,位数不足,高位补"0"。
   5) 探空仪编号(mmmmmmmmmmmm),由12个字符组成,位数不足,高位补"0"。
   6) 施放计数(kkk),为本月内观测仪施放累计数,用3位整数表示,位数不足,高位补"0"。
   7) 球重量(GGGG),单位为"克",为携带探空仪的施放球重量,用4位整数表示,位数不足,高位补"0"。
   8) 球与探空仪间实际绳长(LL),单位为"米",用两位整数表示。
   9) 平均升速(sss),单位为"米/分钟",用3位整数表示。
   10) 温度基测值($T_1T_1T_1T_1T_1$),单位为"摄氏度",由5个字符组成:第1位为符号位,正为"0",负为"-";第2～3位为整数位,位数不足,高位补"0";第4位为小数点;第5位为小数位,位数不足,低位补"0";
   11) 温度仪器值($T_2T_2T_2T_2T_2$),单位为"摄氏度",由5个字符组成:第1位为符号位,正为"0",负为"-";第2～3位为整数位,位数不足,高位补"0";第4位为小数点;第5位为小

数位,位数不足,低位补“0”;

12) 温度偏差($T_3T_3T_3T_3$),单位为“摄氏度”,为温度基测值减温度仪器值,由 4 个字符组成:第 1 位为符号位,正为“0”,负为“-”;第 2 位为整数位;第 3 位为小数点;第 4 位为小数位。
13) 气压基测值($P_1P_1P_1P_1P_1P_1$),单位为“百帕”,由 6 个字符组成:前 4 位为整数位,位数不足,高位补“0”;第 5 位为小数点;第 6 位为小数位。
14) 气压仪器值($P_2P_2P_2P_2P_2P_2$),单位为“百帕”,由 6 个字符组成:前 4 位为整数位,位数不足,高位补“0”;第 5 位为小数点;第 6 位为小数位。
15) 气压偏差($P_3P_3P_3P_3$),单位为“百帕”,为气压基测值减气压仪器值,由 4 个字符组成:第 1 位为符号位,正为“0”,负为“-”;第 2 位为整数位;第 3 位为小数点;第 4 位为小数位。
16) 相对湿度基测值($U_1U_1U_1$),单位为“%”,用 3 位整数表示,位数不足,高位补“0”。
17) 相对湿度仪器值($U_2U_2U_2$),单位为“%”,用 3 位整数表示,位数不足,高位补“0”。
18) 相对湿度偏差($U_3U_3$),单位为“%”,为湿度基测值减湿度仪器值,用 2 位整数表示,第 1 位为符号位,正为“0”,负为“-”。
19) 仪器检测结论(T),用 1 位整数表示,“1”表示合格,“0”表示不合格。
20) 施放时间(世界时)($G_1G_1G_1G_1G_1G_1$),用 6 位整数表示,前 2 位为时,第 3 位和第 4 位为分,后 2 位为秒,位数不足,高位补“0”。
21) 施放时间(北京时)($G_2G_2G_2G_2G_2G_2$),用 6 位整数表示,前 2 位为时,第 3 位和第 4 位为分,后 2 位为秒,位数不足,高位补“0”。
22) 探空终止时间(世界时)($t_1t_1t_1t_1t_1t_1$),用 6 位整数表示,前 2 位为时,第 3 位和第 4 位为分,后 2 位为秒,位数不足,高位补“0”。
23) 测风终止时间(世界时)($t_2t_2t_2t_2t_2t_2$),用 6 位整数表示,前 2 位为时,第 3 位和第 4 位为分,后 2 位为秒,位数不足,高位补“0”。
24) 探空终止原因编码($s_1s_1$),由 2 个字符组成,编码见附录 E。
25) 测风终止原因编码($s_2s_2$),由 2 个字符组成,编码见附录 E。
26) 探空终止高度($h_1h_1h_1h_1h_1$),单位为“米”,用 5 位整数表示,位数不足,高位补“0”。
27) 测风终止高度($h_2h_2h_2h_2h_2$),单位为“米”,用 5 位整数表示,位数不足,高位补“0”。
28) 施放时太阳高度角($e_1e_1e_1e_1e_1$),单位为“度”,由 5 个字符组成:第 1 位为符号位,正为“0”,负为“-”;第 2～3 位为整数位,位数不足,高位补“0”;第 4 位为小数点;第 5 位为小数位。
29) 终止时太阳高度角($e_2e_2e_2e_2e_2$),由 5 个字符组成,编制规定同施放时太阳高度角。
30) 总云量($n_1n_1$),单位为“成”,用 2 位整数表示,位数不足,高位补“0”。
31) 低云量($n_2n_2$),单位为“成”,用 2 位整数表示,位数不足,高位补“0”。
32) 云状(ZZ),由 2 个字符组成,用云属简写符号填写,云属简写符号见附录 F。
33) 天气现象编码($q_1q_1$),由 2 个字符组成,编码见附录 G。
34) 能见度($j_1j_1j_1j_1j_1$),单位为“千米”,由 5 个字符组成:前 3 位为整数位,位数不足,高位补“0”;第 4 位为小数点;第 5 位为小数位。

#### 3.3.3 质量控制信息

##### 3.3.3.1 构成

质量控制信息部分位于观测数据之后,由质量控制数据和更正数据两部分构成:

a) 质量控制数据包含与观测数据各数据段相对应的若干质量控制码数据段。

b) 更正数据只有一个更正数据段。

排列顺序为先质量控制数据，后更正数据。若台站参数部分质量控制指示码为“0”，无质量控制信息部分，在观测数据部分结束符“??????”后另起一行，直接录入质量控制部分结束符“******”。

#### 3.3.3.2 质量控制数据

##### 3.3.3.2.1 质量控制码与质量控制码数据组

质量控制码表示数据质量的状况。根据数据质量控制流程，将其分为三级：台站级、省（地区）级和国家级。质量控制码及其含义见表3。

表3 质量控制码及其含义

| 质量控制码 | 含义 |
|---|---|
| 0 | 数据正确 |
| 1 | 数据可疑 |
| 2 | 数据错误 |
| 3 | 数据有订正值 |
| 4 | 数据已修改 |
| 8 | 数据缺测 |
| 9 | 数据未作质量控制 |

质量控制码数据组由三位质量控制码组成，依次表示台站级、省（地区）级和国家级所对应的质量控制码。如质量控制码数据组为“111”，表示该数据台站级、省（地区）级和国家级质量控制都认为是可疑值。台站形成本文件时，如果没有进行质量控制，所有数据的质量控制码均为“999”。

##### 3.3.3.2.2 构成

质量控制数据主要由观测数据的质量控制码数据组组成，其排列顺序与观测数据部分的数据段、段首标识、数据节、记录、数据组一一对应。

质量控制数据各段的段首标识是在观测数据部分的相应段首标识中段指示码前加大写字母“Q”。

示例：

观测数据部分AA数据段本月有08时和20时（北京时）两次观测，则AA段的质量控制数据段首标识为“QAA02 0820”。

质量控制数据各段组数与观测数据部分数据组数相等，除日期和观测层数（或记录条数）外，每组数据由一个质量控制码数据组构成，组间分隔符为1个空格；质量控制数据各段中的日期和观测层数（或记录条数）与观测数据中相应各段的日期和观测层数（或记录条数）一致。

质量控制数据各段中的日结束符与所对应的观测数据部分的日结束符相同。每节全月质量控制数据结束符为“＝”，置于最后一天最后一组质量控制码数据组之后。

如果某数据段在台站、省（地区）、国家三级质量控制中均未做质量控制，应在该段首标识后直接输入“999＝”，例如“QAA02 0820999＝”，表示AA段数据未作质量控制。

质量控制数据部分具体结构参见附录A。

#### 3.3.3.3 更正数据

##### 3.3.3.3.1 构成

更正数据是订正数据和修改数据的更正情况记录。

更正数据段以段指示码作为开始标识，段指示码固定为大写字母“QM”，无更正数据时为“QM＝”。

更正数据记录个数不限，每个订正数据或修改数据为一条记录，不必考虑段顺序。

更正数据段结束符为“＝”，置于最后一条订正或修改记录的最后一个数据之后。

更正数据部分具体结构参见附录A。

##### 3.3.3.3.2 格式

每条订正数据或修改数据的格式为：“更正数据标识 段指示码 节顺序数 日期 行数 组数 级别 [原始值] [订正(修改)值]”，其中：

a) 更正数据标识由1位数字组成，“3”表示订正数据，“4”表示修改数据。
b) 段指示码由2位大写字母组成，段指示码见表2。
c) 节顺序数，为该条订正或修改数据在该数据段中所处的节数，由2位数字组成，位数不足，高位补“0”。
d) 日期由2位数字组成，位数不足，高位补“0”。
e) 行数为该条订正或修改数据在该数据段该数据节该日所处行数，由4位数字组成，位数不足，高位补“0”。
f) 组数为该条订正或修改数据在该数据段该数据节该日某行中所处的列数，由2位数字组成，位数不足，高位补“0”。
g) 级别由1位数字组成，台站级为“1”，省或地区级为“2”，国家级为“3”。
h) 原始值和订正(修改)值用“[]”括起，数据格式按各段的数据技术规定，数据不足规定位数时，高位补“0”。
i) 各数据之间用1个空格作为分隔符。

示例：

如台站上报的G文件中某站AA段第1节3日第2行第3组为“缺测”，省级通过内插方法计算的数据为100。更正数据应写为：“3 AA 01 03 0002 03 2 [/////] [00100]”。

### 3.3.4 附加信息

#### 3.3.4.1 构成

附加信息部分由月报封面、备注2个数据段顺序构成，各段数据结束符为“＝”。

#### 3.3.4.2 月报封面

##### 3.3.4.2.1 构成

月报封面由标识符和12条记录组成。标识符和各条记录各占一行，各条记录只有1组数据。如无某记录，则相应行为空行。

##### 3.3.4.2.2 标识符

月报封面标识符为大写字母“BT”。

#### 3.3.4.2.3 格式

月报封面数据段各条记录格式如下：

a) 观测时间：包括探空观测时间和测风观测时间，格式为先探空观测时间，后测风观测时间，中间用“/”分隔。观测时间为2位数字，位数不足，高位补“0”，几次观测时间用“;”分隔。若该台站没有探空任务，测风时间为08和20时(北京时)，则格式为“/08;20”。
b) 台站档案号(DDddd)：由5个字符组成，前2位为省(区、市)编号，后3位为台站编号。
c) 省(区、市)名：不定长，最大字符数为40，为台站所在省(区、市)名中文全称，如“广西壮族自治区”。
d) 台站名称：不定长，最大字符数为36，为本台(站)的单位中文名称。
e) 地址：不定长，最大字符为84，为台(站)所在详细中文地址，所属省(区、市)名称可省略。
f) 观测系统型号代码：不定长，最大字符数为36，为本月最后一次观测使用的观测系统型号编码(编码表见附录B)及生产厂家中文名称编码(编码表见附录D)，型号编码与生产厂家编码之间用“/”分隔。
g) 探空仪型号代码：不定长，最大字符数为36，为本月最后一次观测使用的探空仪型号编码(编码表见附录C)及生产厂家中文名称编码(编码表见附录D)，型号编码与生产厂家编码之间用“/”分隔。
h) 软件名称及版本号：不定长，最大字符数为72，为本月最后一次观测使用的软件名称、版本号及研制单位，软件名称、版本号、研制单位之间用“/”分隔。
i) 软件操作员：不定长，最大字符数为16，为数据生成软件操作人员的中文姓名。
j) 校对人：不定长，最大字符数为16，为观测数据录入校对人员中文姓名，如多人参加校对，选报一名主要校对者。
k) 预审者：不定长，最大字符数为16，为报表数据文件预审人员中文姓名。
l) 审核者：不定长，最大字符数为16，为报表数据文件审核人员中文姓名。

### 3.3.4.3 备注

#### 3.3.4.3.1 构成

备注由标识符、气象观测中一般备注事项记载和有关台站沿革变动情况记载构成，规定如下：

a) 气象观测中一般备注事项记载由多条记录组成，每条记录由标识码(BB)、事项时间(DD或DD-DD)、事项说明三组数据组成，事项说明数据组为不定长。各组数据之间分隔符为“/”。
b) 有关台站沿革变动情况记载由多条记录组成，每条记录由变动项目标识码、变动时间(DD)及变动情况多组数据组成。各变动情况数据组为不定长，但不得超过规定的最大字符数。各组数据之间分隔符为“/”。其中，变动项目如未出现，则该项目不录入；如某项多次变动，按标识码重复录入。台站沿革变动项目及标识码见表4。

#### 3.3.4.3.2 标识符

备注标识符为大写字母“BZ”。

#### 3.3.4.3.3 格式

“备注”数据段记录格式如下：

a) 气象观测中一般备注事项记载记录格式如下：
   1) 标识码，规定以大写字母“BB”录入。如有多条备注事项记录，按标识码重复录入。

2）事项时间(DD或DD-DD)，不定长，最大字符数为5。录入具体事项出现日期(DD)或起止日期，起、止日期用“-”分隔。若某一事项日期比较多而不连续，其起、止日期记第一个和最后一个日期，并在事项说明中分别注明出现的具体时间。

3）事项说明，包括对某次或某时段观测记录质量有直接影响的原因、仪器性能不良或故障对观测记录的影响、仪器更换(非换型号)。每行的最大字符数为114，续行符为“&”，位于该行最后一个字符之后。

4）涉及台站沿革变动的事项应放在“有关台站沿革变动情况记载”中录入。

b）“有关台站沿革变动情况记载”记录格式如下：

1）项目变动标识码，按表4中规定的台站沿革变动项目标识码录入。

2）变动时间(DD)，为项目具体变动的日期(DD)，由2个字符组成，位数不足，高位补“0”。

3）台站沿革变动情况规定见表4。

**表4　台站沿革变动项目、标识码和变动情况规定**

<table>
<tr><th>标识码</th><th>台站沿革变动项目</th><th>台站沿革变动情况内容和格式</th></tr>
<tr><td>01</td><td>台站名称</td><td>指变动后的台站名称，不定长，最大字符数为36。</td></tr>
<tr><td>02</td><td>区站号</td><td>指变动后的区站号，格式同3.3.1.2 a)。</td></tr>
<tr><td>03</td><td>台站类别</td><td>指“探空”、“测风”，按变动后的台站类别，不定长，最大字符数为10。</td></tr>
<tr><td>04</td><td>所属机构</td><td>指气象台站业务管辖部门简称，填到省、部(局)级，如：“国家海洋局”。气象部门所属台站填“某某省(区、市)气象局”，按变动后的所属机构录入，不定长，最大字符数为30。</td></tr>
<tr><td>05</td><td>台站位置迁移</td><td rowspan="2">参数和格式为：纬度/经度/观测场海拔高度/地址/距原址距离方向，其各项参数的规定如下：<br>a）纬度，按变动后纬度录入，格式同3.3.1.2 b)。<br>b）经度，按变动后经度录入，格式同3.3.1.2 c)。<br>c）观测场海拔高度，按变动后观测场海拔高度录入。<br>d）地址，同“月报封面”中的地址，按变动后地址录入，不定长，最大字符数为42。<br>e）距原址距离方向，当发生台站位置迁移时(标识码为“05”)，该项为台站迁址后新观测场距原站址观测场直线距离和方向，由9个字符组成，其中1～5位为距离、第6位为分隔符“;”，7～9位为方位。距离不足位，高位补“0”；方向不足位，低位补空格。距离以“米”为单位；方向按16方位的大写英文字母表示。当台站位置不变(标识码为“55”时)，而经纬度、海拔高度因测量方法不同而改变或地址、地理环境改变时，该项为“00000;000”。</td></tr>
<tr><td>55</td><td>台站位置不变、而经纬度、海拔高度因测量方法不同而改变或地址、地理环境改变(台站参数变动)</td></tr>
<tr><td>08</td><td>观测仪器</td><td>参数和格式为：仪器名称/生产厂家，其各项参数的规定如下：<br>a）仪器名称，为换型后的观测仪器名称，不定长，最大字符数为30；<br>b）生产厂家，为所列仪器名称的生产厂家，不定长，最大字符数为30。</td></tr>
<tr><td>09</td><td>观测时制</td><td>指变动后的时制，不定长，最大字符数为10。</td></tr>
<tr><td>10</td><td>加密观测时间</td><td>指加密观测的观测具体时间，不定长，最大字符数为72，几次观测时间用“\”分隔。</td></tr>
</table>

**表 4　台站沿革变动项目、标识码和变动情况规定(续)**

| 标识码 | 台站沿革变动项目 | 台站沿革变动情况内容和格式 |
| --- | --- | --- |
| 12 | 其他变动事项 | 指台站所属行政地名改变和对记录质量有直接影响的其他事项,如统计方法的变动等(不包括上述各变动事项),不定长,最大字符数为 60。 |
| 13 | 观测软件 | 参数和格式为:软件名称/软件版本/研制单位,其各项参数的规定如下:<br>a) 软件名称,为变动后观测软件的名称,不定长,最大字符数为 36。<br>b) 软件版本,为变动后观测软件的版本,不定长,最大字符数为 36。<br>c) 研制单位,为变动后观测软件的研制单位,不定长,最大字符数为 36。 |

# 附 录 A
# (资料性附录)
# G文件的文件结构示例

IIiii QQQQQQD LLLLLLLD $H_1H_1H_1H_1H_1H_1$ $H_2H_2H_2H_2H_2H_2$ $x_1nny_1\cdots y_{nn}$ C YYYY MM

AAgg $TT_1TT_2\cdots TT_{gg}$

YY nnn

SSSSS PPPPPPPP hhhhh TTTTT $T_dT_dT_dT_dT_d$ ddd fff

SSSSS PPPPPPPP hhhhh TTTTT $T_dT_dT_dT_dT_d$ ddd fff

……

SSSSS PPPPPPPP hhhhh TTTTT $T_dT_dT_dT_dT_d$ ddd fff,

YY nnn

SSSSS PPPPPPPP hhhhh TTTTT $T_dT_dT_dT_dT_d$ ddd fff

SSSSS PPPPPPPP hhhhh TTTTT $T_dT_dT_dT_dT_d$ ddd fff

……

SSSSS PPPPPPPP hhhhh TTTTT $T_dT_dT_dT_dT_d$ ddd fff,

……

SSSSS PPPPPPPP hhhhh TTTTT $T_dT_dT_dT_dT_d$ ddd fff=

YY nnn

SSSSS PPPPPPPP hhhhh TTTTT $T_dT_dT_dT_dT_d$ddd fff

……

SSSSS PPPPPPPP hhhhh TTTTT $T_dT_dT_dT_dT_d$ ddd fff=

BBgg $TT_1TT_2\cdots TT_{gg}$

YY PPPPPPPP hhhhh $T_dT_dT_dT_dT_d$

……

YY PPPPPPPP hhhhh $T_dT_dT_dT_dT_d$=

YY PPPPPPPP hhhhh $T_dT_dT_dT_dT_d$

……

YY PPPPPPPP hhhhh $T_dT_dT_dT_dT_d$=

CCgg $TT_1TT_2\cdots TT_{gg}$

YY nnn

kk SSSSS PPPPPPPP hhhhh TTTTT $T_dT_dT_dT_dT_d$ ddd fff

……

kk SSSSS PPPPPPPP hhhhh TTTTT $T_dT_dT_dT_dT_d$ ddd fff,

YY nnn

kk SSSSS PPPPPPPP hhhhh TTTTT $T_dT_dT_dT_dT_d$ ddd fff

……

kk SSSSS PPPPPPPP hhhhh TTTTT $T_dT_dT_dT_dT_d$ ddd fff=

YY nnn

kk SSSSS PPPPPPPP hhhhh TTTTT $T_dT_dT_dT_dT_d$ ddd fff

……

kk SSSSS PPPPPPPP hhhhh TTTTT $T_dT_dT_dT_dT_d$ ddd fff,

YY nnn
kk SSSSS PPPPPPPP hhhhh TTTTT $T_dT_dT_dT_dT_d$ ddd fff
……
kk SSSSS PPPPPPPP hhhhh TTTTT $T_dT_dT_dT_dT_d$ ddd fff=
DDgg $TT_1TT_2\cdots TT_{gg}$
YY nnn
kkk SSSSS PPPPPPPP TTTTT $T_dT_dT_dT_dT_d$
……
kkk SSSSS PPPPPPPP TTTTT $T_dT_dT_dT_dT_d$,
YY nnn
kkk SSSSS PPPPPPPP TTTTT $T_dT_dT_dT_dT_d$
……
kkk SSSSS PPPPPPPP TTTTT $T_dT_dT_dT_dT_d$,
……
kkk SSSSS PPPPPPPP TTTTT $T_dT_dT_dT_dT_d$=
YY nnn
kkk SSSSS PPPPPPPP TTTTT $T_dT_dT_dT_dT_d$
……
kkk SSSSS PPPPPPPP TTTTT $T_dT_dT_dT_dT_d$=
EEgg $TT_1TT_2\cdots TT_{gg}$
YY ddd fff ddd fff ddd fff ddd fff
……
YY ddd fff ddd fff ddd fff ddd fff=
YY ddd fff ddd fff ddd fff ddd fff
……
YY ddd fff ddd fff ddd fff ddd fff=
FFgg $TT_1TT_2\cdots TT_{gg}$
YY nnn
SSSSS hhh ddd fff
……
SSSSS hhh ddd fff,
YY nnn
SSSSS hhh ddd fff
……
SSSSS hhh ddd fff,
……
SSSSS hhh ddd fff=
YY nnn
SSSSS hhh ddd fff
……
SSSSS hhh ddd fff=
GGgg $TT_1TT_2\cdots TT_{gg}$
YY nnn

kkk SSSSS PPPPPPPP hhhhh ddd fff

……

kkk SSSSS PPPPPPPP hhhhh ddd fff,

YY nnn

kkk SSSSS PPPPPPPP hhhhh ddd fff

……

kkk SSSSS PPPPPPPP hhhhh ddd fff,

……

kkk SSSSS PPPPPPPP hhhhh ddd fff=

YY nnn

kkk SSSSS PPPPPPPP hhhhh ddd fff

……

kkk SSSSS PPPPPPPP hhhhh ddd fff=

HHgg $TT_1 TT_2 \cdots TT_{gg}$

YY nnn

kkk SSSSS PPPPPPPP hhhhh TTTTT $T_d T_d T_d T_d T_d$ ddd fff

……

kkk SSSSS PPPPPPPP hhhhh TTTTT $T_d T_d T_d T_d T_d$ ddd fff,

YY nnn

kkk SSSSS PPPPPPPP hhhhh TTTTT $T_d T_d T_d T_d T_d$ ddd fff

……

kkk SSSSS PPPPPPPP hhhhh TTTTT $T_d T_d T_d T_d T_d$ ddd fff,

……

kkk SSSSS PPPPPPPP hhhhh TTTTT $T_d T_d T_d T_d T_d$ ddd fff=

YY nnn

kkk SSSSS PPPPPPPP hhhhh TTTTT $T_d T_d T_d T_d T_d$ ddd fff

……

kkk SSSSS PPPPPPPP hhhhh TTTTT $T_d T_d T_d T_d T_d$ ddd fff=

IIgg $TT_1 TT_2 \cdots TT_{gg}$ xx

YY nnnn

SSSSS TTTTT PPPPPPPP UUU $e_3 e_3 e_3 e_3 e_3$ $e_4 e_4 e_4 e_4 e_4$ rrrrrr $L_{or} L_{or} L_{or} L_{or} L_{or} L_{or} L_{or} L_{or} L_{or}$ $L_{ar} L_{ar} L_{ar} L_{ar} L_{ar} L_{ar} L_{ar} L_{ar} L_{ar}$ ddd fff hhhhh(或 SSSSS TTTTT PPPPPPPP UUU LLLLLLLLL QQQQQQQQ hhhhh)

……

SSSSS TTTTT PPPPPPPP UUU $e_3 e_3 e_3 e_3 e_3$ $e_4 e_4 e_4 e_4 e_4$ rrrrrr $L_{or} L_{or} L_{or} L_{or} L_{or} L_{or} L_{or} L_{or} L_{or}$ $L_{ar} L_{ar} L_{ar} L_{ar} L_{ar} L_{ar} L_{ar} L_{ar} L_{ar}$ ddd fff hhhhh,(或 SSSSS TTTTT PPPPPPPP UUU LLLLLLLLL QQQQQQQQ hhhhh,)

……

YY nnnn

SSSSS TTTTT PPPPPPPP UUU $e_3 e_3 e_3 e_3 e_3$ $e_4 e_4 e_4 e_4 e_4$ rrrrrr $L_{or} L_{or} L_{or} L_{or} L_{or} L_{or} L_{or} L_{or} L_{or}$ $L_{ar} L_{ar} L_{ar} L_{ar} L_{ar} L_{ar} L_{ar} L_{ar} L_{ar}$ ddd fff hhhhh(或 SSSSS TTTTT PPPPPPPP UUU LLLLLLLLL QQQQQQQQ hhhhh)

……

SSSSS TTTTT PPPPPPPP UUU $e_3e_3e_3e_3e_3e_4e_4e_4e_4e_4$ rrrrrr $L_{or}L_{or}L_{or}L_{or}L_{or}L_{or}L_{or}L_{or}L_{or}$ $L_{ar}L_{ar}L_{ar}L_{ar}$ $L_{ar}L_{ar}L_{ar}L_{ar}L_{ar}$ ddd fff hhhhh=(或 SSSSS TTTTT PPPPPPPP UUU LLLLLLLLLL QQQQQQQQ hhhhh=)

YY nnnn

SSSSS TTTTT PPPPPPPP UUU $e_3e_3e_3e_3e_3$ $e_4e_4e_4e_4e_4$ rrrrrr $L_{or}L_{or}L_{or}L_{or}L_{or}L_{or}L_{or}L_{or}L_{or}$ $L_{ar}L_{ar}L_{ar}$ $L_{ar}L_{ar}L_{ar}L_{ar}L_{ar}L_{ar}$ ddd fff hhhhh(或 SSSSS TTTTT PPPPPPPP UUU LLLLLLLLLL QQQQQQQQ hhhhh)

……

SSSSS TTTTT PPPPPPPP UUU $e_3e_3e_3e_3e_3$ $e_4e_4e_4e_4e_4$ rrrrrr $L_{or}L_{or}L_{or}L_{or}L_{or}L_{or}L_{or}L_{or}L_{or}$ $L_{ar}L_{ar}L_{ar}$ $L_{ar}$ $L_{ar}$ $L_{ar}$ $L_{ar}$ $L_{ar}$ $L_{ar}$ ddd fff hhhhh =(或 SSSSS TTTTT PPPPPPPP UUU LLLLLLLLLL QQQQQQQQ hhhhh=)

JJgg $TT_1TT_2\cdots TT_{gg}$

YY nnn

MMMMM TTTTT PPPPPPPP UUU ddd fffff hhhhh $L_{or}L_{or}L_{or}L_{or}L_{or}L_{or}L_{or}L_{or}L_{or}L_{ar}L_{ar}L_{ar}L_{ar}L_{ar}L_{ar}L_{ar}$ $L_{ar}L_{ar}$

……

MMMMM TTTTT PPPPPPPP UUU ddd fffff hhhhh $L_{or}L_{or}L_{or}L_{or}L_{or}L_{or}L_{or}L_{or}L_{or}$ $L_{ar}L_{ar}L_{ar}L_{ar}L_{ar}L_{ar}L_{ar}$ $L_{ar}L_{ar}$,

YY nnn

MMMMM TTTTT PPPPPPPP UUU ddd fffff hhhhh $L_{or}L_{or}L_{or}L_{or}L_{or}L_{or}L_{or}L_{or}L_{or}$ $L_{ar}L_{ar}L_{ar}L_{ar}L_{ar}L_{ar}L_{ar}$ $L_{ar}L_{ar}$

……

MMMMM TTTTT PPPPPPPP UUU ddd fffff hhhhh $L_{or}L_{or}L_{or}L_{or}L_{or}L_{or}L_{or}L_{or}L_{or}$ $L_{ar}L_{ar}L_{ar}L_{ar}L_{ar}L_{ar}L_{ar}$ $L_{ar}L_{ar}$,

……

MMMMM TTTTT PPPPPPPP UUU ddd fffff hhhhh $L_{or}L_{or}L_{or}L_{or}L_{or}L_{or}L_{or}L_{or}L_{or}L_{ar}L_{ar}L_{ar}L_{ar}L_{ar}L_{ar}L_{ar}$ $L_{ar}L_{ar}$=

YY nnn

MMMMM TTTTT PPPPPPPP UUU ddd fffff hhhhh $L_{or}L_{or}L_{or}L_{or}L_{or}L_{or}L_{or}L_{or}L_{or}L_{ar}L_{ar}L_{ar}L_{ar}L_{ar}L_{ar}L_{ar}$ $L_{ar}L_{ar}$

……

MMMMM TTTTT PPPPPPPP UUU ddd fffff hhhhh $L_{or}L_{or}L_{or}L_{or}L_{or}L_{or}L_{or}L_{or}L_{or}$ $L_{ar}L_{ar}L_{ar}L_{ar}L_{ar}L_{ar}L_{ar}$ $L_{ar}L_{ar}$=

KKgg $TT_1TT_2\cdots TT_{gg}$

YY $X_1X_1$ $X_2X_2$ YYYYMMDD mmmmmmmmmmmmm kkk GGGG LL sss $T_1T_1T_1T_1T_1$ $T_2T_2T_2T_2T_2$ $T_3T_3T_3T_3$ $P_1P_1P_1P_1P_1P_1$ $P_2P_2P_2P_2P_2P_2$ $P_3P_3P_3P_3$ $U_1U_1U_1$ $U_2U_2U_2$ $U_3U_3$ T $G_1G_1G_1G_1G_1G_1$ $G_2G_2G_2G_2G_2G_2$ $t_1t_1t_1t_1t_1t_1$ $t_2t_2t_2t_2t_2t_2$ $s_1s_1$ $s_2s_2$ $h_1h_1h_1h_1h_1$ $h_2h_2h_2h_2h_2$ $e_1e_1e_1e_1e_1$ $e_2e_2e_2e_2e_2$ $n_1n_1$ $n_2n_2$ ZZ $q_1q_1j_1j_1j_1j_1j_1$

……

YY $X_1X_1$ $X_2X_2$ YYYYMMDD mmmmmmmmmmmmm kkk GGGG LL sss $T_1T_1T_1T_1T_1$ $T_2T_2T_2T_2T_2$ $T_3T_3T_3T_3$ $P_1P_1P_1P_1P_1P_1$ $P_2P_2P_2P_2P_2P_2$ $P_3P_3P_3P_3$ $U_1U_1U_1$ $U_2U_2U_2$ $U_3U_3$ T $G_1G_1G_1G_1G_1G_1$ $G_2G_2G_2G_2G_2G_2$ $t_1t_1t_1t_1t_1t_1$ $t_2t_2t_2t_2t_2t_2$ $s_1s_1$ $s_2s_2$ $h_1h_1h_1h_1h_1$ $h_2h_2h_2h_2h_2$ $e_1e_1e_1e_1e_1e_2e_2e_2e_2e_2$ $n_1n_1$ $n_2n_2$ZZ $q_1q_1$ $j_1j_1j_1j_1j_1$=

……

YY $X_1X_1$ $X_2X_2$ YYYYMMDD mmmmmmmmmmmm kkk GGGG LL sss $T_1T_1T_1T_1T_1$ $T_2T_2T_2T_2T_2$ $T_3T_3T_3T_3$ $P_1P_1P_1P_1P_1P_1$ $P_2P_2P_2P_2P_2P_2$ $P_3P_3P_3P_3$ $U_1U_1U_1$ $U_2U_2U_2$ $U_3U_3$ T $G_1G_1G_1G_1G_1G_1$ $G_2G_2G_2G_2G_2G_2$ $t_1t_1t_1t_1t_1t_1$ $t_2t_2t_2t_2t_2t_2$ $s_1s_1$ $s_2s_2$ $h_1h_1h_1h_1h_1$ $h_2h_2h_2h_2h_2$ $e_1e_1e_1e_1e_1$ $e_2e_2e_2e_2e_2$ $n_1n_1$ $n_2n_2$ ZZ $q_1q_1$ $j_1j_1j_1j_1j_1$=

??????

QAAgg $TT_1TT_2\cdots TT_{gg}$

YY nnn

xxx xxx xxx xxx xxx xxx xxx

……

xxx xxx xxx xxx xxx xxx xxx=

QBBgg $TT_1TT_2\cdots TT_{gg}$

YY xxx xxx xxx

……

YY xxx xxx xxx=

QCCgg $TT_1TT_2\cdots TT_{gg}$

YY nnn

xxx xxx xxx xxx xxx xxx xxx xxx

……

xxx xxx xxx xxx xxx xxx xxx xxx=

QDDgg $TT_1TT_2\cdots TT_{gg}$

YY nnn

xxx xxx xxx xxx xxx

……

xxx xxx xxx xxx xxx=

QEEgg $TT_1TT_2\cdots TT_{gg}$

YY xxx xxx xxx xxx xxx xxx xxx xxx

……

YY xxx xxx xxx xxx xxx xxx xxx xxx=

QFFgg $TT_1TT_2\cdots TT_{gg}$

YY nnn

xxx xxx xxx xxx

……

xxx xxx xxx xxx=

QGGgg $TT_1TT_2\cdots TT_{gg}$

YY nnn

xxx xxx xxx xxx xxx xxx

……

xxx xxx xxx xxx xxx xxx=

QHHgg $TT_1TT_2\cdots TT_{gg}$

YY nnn

xxx xxx xxx xxx xxx xxx xxx xxx

……

xxx xxx xxx xxx xxx xxx xxx xxx=

QIIgg $TT_1 TT_2 \cdots TT_{gg}$ xx

YY nnnn

xxx xxx xxx xxx xxx xxx xxx xxx xxx xxx xxx xxx

……

xxx xxx xxx xxx xxx xxx xxx xxx xxx xxx xxx xxx=

QJJgg $TT_1 TT_2 \cdots TT_{gg}$

YY nnn

xxx xxx xxx xxx xxx xxx xxx xxx xxx xxx xxx xxx

……

xxx xxx xxx xxx xxx xxx xxx xxx xxx xxx xxx xxx=

QKKgg $TT_1 TT_2 \cdots TT_{gg}$

YY xxx xxx xxx xxx xxx xxx xxx xxx xxx xxx xxx xxx xxx xxx xxx xxx xxx xxx xxx xxx xxx xxx xxx xxx xxx xxx xxx xxx xxx xxx xxx xxx xxx

……

YY xxx xxx xxx xxx xxx xxx xxx xxx xxx xxx xxx xxx xxx xxx xxx xxx xxx xxx xxx xxx xxx xxx xxx xxx xxx xxx xxx xxx xxx xxx xxx xxx xxx=

QM

X xx xx xx xxxx xx x [xxxx] [xxxx]

……

X xx xx xx xxxx xx x [xxxx] [xxxx]=

******

BT

观测时间

台站档案号

省(区、市)名

台站名称

地址

观测系统型号代码

探空仪型号代码

软件名称及版本号

软件操作员

校对人

预审者

审核者=

BZ

BB/事项时间/事项说明

01/变动时间/台站名称

02/变动时间/区站号

03/变动时间/台站类别

04/变动时间/所属机构

05/变动时间/纬度/经度/观测场海拔高度/地址/距原址距离方向

55/变动时间/纬度/经度/观测场海拔高度/地址/00000;000

08/变动时间/仪器名称/生产厂家
09/变动时间/观测时制
10/变动时间/加密观测时间
12/变动时间/事项说明
13/变动时间/软件名称/软件版本/研制单位＝
＃＃＃＃＃＃

# 附　录　B
# （规范性附录）
# 观测系统型号编码

观测系统型号编码见表 B.1。

**表 B.1　观测系统型号编码表**

| 编码 | 代码 | 观测系统型号 |
| --- | --- | --- |
| 01 | RD | 无线电定向仪 |
| 02 | PB | 经纬仪 |
| 03 | RT | 无线电经纬仪 |
| 04 | 701 | 701 二次测风雷达 |
| 05 | GFE(L)1 | GFE(L)1 型二次测风雷达 |
| 06 | GFE(L)2 | GFE(L)2 型二次测风雷达 |
| 07 | 707 | C 波段测风雷达 |
| 08 | GPS-MW31 | MW31GPS 接收系统 |
| | | |
| | | |
| 99 | OTHER | 其他 |

# 附 录 C
# (规范性附录)
# 探空仪型号编码

探空仪型号编码见表 C.1。

**表 C.1 探空仪型号编码表**

| 编码 | 代码 | 探空仪型号 |
| --- | --- | --- |
| 01 | RS12 | 芬兰 RS-12 型探空仪 |
| 02 | Diamond | 美国 Diamond 探空仪 |
| 03 | GZZ1 | 49 型探空仪 |
| 04 | GZZ2 | 59 型探空仪 |
| 05 | 701 | 701 电子探空仪 |
| 06 | GTS1 | GTS1 型数字式探空仪 |
| 07 | GTS1-1 | GTS1-1 型数字式探空仪 |
| 08 | GTS1-2 | GTS1-2 型数字式探空仪 |
| 09 | TD2-A | TD2-A 型数字式探空仪 |
| 10 | RS92 | RS92 GPS 探空仪 |
| 11 | TC-1 | TC-1 型探空仪(C 波段雷达) |
| | | |
| | | |
| 99 | OTHER | 其他 |

# 附　录　D
## （规范性附录）
## 探空仪或观测系统生产厂家编码

探空仪或观测系统生产厂家编码见表 D.1。

**表 D.1　探空仪或观测系统生产厂家编码表**

| 编码 | 探空仪或观测系统生产厂家 |
|---|---|
| 01 | 上海长望气象科技有限公司 |
| 02 | 太原无线电一厂 |
| 03 | 青海无线电厂 |
| 04 | 中国华云技术开发公司 |
| 05 | 中环天仪（天津）气象仪器有限公司 |
| | |
| 11 | 南京大桥机器有限公司 |
| 12 | 成都 784 厂 |
| 13 | 芬兰 Vaisala 公司 |
| | |
| 99 | 其他 |

# 附　录　E
## （规范性附录）
## 探空/测风终止原因编码

探空/测风终止原因编码见表 E.1。

**表 E.1　探空/测风终止原因编码表**

| 编码 | 探空终止原因 |
| --- | --- |
| 01 | 球炸 |
| 02 | 信号突失 |
| 03 | 干扰 |
| 04 | 信号不清 |
| 05 | 接收系统故障(例如雷达、GPS 接收设备故障等) |
| 06 | 探空仪器故障 |
| 07 | 放弃 |
| 08 | 气球消失 |
| | |
| 99 | 其他(具体原因在一般备注事项说明) |

# 附 录 F
## (规范性附录)
## 云属简写符号

云属简写符号见表 F.1。

**表 F.1 云属简写符号表**

| 简写 | 云属 |
|---|---|
| Ci | 卷云 |
| Cc | 卷积云 |
| Cs | 卷层云 |
| Ac | 高积云 |
| As | 高层云 |
| Ns | 雨层云 |
| Sc | 层积云 |
| St | 层云 |
| Cu | 积云 |
| Cb | 积雨云 |
| // | 由于黑暗、雾、沙尘暴或其他类似现象而云不可见 |

# 附 录 G
# (规范性附录)
# 天气现象代码

天气现象代码见表 G.1。

**表 G.1 天气现象代码表**

| 编码 | 现象名称 | 编码 | 现象名称 |
| --- | --- | --- | --- |
| 01 | 露 | 38 | 吹雪 |
| 02 | 霜 | 39 | 雪暴 |
| 03 | 结冰 | 42 | 雾 |
| 04 | 烟幕 | 48 | 雾凇 |
| 05 | 霾 | 50 | 毛毛雨 |
| 06 | 浮尘 | 56 | 雨凇 |
| 07 | 扬沙 | 60 | 雨 |
| 08 | 尘卷风 | 68 | 雨夹雪 |
| 10 | 轻雾 | 70 | 雪 |
| 13 | 闪电 | 76 | 冰针 |
| 14 | 极光 | 77 | 米雪 |
| 15 | 大风 | 79 | 冰粒 |
| 16 | 积雪 | 80 | 阵雨 |
| 17 | 雷暴 | 83 | 阵性雨夹雪 |
| 18 | 飑 | 85 | 阵雪 |
| 19 | 龙卷 | 87 | 霰 |
| 31 | 沙尘暴 | 89 | 冰雹 |

## 参 考 文 献

[1] 世界气象组织.世界气象组织电码手册. 中央气象台译.北京:中央气象台,1977
[2] 中国气象局.常规高空气象观测业务规范.北京:气象出版社,2010

ICS 07.060
A 47
备案号：46696—2014

# 中华人民共和国气象行业标准

QX/T 235—2014

# 商用飞机气象观测资料BUFR编码

## BUFR coding for standard AMDAR data

2014-07-25 发布　　2014-12-01 实施

中 国 气 象 局　发 布

# 前　言

本标准按照 GB/T 1.1—2009 给出的规则起草。

本标准由全国气象基本信息标准化技术委员会(SAC/TC 346)提出并归口。

本标准起草单位:国家气象信息中心、中国民用航空华北地区空中交通管理局。

本标准主要起草人:杨根录、李湘、刘乖乖、薛蕾、金山。

# 商用飞机气象观测资料 BUFR 编码

## 1 范围

本标准规定了商用飞机气象观测资料的 BUFR 编码构成和规则。

本标准适用于商用飞机气象观测资料的表示、交换和存档。

## 2 术语和定义

下列术语和定义适用于本文件。

2.1

**八位组 octet**

计算机领域里 8 个比特位作为一组的单位制。

## 3 缩略语

下列缩略语适用于本文件。

AMDAR:商用飞机气象观测资料(Aircraft Meteorological Data Relay)

BUFR:气象数据的二进制通用表示格式(Binary Universal Form for Representation of meteorological data)

UTC:世界协调时(Universal Time Coordinated)

WMO-FM 94:世界气象组织定义的第 94 号编码格式(The World Meteorological Orgnization code form FM 94 BUFR )

CCITT IA5:国际电报电话咨询委员会国际字母 5 号码(International Telephone and Telegraph Consultative Committee International Alphabet No. 5)

## 4 编码构成

编码数据由指示段、标识段、数据描述段、数据段和结束段构成,结构见图 1。

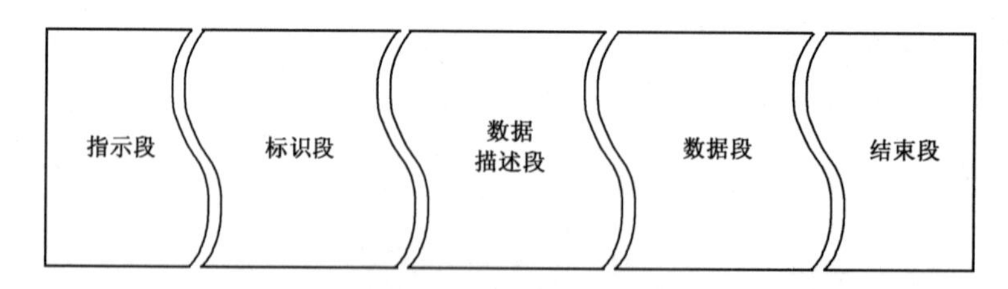


**图 1 商用飞机气象观测资料 BUFR 编码数据结构**

各个段的编码规则见 5.1～5.5,编码中使用的时间编码全部为 UTC。

# 5 编码规则

## 5.1 指示段

指示段由8个八位组组成，包括BUFR编码数据的起始标志、长度和版本号。具体编码见表1。

表1 指示段编码说明

| 八位组序号 | 含义 | 值 | 备注 |
|---|---|---|---|
| 1 | BUFR数据的起始标志 | B | 按CCITT IA5编码 |
| 2 | | U | |
| 3 | | F | |
| 4 | | R | |
| 5～7 | BUFR数据长度(以八位组为单位) | 实际取值 | |
| 8 | BUFR编码的版本号 | 4 | |

## 5.2 标识段

标识段由23个八位组组成，包括主表标识/版本、加工中心、数据类型、数据生成时间等信息。具体编码见表2。

表2 标识段编码说明

| 八位组序号 | 含义 | 值 | 备注 |
|---|---|---|---|
| 1～3 | 标识段段长(以八位组为单位) | 23 | |
| 4 | 主表号 | 0 | 主表是通用表格的科学学科分类表，每一学科在表中被分配一个代码，并包含该学科下的一系列通用表格。气象学科的主表号为0。 |
| 5～6 | 数据加工中心 | 38 | 加工中心为北京。 |
| 7～8 | 数据加工子中心 | 0 | 表示本数据没有被数据加工子中心加工过。 |
| 9 | 更新序列号 | 实际取值 | 取值为非负整数，初始编号为0。随资料每次更新，该序列号逐次加1。 |
| 10 | 选编段指示 | 0 | 表示本数据不包含选编段。 |
| 11 | 数据类型 | 4 | 表示本数据为非卫星探测的单层高空资料。 |
| 12 | 数据子类型 | 0 | AMDAR。 |
| 13 | 本地数据子类型 | 0 | 表示没有定义本地数据的子类型。 |
| 14 | 当前使用的主表版本号 | 15 | 表示当前使用的WMO FM-94主表的版本号为15。 |
| 15 | 当前使用的用于修订主表的本地表版本号 | 0 | 表示没有使用数据加工中心自定义的表格。 |
| 16～17 | 年 | 实际取值 | 实际数据生成时间：年(4位公元年)。 |
| 18 | 月 | 实际取值 | 实际数据生成时间：月。 |

表 2　标识段编码说明(续)

| 八位组序号 | 含义 | 值 | 备注 |
|---|---|---|---|
| 19 | 日 | 实际取值 | 实际数据生成时间:日。 |
| 20 | 时 | 实际取值 | 实际数据生成时间:时。 |
| 21 | 分 | 实际取值 | 实际数据生成时间:分。 |
| 22 | 秒 | 实际取值 | 实际数据生成时间:秒。 |
| 23 | 自定义 | 0 | 保留。 |

## 5.3　数据描述段

数据描述段由 33 个八位组组成,主要包括数据子集的个数、数据性质和压缩方式以及数据描述符。具体编码见表 3。

表 3　数据描述段编码说明

| 八位组序号 | 含义 | 值 | 备注 |
|---|---|---|---|
| 1～3 | 数据描述段段长 | 33 | |
| 4 | 保留字段 | 0 | |
| 5～6 | 数据子集的个数 | 实际取值 | 取值为非负整数,表示商用飞机在飞行过程中的观测次数。 |
| 7 | 数据性质和压缩方式 | 128 | 表示该资料是观测资料,采用非压缩格式。 |
| 8～9 | 飞机尾号要素描述符 | 001110 | 八位组序号为 8～33 的数据描述符描述了商用飞机每次观测的时间、位置、观测的气象要素等信息。其中要素描述符说明参见注 1,序列描述符说明参见注 2。描述符编码规则是每个描述符在数据描述段占用 2 个八位组进行编码,将描述符的 6 位数字字符从左至右分为 3 组,分别包含 1 个字符、2 个字符和 3 个字符,将每组字符串转换为十进制数字,并分别以 2 比特、6 比特和 8 比特的长度用二进制表示。 |
| 10～11 | 观测时间序列描述符 | 301011 | |
| 12～13 | 观测时间序列描述符 | 301013 | |
| 14～15 | 观测点经纬度序列描述符 | 301021 | |
| 16～17 | 高度要素描述符 | 007010 | |
| 18～19 | 温度要素描述符 | 012101 | |
| 20～21 | 风向要素描述符 | 011001 | |
| 22～23 | 风速要素描述符 | 011002 | |
| 24～25 | 飞行状态要素描述符 | 008009 | |
| 26～27 | 机体积冰要素描述符 | 020042 | |
| 28～29 | 相对湿度要素描述符 | 013003 | |
| 30～31 | 湍流强度要素描述符 | 011031 | |
| 32～33 | 推算得到的等价垂直阵风的最大值要素描述符 | 011036 | |

注 1:要素描述符是《Manual on Codes》中 BUFR 表 B 中的编码参照入口,每个入口定义了要素及其表示该数据所需的单位、比例因子、基准值和数据宽度。

注 2:序列描述符是《Manual on Codes》中 BUFR 表 D 中的编码参照入口,每个入口定义了一系列要素描述符、重复描述符、算子描述符和(或)其他序列描述符。

## 5.4 数据段

数据段包括本段段长、保留字段和数据。数据包含一个或多个数据子集，每个数据子集由数据描述段中的要素描述符（序列描述符展开成要素描述符列表）对应的数据组成。具体见表 4。

**表 4 数据段编码说明**

| 内容 | | 含义 | 单位 | 比例因子 | 基准值 | 数据宽度[a] |
|---|---|---|---|---|---|---|
| 数据段段长 | | 数据段长度 | 八位组 | — | — | 24 |
| 保留字段 | | — | — | — | — | 8 |
| 001110 | | 飞机尾号[b] | — | 0 | 0 | 48 |
| 301011 | 004001 的编码值 | 观测时间：年 | — | 0 | 0 | 12 |
| | 004002 的编码值 | 观测时间：月 | — | 0 | 0 | 4 |
| | 004003 的编码值 | 观测时间：日 | — | 0 | 0 | 6 |
| 301013 | 004004 的编码值 | 观测时间：时 | — | 0 | 0 | 5 |
| | 004005 的编码值 | 观测时间：分 | — | 0 | 0 | 6 |
| | 004006 的编码值 | 观测时间：秒 | — | 0 | 0 | 6 |
| 301021 | 005001 的编码值 | 观测点纬度（高精度） | 度（°） | 5 | −9000000 | 25 |
| | 006001 的编码值 | 观测点经度（高精度） | 度（°） | 5 | −18000000 | 26 |
| 007010 的编码值 | | 飞行高度（海拔高度） | 米（m） | 0 | −1024 | 16 |
| 012101 的编码值 | | 温度 | 开尔文（K） | 2 | 0 | 16 |
| 011001 的编码值 | | 风向 | 度（°） | 0 | 0 | 9 |
| 011002 的编码值 | | 风速 | 米/秒（m/s） | 1 | 0 | 12 |
| 008009 的编码值 | | 飞机飞行状态[c] | — | 0 | 0 | 4 |
| 020042 的编码值 | | 飞机机体积冰[d] | — | 0 | 0 | 2 |
| 013003 的编码值 | | 相对湿度 | 百分率（%） | 0 | 0 | 7 |
| 011031 的编码值 | | 湍流强度[e] | — | 0 | 0 | 4 |
| 011036 的编码值 | | 推算得到的等价垂直阵风的最大值 | 米/秒（m/s） | 1 | 0 | 10 |

原始观测值乘以 10 的比例因子次方，再减去基准值后的差值即为编码值。其中比例因子用于保证编码值为整数，与观测值的精度相关；基准值用于保证编码值为非负，与观测值的值阈相关。如果气象要素缺测，则该编码值所占用的数据宽度内每个比特均置 1。

[a] 指数据在数据段中所占用的比特位数。

[b] 按照 CCITT IA5 编码。

[c] 见附录 A 中表 A.1。

[d] 见附录 A 中表 A.2。

[e] 见附录 A 中表 A.3。

## 5.5 结束段

结束段由4个八位组组成，编码值为按照CCITT IA5编码的"7"、"7"、"7"、"7"4个字符。

# 附　录　A
## （规范性附录）
## 飞机飞行状态、飞机机体积冰和湍流强度代码表

飞机飞行状态（008009）、飞机机体积冰（020042）和湍流强度（011031）的代码值及其含义分别见表A.1、表A.2和表A.3。

**表A.1　飞机飞行状态（008009）代码表**

| 代码值 | 含义 | 代码值 | 含义 |
|---|---|---|---|
| 0 | 水平飞行，常规观测，不稳定 | 1 | 水平飞行，遇到最大风，不稳定 |
| 2 | 不稳定（UNS） | 3 | 水平飞行常规观测（LVR） |
| 4 | 水平飞行，遇到最大风（LVW） | 5 | 上升（ASC） |
| 6 | 下降（DES） | 7 | 上升，观测间隔为时间增量 |
| 8 | 上升，观测间隔为时间增量，不稳定 | 9 | 上升，观测间隔为气压增量 |
| 10 | 上升，观测间隔为气压增量，不稳定 | 11 | 下降，观测间隔为时间增量 |
| 12 | 下降，观测间隔为时间增量，不稳定 | 13 | 下降，观测间隔为气压增量 |
| 14 | 下降，观测间隔为气压增量，不稳定 | 15 | 空缺值 |

**表A.2　飞机机体积冰（020042）代码表**

| 代码值 | 含义 | 代码值 | 含义 |
|---|---|---|---|
| 0 | 无积冰 | 1 | 积冰出现 |
| 2 | 保留 | 3 | 空缺值 |

**表A.3　湍流强度（011031）代码表**

<table>
<tr><th>代码值</th><th colspan="2">含义</th><th>代码值</th><th colspan="2">含义</th></tr>
<tr><td>0</td><td>无</td><td rowspan="2">多云</td><td>1</td><td>小</td><td rowspan="2">多云</td></tr>
<tr><td>2</td><td>中</td><td>3</td><td>强</td></tr>
<tr><td>4</td><td>无</td><td rowspan="2">晴空</td><td>5</td><td>小</td><td rowspan="2">晴空</td></tr>
<tr><td>6</td><td>中</td><td>7</td><td>强</td></tr>
<tr><td>8</td><td>无</td><td rowspan="2">未说明晴空或多云</td><td>9</td><td>小</td><td rowspan="2">未说明晴空或多云</td></tr>
<tr><td>10</td><td>中</td><td>11</td><td>强</td></tr>
<tr><td>12</td><td colspan="2">很强，晴空</td><td>13</td><td colspan="2">很强，多云</td></tr>
<tr><td>14</td><td colspan="2">很强，未说明晴空或多云</td><td>15</td><td colspan="2">空缺值</td></tr>
</table>

# 参考文献

[1] WMO. Aircraft Meteorological Data Relay (AMDAR) Reference Manual. WMO-No. 958, Geneva, Switzerland, 2003

[2] WMO. Manual on Codes (WMO-No. 306). Volume I. 2, Geneva, Switzerland, 2001

ICS 07.060
A 47
备案号：46697—2014

# 中华人民共和国气象行业标准

QX/T 236—2014

# 电视气象节目常用天气系统图形符号

## Graphic symbols for synoptic system in television weather shows

2014-07-25 发布　　2014-12-01 实施

中 国 气 象 局　发 布

# 前　言

本标准按照 GB/T 1.1—2009 和 GB/T 20001.2—2001 给出的规则起草。

本标准由全国气象防灾减灾标准化技术委员会(SAC/TC 345)提出并归口。

本标准起草单位:华风气象传媒集团有限责任公司。

本标准主要起草人:朱定真、李强、袁东敏、庞君如、袁晓玉、张明、李嘉宾、耿慧、于群。

# 引　言

随着人们对电视气象节目的关注度越来越高，对气象知识的了解越来越多，仅在电视气象节目中使用天气现象图形符号已满足不了日益发展的公共气象服务需要，而对描述天气系统的图形符号提出了新的更加迫切的需求。为更加规范、形象地通过天气系统图形符号来传播气象信息，更好地提高电视气象节目的服务效果，特制定本标准。

# 电视气象节目常用天气系统图形符号

## 1 范围

本标准规定了电视气象节目中描述常用天气系统的图形符号，包括符号的形状、颜色和应用原则。

本标准适用于电视气象节目的制作，网站、手机、网络电视等媒体制作气象节目也可参照使用。

## 2 术语和定义

下列术语和定义适用于本文件。

2.1

**天气系统 synoptic system**

大气中引起天气变化的具有空间、时间尺度的系统，一般指气压场、风场、温度场的系统。

2.2

**RGB 颜色模式 RGB color model**

色光的色彩模式，通过对红(R)、绿(G)、蓝(B)三个颜色通道的变化及它们相互之间的叠加来得到各式各样的颜色。

2.3

**HSB 颜色模式 HSB color model**

以人类对颜色的感觉为依据而建立的色彩模式。所有颜色用色相(H)、饱和度(S)及亮度(B)三种基本特征来形容和描述。

注：使用中可将 HSB 颜色转换为 RGB 颜色，HSB 颜色模式转换为 RGB 颜色模式的方法参见附录 A。

## 3 图形符号

电视气象节目中描述天气系统的常用图形符号的颜色应从红、黄、绿、蓝、紫、棕、灰 7 个色系中选取。天气系统图形符号颜色的变化范围应符合附录 B 的规定。

电视气象节目中描述常用天气系统的图形符号，应根据表 1 的规定绘制。

**表 1 描述常用天气系统的图形符号**

| 编号 | 名称 | 图形 | 颜色 | 说明 |
|---|---|---|---|---|
| 1-01 | 冷锋<br>Cold front | | 蓝色系 | |
| 1-02 | 副冷锋<br>Secondary cold front | | 蓝色系 | |

**表 1 描述常用天气系统的图形符号(续)**

| 编号 | 名称 | 图形 | 颜色 | 说明 |
|---|---|---|---|---|
| 1-03 | 暖锋<br>Warm front | | 红色系 | |
| 1-04 | 锢囚锋<br>Occluded front | | 紫色系 | |
| 1-05 | 准静止锋<br>Stationary front | | 蓝色系和<br>红色系的组合 | |
| 1-06 | 高压(中文)<br>High pressure | 高 | 红色系或<br>蓝色系 | 应用于中文节目<br>颜色的选取由系统冷暖性质决定<br>图形符号下方可标注中心数值,单位为 hPa |
| 1-07 | 高压(英文)<br>High pressure | H | 红色系或<br>蓝色系 | 应用于英文节目<br>颜色的选取由系统冷暖性质决定<br>图形符号下方可标注中心数值,单位为 hPa |
| 1-08 | 低压(中文)<br>Low pressure | 低 | 红色系或<br>蓝色系 | 应用于中文节目<br>颜色的选取由系统冷暖性质决定<br>图形符号下方可标注中心数值,单位为 hPa |
| 1-09 | 低压(英文)<br>Low pressure | L | 红色系或<br>蓝色系 | 应用于英文节目<br>颜色的选取由系统冷暖性质决定<br>图形符号下方可标注中心数值,单位为 hPa |
| 1-10 | 台风<br>Typhoon | | 红色系 | |

**表 1　描述常用天气系统的图形符号(续)**

| 编号 | 名称 | 图形 | 颜色 | 说明 |
|---|---|---|---|---|
| 1-11 | 龙卷<br>Tornado | | 棕色系 | |
| 1-12 | 飑线<br>Squall line | | 棕色系 | 上方为飑线后侧,下方为飑线前侧(前进方向) |
| 1-13 | 辐合线<br>Convergence line | | 棕色系 | 高空天气系统用相同图形符号 |
| 1-14 | 槽线<br>Trough line | | 棕色系 | |
| 1-15 | 脊线<br>Ridge line | | 棕色系 | |
| 1-16 | 切变线<br>Shear line | | 棕色系 | 可根据实际情况对风向调整 |
| 1-17 | 急流<br>Jet stream | | 紫色系 | 由急流带(外管)和急流轴(箭头)组成,动画演示箭头的移动速度应更快 |
| 1-18 | 辐散区<br>Divergence region | | 棕色系或蓝色系或红色系 | 南半球辐散区应反向旋转<br>冷性系统用蓝色系<br>暖性系统用红色系<br>不强调系统冷暖性质时用棕色系 |
| 1-19 | 辐合区<br>Convergence region | | 棕色系或蓝色系或红色系 | 南半球辐合区应反向旋转<br>冷性系统用蓝色系<br>暖性系统用红色系<br>不强调系统冷暖性质时用棕色系 |

表 1 描述常用天气系统的图形符号(续)

| 编号 | 名称 | 图形 | 颜色 | 说明 |
|---|---|---|---|---|
| 1-20 | 等值线<br>Contour | | 灰色系或<br>黄色系或<br>绿色系或<br>红色系 | 等压线、等位势高度线选取灰色系或黄色系或绿色系，可根据节目底图颜色选取不同的等值线色系<br>等温线用红色系 |
| 1-21 | 冷中心(中文)<br>Cold center | 冷 | 蓝色系 | 应用于中文节目 |
| 1-22 | 冷中心(英文)<br>Cold center | COLD | 蓝色系 | 应用于英文节目 |
| 1-23 | 暖中心(中文)<br>Warm center | 暖 | 红色系 | 应用于中文节目 |
| 1-24 | 暖中心(英文)<br>Warm center | WARM | 红色系 | 应用于英文节目 |
| 1-25 | 冷气流<br>Cold advection | | 蓝色系 | |
| 1-26 | 暖气流<br>Warm advection | | 红色系 | |
| 1-27 | 干气流<br>Dry advection | | 蓝色系或红色系 | 冷性系统用蓝色系<br>暖性系统用红色系 |
| 1-28 | 湿气流<br>Moisture advection | | 绿色系 | |

表 1　描述常用天气系统的图形符号(续)

| 编号 | 名称 | 图形 | 颜色 | 说明 |
| --- | --- | --- | --- | --- |
| 1-29 | 冷湿气流<br>Cold moisture advection | | 蓝色系 | |
| 1-30 | 暖湿气流<br>Warm moisture advection | | 红色系 | |
| 1-31 | 降温<br>Cooling | | 蓝色系 | 图形符号中部可标出气温下降的数值 |
| 1-32 | 升温<br>Rising | | 红色系 | 图形符号中部可标出气温上升的数值 |

## 4　应用原则

在应用中可根据表 1 所规定的常用天气系统图形符号作动画、缩放、组合、阴影、闪光、透明度等技术处理,但不应违反符号含义、颜色等方面的规定。

# 附　录　A
## （资料性附录）
## HSB 颜色模式转为 RGB 颜色模式的方法

HSB 中的色相、饱和度、亮度分别用 $h$，$s$，$v$ 表示其值，RGB 中的红、绿、蓝三原色分别用 $r$，$g$，$b$ 表示其值。$r$，$g$，$b$ 可通过以下计算得到：

$$(r,g,b)=\begin{cases}(v,t,p)\times 255, \text{当 } h_i=0\\(q,p,v)\times 255, \text{当 } h_i=1\\(p,v,t)\times 255, \text{当 } h_i=2\\(p,q,v)\times 255, \text{当 } h_i=3\\(t,p,v)\times 255, \text{当 } h_i=4\\(v,p,p)\times 255, \text{当 } h_i=5\end{cases}$$

等式右边各物理号的计算公式如下：

$$s=\frac{s}{100\%}$$

$$v=\frac{v}{100\%}$$

$$h_i\equiv\left[\frac{h}{60}\right]\pmod 6$$

$$f=\frac{h}{60}-h_i$$

$$p=v\times(1-s)$$

$$q=v\times(1-f\times s)$$

$$t=v\times(1-(1-f)\times s)$$

# 附　录　B
# （规范性附录）
# 天气系统图形符号颜色系规定

电视气象节目中常用天气系统图形符号的颜色应从表 B.1 规定的相应色系中选择。

表 B.1　天气系统图形符号颜色系规定

| 色系 | 色相 | 颜色条 | 变化特征 |
|---|---|---|---|
| 红色 | 0 | ① ② ③ | ①:(0,100%,50%);②:(0,100%,100%);③:(0,50%,100%)<br>①—②:色相、饱和度不变,亮度由 50%增加到 100%<br>②—③:色相、亮度不变,饱和度由 100%减少到 50% |
| 黄色 | 60 | ① ② ③ | ①:(60,100%,50%);②:(60,100%,100%);③:(60,50%,100%)<br>①—②:色相、饱和度不变,亮度由 50%增加到 100%<br>②—③:色相、亮度不变,饱和度由 100%减少到 50% |
| 绿色 | 120 | ① ② ③ | ①:(120,100%,50%);②:(120,100%,100%);③:(120,50%,100%)<br>①—②:色相、饱和度不变,亮度由 50%增加到 100%<br>②—③:色相、亮度不变,饱和度由 100%减少到 50% |
| 蓝色 | 240 | ① ② ③ | ①:(240,100%,50%);②:(240,100%,100%);③:(240,50%,100%)<br>①—②:色相、饱和度不变,亮度由 50%增加到 100%<br>②—③:色相、亮度不变,饱和度由 100%减少到 50% |
| 紫色 | 300 | ① ② ③ | ①:(300,100%,50%);②:(300,100%,100%);③:(300,50%,100%)<br>①—②:色相、饱和度不变,亮度由 50%增加到 100%<br>②—③:色相、亮度不变,饱和度由 100%减少到 50% |
| 棕色 | 30 | ① ② ③ | ①:(30,50%,50%);②:(30,100%,50%);③:(30,100%,100%)<br>①—②:色相、亮度不变,饱和度由 50%增加到 100%<br>②—③:色相、饱和度不变,亮度由 50%增加到 100% |
| 灰色 | 0 | ① ② ③ | ①:(0,0%,0%);②:(0,0%,50%);③:(0,0%,100%)<br>①—③:色相、饱和度不变,亮度由 0%增加到 100% |
| ①色条最左端颜色,②正中间颜色,③最右端颜色,颜色值用($h,s,v$)表示。 | | | |

## 参 考 文 献

[1] GB/T 15608—2006 中国颜色体系
[2] GB/T 16900—2008 图形符号表示规则 总则
[3] GB/T 22164—2008 公共气象服务 天气图形符号
[4] 《大气科学辞典》编委会.大气科学辞典[M].北京:气象出版社,1994
[5] 朱乾根等.天气学原理和方法[M].北京:气象出版社,2000

# 索　引

## 中文索引

**B**



**C**



**D**



**F**



**G**



**J**



**L**



**N**

**Q**



**S**



**T**



**Z**

## 英文索引

### A



### D



### H



### J



### L



### M



### O



### R



### S

**T**



**W**

ICS 07.060
A 47
备案号：46698—2014

# 中华人民共和国气象行业标准

QX/T 237—2014

# 风云极轨系列气象卫星核心元数据

## Core metadata for FENGYUN polar orbiting series meteorological satellites

2014-07-25 发布　　2014-12-01 实施

中 国 气 象 局　发 布

# 前　　言

本标准按照GB/T 1.1—2009给出的规则起草。

本标准由全国卫星气象与空间天气标准化技术委员会(SAC/TC 347)提出并归口。

本标准起草单位:国家卫星气象中心。

本标准主要起草人:钱建梅、徐喆、孙安来、咸迪、郑旭东、高云。

# 风云极轨系列气象卫星核心元数据

## 1 范围

本标准规定了风云极轨系列气象卫星核心元数据的类型和描述方法。

本标准适用于风云极轨系列气象卫星数据集的生产、存档、分发、管理和应用。

## 2 规范性引用文件

下列文件对于本文件的应用是必不可少的。凡是注日期的引用文件,仅注日期的版本适用于本文件。凡是不注日期的引用文件,其最新版本(包括所有的修改单)适用于本文件。

GB/T 19710—2005 地理信息 元数据

## 3 术语和定义

下列术语和定义适用于本文件。

3.1

**元数据 metadata**

关于数据的数据。即数据的标识、覆盖范围、质量、空间和时间模式、空间参照系和分发等信息。

[GB/T 19710—2005,定义 4.5]

3.2

**数据集 dataset**

可以识别的数据集合。

注:通过诸如空间范围或要素类型的限制,数据集在物理上可以是更大数据集较小的部分。从理论上讲,数据集可以小到更大数据集内的单个要素或要素属性。一张硬拷贝地图或图表均可以被认为是一个数据集。

[GB/T 19710—2005,定义 4.2]

3.3

**核心元数据 core metadata**

描述数据集的最基本属性的元数据实体和元数据元素。

3.4

**元数据元素 metadata element**

元数据的基本单元。

注:元数据元素在元数据实体中是唯一的。

[GB/T 19710—2005,定义 4.6]

3.5

**元数据实体 metadata entity**

一组说明数据相同特性的元数据元素。

注:可以包括一个或一个以上的元数据实体。

[GB/T 19710—2005,定义 4.7]

3.6

**元数据子集　metadata section**

元数据的子集合，由相关的元数据实体和元素组成。

[GB/T 19710—2005，定义 4.8]

## 4　核心元数据类型

### 4.1　元数据实体信息子集

由标识符、语种、字符集、创建日期、标准名称、标准版本和负责方的信息构成，见附录 A 的表 A.1。

### 4.2　数据资源标识信息子集

由数据资源的主题、状态、卫星相关信息、数据生成信息、生产者信息、格式、使用限制和覆盖信息方面的内容构成，见附录 A 的表 A.2。

### 4.3　数据质量信息子集

由数据质量状况、数据质量等级、异常事件和数据源等信息构成，见附录 A 的表 A.3。

### 4.4　参照系信息子集

由数据集的空间坐标参考框架、投影方式和参照系的有效范围等信息构成，见附录 A 的表 A.4。

### 4.5　存档信息子集

由数据集的存档时间、状态、保存时限、位置、介质、转储和翻新等信息构成，见附录 A 的表 A.5。

### 4.6　分发信息子集

由分发数据集的格式说明、分发方的有关信息、分发订购程序、分发数据集的传送、分发单元和传送量等信息构成，见附录 A 的表 A.6。

### 4.7　覆盖信息子集

由地理覆盖范围、时间覆盖范围和垂向覆盖范围等信息构成，见附录 A 的表 A.7。

### 4.8　负责方信息子集

由负责方的有关联系信息构成，见附录 A 的表 A.8。

## 5　核心元数据描述方法

### 5.1　名称

元数据实体或元数据元素的名称。

### 5.2　英文名称

元数据实体或元数据元素的英文名称，宜用英文全称组合。

### 5.3　缩写名

元数据实体或元数据元素的英文缩写名称，也是元素标识。

本标准按照 GB/T 19710—2005 的要求给出缩写名，部分缩写名直接引用 GB/T 19710—2005 的附录 B。具体缩写名的命名，应符合以下要求：

——缩写名在本文件范围内唯一；

——如果元数据实体或元数据元素的英文名称较短或只有单个单词构成，缩写名可直接采用英文名称；

——对于元数据实体或元数据元素英文名称由两个单词组成，且第二个单词较短，宜取第一个单词的第一音节和第二个单词作为缩写名；

——对于元数据实体或元数据元素英文名称由多个单词组成，宜取每个单词的第一音节组合作为缩写名。

### 5.4 定义

元数据实体或元数据元素的说明。

### 5.5 约束/条件

元数据实体或元数据元素是否应选择的属性：

——应选(M)，元数据实体或元数据元素应当选用。

——可选(O)，根据实际应用可以选用，也可以不选用。

### 5.6 最大出现次数

元数据实体或元数据元素可以具有的实例的最大数目。只出现一次的用“1”表示；重复出现的用“N”表示。次数不唯一时，用对应的数字表示，即“2”、“3”等。

### 5.7 数据类型

定义元数据元素及实体的取值类型，如整型、实型(双精度)、布尔型、字符串、时间日期型、类(表示多种数据类型的复合体)等。

### 5.8 域

对于元数据实体，域说明该实体包含的行数。

对于元数据元素，域说明允许的值或使用自由文本，以及引用其他标准或代码表(参见附录 B)的名称。“自由文本”表明对字段的内容没有限制。

# 附 录 A
# （规范性附录）
# 风云极轨系列气象卫星核心元数据构成信息

表 A.1 至表 A.8 给出了风云极轨系列卫星核心元数据构成信息。

**表 A.1 元数据实体信息**

| 行号 | 名称 | 英文名称 | 缩写名 | 定义 | 约束/条件 | 最大出现次数 | 数据类型 | 域 |
|---|---|---|---|---|---|---|---|---|
| 1 | MD_元数据 | MD_Metadata | Metadata | 定义有关风云极轨气象卫星数据资源的元数据的根实体。 | 使用参照对象的约束/条件 | 使用参照对象的最大出现次数 | 类 | 第2～8行 |
| 2 | 标识符 | fileIdentifier | mdFileID | 元数据文件的唯一标识。 | M | 1 | 字符串 | 自由文本 |
| 3 | 语种 | language | mdLang | 元数据采用的语种。 | M | 1 | 字符串 | 自由文本 |
| 4 | 字符集 | characterSet | mdChar | 元数据采用的字符编码标准。 | M | 1 | 类 | 参见表 B.1 |
| 5 | 创建日期 | dateStamp | mdDateSt | 元数据创建的日期。 | M | 1 | 字符串 | YYYY-MM-DD |
| 6 | 标准名称 | metadataStandardName | mdStanName | 执行的元数据标准名称。 | O | 1 | 字符串 | 自由文本 |
| 7 | 标准版本 | metadataStandardVersion | mdStanVer | 执行的元数据标准版本（日期、版本号等）。 | O | 1 | 字符串 | 自由文本 |
| 8 | 负责方 | contact | mdContact | 对元数据信息负责的单位或个人。 | M | 1 | 类 | CI_负责方见表 A.8 |

**表 A.2 数据资源标识信息**

| 行号 | 名称 | 英文名称 | 缩写名 | 定义 | 约束/条件 | 最大出现次数 | 数据类型 | 域 |
|---|---|---|---|---|---|---|---|---|
| 9 | MD_标识 | MD_Identification | Ident | 唯一标识数据资源的基本信息。 | 使用参照对象的约束/条件 | 使用参照对象的最大出现次数 | 类 | 第10～32行 |
| 10 | 主题 | datasetTopic | dsTopic | 数据资源主题。 | M | 1 | 字符串 | 自由文本 |
| 11 | 子题 | dataset-Crosshead | dsCrosshead | 数据资源子题。 | O | 1 | 字符串 | 自由文本 |
| 12 | 摘要 | abstract | idAbs | 数据资源的简要说明。 | M | 1 | 字符串 | 自由文本 |
| 13 | 状态 | status | idStatus | 数据资源的状态。 | O | N | 类 | 参见表B.2 |
| 14 | 名称 | titleName | idTitleName | 一个或一组数据实体（文件）的唯一名称。 | M | 1 | 字符串 | 自由文本 |
| 15 | 卫星 | satellite Name | satName | 卫星名称及序号。 | M | 1 | 字符串 | 参见表B.3 |
| 16 | 描述 | satellite Description | satDesc | 卫星基本情况说明，如卫星的服役情况；卫星类型、卫星定点位置等。 | M | 1 | 字符串 | 自由文本 |
| 17 | 仪器（传感器） | Instrument (Sensor) | sensor | 观测仪器（传感器）名称。 | M | N | 字符串 | 参见表B.4 |
| 18 | 通道 | channel | channel | 观测仪器（传感器）通道名称。 | O | N | 字符串 | 自由文本 |
| 19 | 覆盖范围 | extent | dataExtent | 覆盖范围信息包括数据集的地理覆盖范围、时间覆盖范围、垂向覆盖范围的信息。 | O | N | 类 | EX_覆盖范围见表A.7 |
| 20 | 轨道参数 | orbParameter | orbParm | 卫星轨道参数。 | O | N | 类 | MD_轨道参数见第33行 |
| 21 | 空间表示类型 | spatialRepresentation-Type | spatRp-Type | 在空间上表示地理信息的方法。 | O | N | 类 | 参见表B.5 |

**表 A.2　数据资源标识信息(续)**

| 行号 | 名称 | 英文名称 | 缩写名 | 定义 | 约束/条件 | 最大出现次数 | 数据类型 | 域 |
|---|---|---|---|---|---|---|---|---|
| 22 | 空间分辨率 | spatialResolution | dataScal | 用比例因子、地面距离或有效范围内的采样数表示的资源详细分布程度。 | M | 1 | 双精度 | |
| 23 | 处理方法 | processMethod | proMethod | 数据资源的处理方法。 | O | 1 | 字符串 | 自由文本 |
| 24 | 生产时间 | dataCreateTime | dataCreTime | 数据资源的生产时间。 | M | 1 | 日期时间型 | YYYY-MM-DD hh:mm:ss. s |
| 25 | 数据来源说明 | dataSourceDescription | sourceDesc | 数据来源说明，如接收站、处理系统、基础数据等。 | O | 1 | 字符串 | 自由文本 |
| 26 | 数据量 | dataSize | dataSize | 数据量 | M | 1 | 整型 | >0 |
| 27 | 语种 | Language | dataLang | 数据集采用的语种。 | O | 1 | 字符串 | 自由文本 |
| 28 | 字符集 | characterSet | dataChar | 数据集使用的字符编码标准全名。 | O | 1 | 字符串 | 自由文本 |
| 29 | 关键词 | Keywords | Desc-Keys | 关键字说明。 | M | N | 类 | MD_关键字 见第46行 |
| 30 | 数据资源限制 | resourceConstraints | resConst | 关于使用、访问、获取数据资源的限制信息。 | O | N | 类 | MD_限制 见第50行 |
| 31 | 数据资源格式 | resourceFormat | resFormat | 数据资源的格式说明。 | M | N | 类 | MD_格式 见第60行 |
| 32 | 数据集负责方 | Contactpoint | IdPoC | 与数据集有关的负责人和单位的标识和联系方法。 | M | N | 类 | CI_负责方 见表A.8 |
| 33 | MD_轨道参数 | MD_orbParm | orbParm | 卫星轨道参数信息。 | 使用参照对象的约束/条件 | 使用参照对象的最大出现次数 | 类 | 第34～45行 |
| 34 | 历元时间 | epoch | epoch | 以儒略日和GMT标准时间表示的瞬时值。 | O | N | 双精度 | |

**表 A.2 数据资源标识信息(续)**

| 行号 | 名称 | 英文名称 | 缩写名 | 定义 | 约束/条件 | 最大出现次数 | 数据类型 | 域 |
|---|---|---|---|---|---|---|---|---|
| 35 | 半长轴 | semiMajorAaxis | semiAxis | 卫星轨道半长轴。 | O | N | 双精度 | |
| 36 | 偏心率 | eccentricity | Eccentricity | 卫星轨道偏心率。 | O | N | 双精度 | |
| 37 | 倾角 | inclination | inclination | 卫星轨道与赤道面的二面角。 | O | N | 双精度 | |
| 38 | 平近点角 | meanAnomaly | meanAnomaly | 卫星的位置点、近地点、地心三者在地心形成的夹角。 | O | N | 双精度 | |
| 39 | 升交点赤经 | ascension | ascension | 卫星从南半球穿过赤道时的纬度。 | O | N | 双精度 | |
| 40 | 近地点幅角 | perigee | perigee | 轨道近地点、地心、升交点三点在地心构成的夹角。 | O | N | 双精度 | |
| 41 | 周期 | period | period | 卫星沿轨道绕地球飞行一周所需要的时间。 | O | N | 双精度 | |
| 42 | 星下点纬度 | north Latitude Subsatellite Point | north Latitude | 卫星星下点的纬度。 | O | N | 双精度 | |
| 43 | 星下点经度 | east Longitude Subsatellite Point | east Longitude | 卫星星下点的经度。 | O | N | 双精度 | |
| 44 | 卫星高度 | satellite Height Above Earth Surface | satellite Height | 卫星距大地椭球面的高度。 | O | N | 双精度 | |
| 45 | 轨道编号 | orbNumber | orbNum | 卫星绕地球飞行圈数的编号。 | O | N | 整形 | ≥0 |
| 46 | MD_关键词 | MD_Keywords | Keywords | 关键词信息。 | 使用参照对象的约束/条件 | 使用参照对象的最大出现次数 | 类 | 第47～49行 |

表 A.2 数据资源标识信息(续)

| 行号 | 名称 | 英文名称 | 缩写名 | 定义 | 约束/条件 | 最大出现次数 | 数据类型 | 域 |
|---|---|---|---|---|---|---|---|---|
| 47 | 关键词 | keyword | keyword | 用于描述主题的通用词、形式化词或短语。 | M | N | 字符串 | 自由文本 |
| 48 | 类型 | type | type | 用来将相似关键词分组的主题内容。 | O | N | 字符串 | 自由文本 |
| 49 | 参考辞典 | tresaurus-Name | tresName | 用于列出关键词的出处。 | O | N | 字符串 | 自由文本 |
| 50 | MD_限制 | MD_Con-straints | Consts | 访问和使用数据资源的限制。 | 使用参照对象的约束/条件 | 使用参照对象的最大出现次数 | 类 | 第51～59行 |
| 51 | 使用限制 | useLimitati-on | useLimit | 影响数据集适用性的一般限制。 | O | N | 字符串 | 自由文本 |
| 52 | MD_法律限制 | legalCon-straints | LegConsts | 访问和使用数据集的限制,以及法律上的先决条件。 | 使用参照对象的约束/条件 | 使用参照对象的最大出现次数 | 类 | 第53～54行 |
| 53 | 访问限制 | accessCon-straints | accessConsts | 用于确保隐私权或保护知识产权的访问限制,和获取数据时的任何特殊的约束或限制。 | O | N | 字符串 | 参见表B.6 |
| 54 | 使用限制 | useCon-straints | useConsts | 用于确保隐私权或保护知识产权的使用限制,和获取数据时的任何特殊的约束、限制或声明。 | O | N | 类 | 自由文本 |
| 55 | MD_安全限制 | MD_securi-tyCon-straints | SecConsts | 未来国家安全或类似的安全考虑,对数据施加的处理限制。 | 使用参照对象的约束/条件 | 使用参照对象的最大出现次数 | 类 | 第56～59行 |
| 56 | 安全限制分级 | Classifica-tion | class | 对数据处理限制的名称。 | M | 1 | 字符串 | 参见表B.7 |

**表 A.2 数据资源标识信息(续)**

| 行号 | 名称 | 英文名称 | 缩写名 | 定义 | 约束/条件 | 最大出现次数 | 数据类型 | 域 |
|---|---|---|---|---|---|---|---|---|
| 57 | 用户注意事项 | userNote | userNote | 从国家安全或类似的安全考虑，使用者要遵守的条款。 | O | 1 | 字符串 | 自由文本 |
| 58 | 分级系统 | classificationSystem | classSys | 所采用的分级规范和系统。 | O | 1 | 字符串 | 自由文本 |
| 59 | 操作说明 | handlingDescription | handDesc | 分级系统的操作说明。 | O | 1 | 字符串 | 自由文本 |
| 60 | MD_格式 | MD_Format | Format | 数据资源的表示方法。 | 使用参照对象的约束/条件 | 使用参照对象的最大出现次数 | 类 | 第61～62行 |
| 61 | 格式名称 | Name | formatName | 数据表示方法的名称。 | M | 1 | 字符串 | 自由文本 |
| 62 | 格式版本 | Version | formatVer | 格式版本(日期、版本号等)。 | M | 1 | 字符串 | 自由文本 |

**表 A.3 数据质量信息**

| 行号 | 名称 | 英文名称 | 缩写名 | 定义 | 约束/条件 | 最大出现次数 | 数据类型 | 域 |
|---|---|---|---|---|---|---|---|---|
| 63 | DQ_数据质量 | DQ_dataQuality | DataQual | 数据质量信息。 | 使用参照对象的约束/条件 | 使用参照对象的最大出现次数 | 类 | 第64～67行 |
| 64 | 数据质量状况 | statement | dqStatement | 描述数据质量状况和已知的问题，包括说明数据质量的特定数据或参数、范围确定的数据的定性质量问题。 | M | 1 | 字符串 | 自由文本 |
| 65 | 数据质量等级 | grade | dqGrade | 范围确定的数据的定量质量信息。 | M | 1 | 字符串 | 自由文本 |

**表 A.3 数据质量信息(续)**

| 行号 | 名称 | 英文名称 | 缩写名 | 定义 | 约束/条件 | 最大出现次数 | 数据类型 | 域 |
|---|---|---|---|---|---|---|---|---|
| 66 | 异常事件 | lineage | dqLineage | 描述数据观测与处理过程中发生的异常事件。 | O | 1 | 字符串 | 自由文本 |
| 67 | 数据源 | source | dqSource | 生产方确定的数据所用的数据源信息。 | O | 1 | 字符串 | 自由文本 |

**表 A.4 参照系信息**

| 行号 | 名称 | 英文名称 | 缩写名 | 定义 | 约束/条件 | 最大出现次数 | 数据类型 | 域 |
|---|---|---|---|---|---|---|---|---|
| 68 | MD_参照系 | MD_referenceSystem | refSystem | 有关参照系的信息。 | 使用参照对象的约束/条件 | 使用参照对象的最大出现次数 | 类 | 第69～76行 |
| 69 | 参照系标识符 | referenceSystemIdentifier | refSysID | 参照系标识符。 | M | 1 | 字符串 | 自由文本 |
| 70 | MD_坐标参照系 | MD_CRS | MdCoRefSys | 坐标系的元数据。 | 使用参照对象的约束/条件 | 使用参照对象的最大出现次数 | 类 | 第71～73行 |
| 71 | 投影 | Projection | projection | 所用投影的名称。 | O | 1 | 字符串 | 自由文本 |
| 72 | 椭球体 | Cllipsoid | cllipsoid | 所用椭球体的名称。 | O | 1 | 字符串 | 自由文本 |
| 73 | 基准名称代码 | Datum | datum | 所用基准名称。 | O | 1 | 类 | 参见表B.8 |
| 74 | RS_参照系 | RS_ReferenceSystem | RefSys | 数据集使用的基于地理标识符的空间参照系和时间参照系说明。 | 使用参照对象的约束/条件 | 使用参照对象的最大出现次数 | 类 | 第75～76行 |
| 75 | 名称 | Name | refSysName | 使用的参照系名称。 | M | 1 | 字符串 | 自由文本 |
| 76 | 有效域 | domainValidity | domValidity | 参照系的有效范围。 | O | N | 类 | EX_覆盖范围见表A.7第101行 |

**表 A.5　存档信息**

| 行号 | 名称 | 英文名称 | 缩写名 | 定义 | 约束/条件 | 最大出现次数 | 数据类型 | 域 |
|---|---|---|---|---|---|---|---|---|
| 77 | MD _ 存档信息 | dataArchivesInfo | arcInfo | 数据集存档信息。 | 使用参照对象的约束/条件 | 使用参照对象的最大出现次数 | 类 | 第78～89行 |
| 78 | 存档时间 | archiveTime | arcTime | 数据集存档的时间信息。 | M | 1 | 类 | EX _ 时间覆盖范围见表A.7第113行 |
| 79 | 存档状态 | archiveStatus | arcStatus | 数据集存档状态。 | M | 1 | 类 | 参见表B.9 |
| 80 | 保存时限 | archiveTemporalLimit | arcTempLimit | 数据集保存时限。 | M | 1 | 字符串 | 自由文本 |
| 81 | 存档位置信息 | archivePositionInfo | arcPosInfo | 数据集存档位置信息。 | 使用参照对象的约束/条件 | 使用参照对象的最大出现次数 | 类 | 第82～87行 |
| 82 | 存档位置 | archivePosition | arcPosition | 数据集存档位置。 | M | N | 字符串 | 自由文本 |
| 83 | 存档系统名称 | archiveSystemName | arcSysName | 数据集存档系统名称。 | M | 1 | 字符串 | 自由文本 |
| 84 | 设备名称 | device | device | 设备型号。 | M | 1 | 字符串 | 自由文本 |
| 85 | 介质名称 | media | media | 介质名称。 | M | 1 | 字符串 | 自由文本 |
| 86 | 卷号 | volumeNumber | VolNo | 存档数据集所在的卷号。 | O | N | 字符串 | 自由文本 |
| 87 | 卷上位置 | volumePosition | VolPos | 存档数据集所在卷的位置。 | O | N | 字符串 | 自由文本 |
| 88 | 转储记录 | archive TranslationRecord | arcTranRec | 存档数据集的转储记录，包括转储前数据基本情况、转储日期、转储结果、质量情况、负责人等信息。 | O | N | 字符串 | 自由文本 |
| 89 | 翻新记录 | archiveRefreshRecord | arcRefRec | 存档数据集翻新记录，包括翻新前数据基本情况、翻新日期、翻新结果、质量情况、负责人等信息。 | O | N | 字符串 | 自由文本 |

**表 A.6 分发信息**

| 行号 | 名称 | 英文名称 | 缩写名 | 定义 | 约束/条件 | 最大出现次数 | 数据类型 | 域 |
|---|---|---|---|---|---|---|---|---|
| 90 | MD_分发 | MD_distributionInfo | distribInfo | 与数据集分发相关的信息。 | 使用参照对象的约束/条件 | 使用参照对象的最大出现次数 | 类 | 第91～100行 |
| 91 | 分发格式 | distributionFormat | distribFormat | 分发数据集的格式说明。 | O | N | 字符串 | 自由文本 |
| 92 | 格式名称 | name | distForName | 数据集传送格式名称。 | O | 1 | 字符串 | 自由文本 |
| 93 | 版本 | version | distForVer | 格式版本（日期、版本号）。 | O | 1 | 字符串 | 自由文本 |
| 94 | 文件解压缩技术 | fileDecompressionTechnique | fileDecmTech | 能够用来对经过压缩的数据集进行读取或解压的算法或处理说明。 | O | 1 | 字符串 | 自由文本 |
| 95 | 格式说明 | formatDistributiorn | format-Dist | 分发方提供的格式说明信息。 | O | 1 | 字符串 | 自由文本 |
| 96 | 分发方 | distributor | distributor | 分发方的有关信息。 | O | N | 类 | CI_负责方见表 A.8 |
| 97 | 分发订购程序 | distributorOrderProcess | distorOrdPrc | 如何获取数据集，以及相关说明和费用的信息。 | O | 1 | 字符串 | 自由文本 |
| 98 | 传送 | digital-TransferOption | DigTranOps | 从分发方获取数据集的技术方法和介质信息。 | O | 1 | 字符串 | 自由文本 |
| 99 | 分发单元 | unitsOfDistribution | units-ODist | 可以使用数据的数据块、数据层、地理范围等。 | O | 1 | 字符串 | 自由文本 |
| 100 | 传送量 | transferSize | transSize | 按确定的传送格式估算，一个分发单元的传送量。 | O | 1 | 字符串 | 自由文本 |

**表 A.7 覆盖信息**

| 行号 | 名称 | 英文名称 | 缩写名 | 定义 | 约束/条件 | 最大出现次数 | 数据类型 | 域 |
|---|---|---|---|---|---|---|---|---|
| 101 | EX_覆盖范围 | EX_Extent | Extent | 有关平面、垂向和时间覆盖范围信息。 | 使用参照对象的约束/条件 | 使用参照对象的最大出现次数 | 类 | 第102～105行 |
| 102 | 描述 | description | exDesc | 有关对象的空间和时间覆盖范围的描述。 | O | 1 | 字符串 | 自由文本 |
| 103 | 地理覆盖范围 | geographicElement | geoEle | 相关对象覆盖范围的地理组成部分。 | M | N | 类 | EX_地理覆盖范围见第106行 |
| 104 | 时间覆盖范围 | temporalElement | tempEle | 相关对象覆盖范围的时间组成部分。 | O | N | 类 | EX_时间覆盖范围见第113行 |
| 105 | 垂向覆盖范围 | verticalElement | vertEle | 相关对象覆盖范围的垂向组成部分。 | M | N | 类 | EX_垂向覆盖范围见第120行 |
| 106 | EX_地理覆盖范围 | EX-GeographicExtent | geoExtent | 数据集覆盖的地理区域。 | 使用参照对象的约束/条件 | 使用参照对象的最大出现次数 | 类 | 第107～112行 |
| 107 | 描述 | geographicDescription | geoDesc | 有关地理范围的描述。 | M | 1 | 字符串 | 自由文本 |
| 108 | 边界矩形 | geographicBoundingBox | GeoBnd-Box | 地理范围之矩形框描述。 | 使用参照对象的约束/条件 | 使用参照对象的最大出现次数 | 类 | 第109～111行 |
| 109 | 西边经度 | westBoundLongitude | westBL | 数据集覆盖范围最西边坐标，用十进制（东半球为正）。 | M | 1 | 双精度 | —180.0≤西边边界经度值≤180.0 |
| 110 | 东边经度 | eastBoundLongitude | eastBL | 数据集覆盖范围最东边坐标，用十进制（东半球为正）。 | M | 1 | 双精度 | —180.0≤东边边界经度值≤180.0 |

**表 A.7 覆盖信息(续)**

| 行号 | 名称 | 英文名称 | 缩写名 | 定义 | 约束/条件 | 最大出现次数 | 数据类型 | 域 |
|---|---|---|---|---|---|---|---|---|
| 111 | 南边纬度 | southBound-Latitude | southBL | 数据集覆盖范围最南边坐标，用十进制(北半球为正)。 | M | 1 | 双精度 | —90.0≤南边边界纬度值≤90.0;南边边界纬度值≤北边边界纬度值 |
| 112 | 北边纬度 | northBound-Latitude | northBL | 数据集覆盖范围最北边坐标，用十进制(北半球为正)。 | M | 1 | 双精度 | —90.0≤北边边界纬度值≤90.0;北边边界纬度值≥南边边界纬度值 |
| 113 | EX-时间覆盖范围 | EX-Tempo-ralExtent | TempExtent | 数据集内容跨越的时间范围。 | 使用参照对象的约束/条件 | 使用参照对象的最大出现次数 | 类 | 第114～119行 |
| 114 | TM_时刻 | TM_Instant | Instant | 数据集的日期和时间。 | 使用参照对象的约束/条件 | 使用参照对象的最大出现次数 | 类 | 第115行 |
| 115 | 时间 | Position | Position | 数据集的日期和时间。 | M | 1 | 日期时间型 | YYYY-MM-DD hh:mm:ss.sss |
| 116 | TM_时段 | TM_period | Period | 数据集跨越的时间段。 | 使用参照对象的约束/条件 | 使用参照对象的最大出现次数 | 类 | 第117～118行 |
| 117 | 起始时间 | beginDate-Time | begin | 数据集原始数据生成或采集的起始时间。 | M | 1 | 日期时间型 | YYYY-MM-DD hh:mm:ss.sss |
| 118 | 终止时间 | endDate-Time | end | 数据集原始数据生成或采集的终止时间。 | M | 1 | 日期时间型 | YYYY-MM-DD hh:mm:ss.sss |

表 A.7 覆盖信息(续)

| 行号 | 名称 | 英文名称 | 缩写名 | 定义 | 约束/条件 | 最大出现次数 | 数据类型 | 域 |
|---|---|---|---|---|---|---|---|---|
| 119 | 数据频次 | dataFrequency | dataFreq | 数据集原始数据采集频率或产品数据的累积、统计时段。 | M | 1 | 字符串 | 参见表 B.10 |
| 120 | EX-垂向覆盖范围 | EX-VerticalExtent | VertExtent | 数据集的垂向域。 | 使用参照对象的约束/条件 | 使用参照对象的最大出现次数 | 类 | 第 121～124 行 |
| 121 | 最大值 | maximumValue | vertMaxVal | 数据集包含的垂向范围最高值。 | M | 1 | 字符串 | 自由文本 |
| 122 | 最小值 | minimumValue | vertMinVal | 数据集包含的垂向范围最低值。 | M | 1 | 字符串 | 自由文本 |
| 123 | 度量单位 | unitOfMeasure | vertUoM | 用于垂向覆盖范围信息的度量单位，例如：米、英尺、厘米、百帕。 | M | 1 | 字符串 | 自由文本 |
| 124 | 垂向基准名称代码 | verticalDatumName | vertDatum | 度量垂向覆盖范围最大值和最小值的原点信息。 | M | 1 | 字符串 | 参见表 B.11 |

表 A.8 负责方信息

| 行号 | 名称 | 英文名称 | 缩写名 | 定义 | 约束/条件 | 最大出现次数 | 数据类型 | 域 |
|---|---|---|---|---|---|---|---|---|
| 125 | CI_负责方 | CI_responsibleParty | RespParty | 与数据集有关的负责人和单位的标识及联系方式。 | 使用参照对象的约束/条件 | 使用参照对象的最大出现次数 | 类 | 第 126～140 行 |
| 126 | 负责人名 | individualName | rpIndName | 对数据集负责的人名。 | O | 1 | 字符串 | 自由文本 |
| 127 | 负责单位名 | organisationName | rpOrgName | 对数据集负责的单位名称。 | M | 1 | 字符串 | 自由文本 |
| 128 | 职务 | positionName | rpPosName | 数据集负责人的职务。 | O | 1 | 字符串 | 自由文本 |
| 129 | 职责 | Role | role | 负责人的职责和角色。 | M | 1 | 类 | 参见表 B.12 |

**表 A.8　负责方信息(续)**

| 行号 | 名称 | 英文名称 | 缩写名 | 定义 | 约束/条件 | 最大出现次数 | 数据类型 | 域 |
|---|---|---|---|---|---|---|---|---|
| 130 | 联系信息 | contactIn-formation | RpCntInfo | 与负责单位或负责人的联系方式。 | 使用参照对象的约束/条件 | 使用参照对象的最大出现次数 | 类 | 第131~132行 |
| 131 | 电话 | Voicephone | cntPhone | 负责单位或负责人的联系电话。 | O | N | 字符串 | 自由文本 |
| 132 | 传真 | Facsimile | faxPhone | 负责单位或负责人的联系传真电话。 | O | N | 字符串 | 自由文本 |
| 133 | 地址 | Address | Address | 负责单位或负责人的地址。 | 使用参照对象的约束/条件 | 使用参照对象的最大出现次数 | 类 | 第134~140行 |
| 134 | 详细地址 | Postadd | postadd | 负责单位或负责人的详细地址。 | O | N | 字符串 | 自由文本 |
| 135 | 城市 | City | city | 负责单位或负责人所在的城市。 | O | 1 | 字符串 | 自由文本 |
| 136 | 行政区 | administra-tiveArea | adminArea | 负责单位或负责人所在的省、直辖市、自治区。 | O | 1 | 字符串 | 自由文本 |
| 137 | 邮政编码 | postalCode | postCode | 负责单位或负责人的邮政编码。 | O | 1 | 字符串 | 自由文本 |
| 138 | 国家 | Country | country | 负责单位或负责人所在国家。 | O | 1 | 字符串 | 自由文本 |
| 139 | e-mail | electronic-MailAddress | eMailAdd | 负责单位或负责人的e-mail地址。 | O | 1 | 字符串 | 自由文本 |
| 140 | 在线资源 | onLineRe-source | cntOnline-Res | 可以获得数据集、元数据等资源的在线资源信息。 | O | 1 | 类 | 自由文本 |

# 附　录　B
## （资料性附录）
## 代码、代号和缩写表

表 B.1 至表 B.12 给出了部分元数据元素相关的代码、代号和缩写表。

**表 B.1　字符集代码表**

| 序号 | 名称(中文) | 名称(英文) | 域代码 | 定义 |
|---|---|---|---|---|
| 1 | 通用字符集 2 | Ucs2 | 001 | 基于 ISO10646 的 16 位定长通用字符集。 |
| 2 | 通用字符集 4 | Ucs4 | 002 | 基于 ISO10646 的 32 位定长通用字符集。 |
| 3 | 通用字符集转换格式 7 | Utf7 | 003 | 基于 ISO10646 的 7 位变长通用字符集转换格式。 |
| 4 | 通用字符集转换格式 8 | Utf8 | 004 | 基于 ISO10646 的 8 位变长通用字符集转换格式。 |
| 5 | 通用字符集转换格式 16 | Utf16 | 005 | 基于 ISO10646 的 16 位变长通用字符集转换格式。 |
| 6 | 繁体汉字 | Big5 | 024 | 中国香港、台湾、澳门等地区使用的传统汉字代码集。 |
| 7 | 简体汉字 | Gb2312 | 025 | 简化汉字代码集。 |

**表 B.2　数据资源状态代码表**

| 序号 | 名称(中文) | 名称(英文) | 域代码 | 定义 |
|---|---|---|---|---|
| 1 | 连续更新 | ongoing | 001 | 卫星在轨工作，持续更新的数据。 |
| 2 | 完成 | completed | 002 | 卫星停止业务，数据资源保持现状。 |
| 3 | 历史数据 | reorganized | 003 | 卫星停止业务后经过整编的数据。 |
| 4 | 废弃 | disuse | 004 | 超过保存时限，不再有用的数据。 |
| 5 | 其他 | other | 005 | 除上述情况之外的数据资源状态。 |

**表 B.3 卫星名称与代号表**

| 序号 | 卫星名称 | 卫星代码 | 说明 |
|---|---|---|---|
| 1 | 风云一号 A 星 | FY-1A | 风云一号极轨气象卫星 A 星 |
| 2 | 风云一号 B 星 | FY-1B | 风云一号极轨气象卫星 B 星 |
| 3 | 风云一号 C 星 | FY-1C | 风云一号极轨气象卫星 C 星 |
| 4 | 风云一号 D 星 | FY-1D | 风云一号极轨气象卫星 D 星 |
| 5 | 风云三号 A 星 | FY-3A | 风云三号极轨气象卫星 A 星 |
| 6 | 风云三号 B 星 | FY-3B | 风云三号极轨气象卫星 B 星 |
| 7 | 风云三号 C 星 | FY-3C | 风云三号极轨气象卫星 C 星 |
| 8 | 风云三号 D 星 | FY-3D | 风云三号极轨气象卫星 D 星 |
| 9 | 风云三号 E 星 | FY-3E | 风云三号极轨气象卫星 E 星 |
| 10 | 风云三号 F 星 | FY-3F | 风云三号极轨气象卫星 F 星 |

**表 B.4 观测仪器名称与缩写表**

| 序号 | 卫星名称 | 观测仪器名称 | 观测仪器缩写 |
|---|---|---|---|
| 1 | 风云一号气象卫星 | 多通道可见红外扫描辐射计 | MVIRS (AVHRR) |
| 2 | 风云一号气象卫星 | 空间环境监测器 | SEM |
| 3 | 风云三号气象卫星 | 地球辐射收支仪 | ERM |
| 4 | 风云三号气象卫星 | 温室气体监测仪 | GGM |
| 5 | 风云三号气象卫星 | 全球导航卫星掩星探测仪 | GRO |
| 6 | 风云三号气象卫星 | 电离层光度计 | IPM |
| 7 | 风云三号气象卫星 | 红外高光谱大气探测仪 | IHSAS |
| 8 | 风云三号气象卫星 | 红外分光计 | IRAS |
| 9 | 风云三号气象卫星 | 中分辨率光谱成像仪 | MERSI |
| 10 | 风云三号气象卫星 | 微波湿度计 | MWHS |
| 11 | 风云三号气象卫星 | 微波成像仪 | MWRI |
| 12 | 风云三号气象卫星 | 微波温度计 | MWTS |
| 13 | 风云三号气象卫星 | 紫外臭氧垂直探测仪 | SBUS |
| 14 | 风云三号气象卫星 | 空间环境监测器 | SEM |
| 15 | 风云三号气象卫星 | 太阳辐射监测仪 | SIM |
| 16 | 风云三号气象卫星 | 紫外臭氧总量探测仪 | SUB |
| 17 | 风云三号气象卫星 | 风场测量雷达 | WindRAD |
| 18 | 风云三号气象卫星 | 紫外高光谱臭氧探测仪 | UHOMI |
| 19 | 风云三号气象卫星 | 可见光红外扫描辐射计 | VIRR |

**表 B.5 空间表示类型代码表**

| 序号 | 名称(中文) | 名称(英文) | 域代码 | 说明 |
|---|---|---|---|---|
| 1 | 矢量 | vector | 001 | 用矢量表示空间上的地理信息 |
| 2 | 格点 | grid | 002 | 用格点表示空间上的地理信息 |
| 3 | 文字表格 | textTable | 003 | 用文字表格表示空间上的地理信息 |
| 4 | 立体模型 | diorama | 004 | 用立体模型表示空间上的地理信息 |

**表 B.6 访问限制代码表**

| 序号 | 名称(中文) | 名称(英文) | 域代码 |
|---|---|---|---|
| 1 | 版权 | copyright | 001 |
| 2 | 专利 | patent | 002 |
| 3 | 专利审查中 | Patent Pending | 003 |
| 4 | 商标 | brand | 004 |
| 5 | 许可证 | licence | 005 |
| 6 | 知识产权 | Intellectual Property Rights | 006 |
| 7 | 受限制 | restricted | 007 |
| 8 | 其他限制 | other Restrict | 008 |

**表 B.7 安全限制代码表**

| 序号 | 名称(中文) | 名称(英文) | 域代码 |
|---|---|---|---|
| 1 | 开放 | open | 001 |
| 2 | 内部 | restricted | 002 |
| 3 | 秘密 | confidential | 003 |
| 4 | 机密 | secret | 004 |

**表 B.8 大地坐标参照系代码表**

| 序号 | 名称(中文) | 名称(英文) | 域代码 | 说明 |
|---|---|---|---|---|
| 1 | 1954 年北京坐标系 | Beijing Geodetic Coordinate System-1954 | 001 | 采用克拉索斯基椭球体<br>长半径 $a$=6378245 米<br>扁率 $f$=1/298.3 |
| 2 | 1980 年西安坐标系 | Xi'an Geodeti Coordinate System -1980 | 002 | 采用 1975 年 IUGG 第 16 届大会推荐的椭球体参数<br>长半径 $a$=6378140 米<br>扁率 $f$=1/298.257 |

表 B.8 大地坐标参照系代码表(续)

| 序号 | 名称(中文) | 名称(英文) | 域代码 | 说明 |
|---|---|---|---|---|
| 3 | 独立坐标系 | independent Coordinate System | 003 | 相对独立于国家坐标系的局部坐标系 |
| 4 | 全球参考系 | world Reference System | 004 | 全球参考系(用于检索陆地卫星数据的一个全球检索系统) |
| 5 | IAG1979 年大地参照系 | Geodetic Reference System-1980 | 005 | 国际大地测量协会(IAG)1979 年大会通过的大地参照系 |
| 6 | 世界大地坐标系 | world Geodesy System-1984 | 006 | 世界大地坐标系,原点在地球质心 |

表 B.9 存档状态代码表

| 序号 | 名称(中文) | 名称(英文) | 域代码 | 说明 |
|---|---|---|---|---|
| 1 | 在线 | online | 001 | 数据资源保存在磁盘等在线设备中 |
| 2 | 近线 | near Line | 002 | 数据资源保存在磁带库等近线设备中 |
| 3 | 异地灾备 | alter Spot DR | 003 | 数据资源保存在异地灾备设备中 |
| 4 | 离线 | offline | 004 | 数据资源脱机保存在磁带、光盘等介质中 |
| 5 | 其他 | other | 005 | |

表 B.10 数据频率代码表

| 序号 | 名称(中文) | 名称(英文) | 域代码 | 说明 |
|---|---|---|---|---|
| 1 | 连续 | continual | 001 | |
| 2 | 逐轨 | each Orbit | 002 | 卫星绕地球飞行一圈(102 分钟) |
| 3 | 每天 | daily | 003 | |
| 4 | 5 天 | 5-day | 004 | |
| 5 | 每周 | weekly | 005 | |
| 6 | 10 天 | every Ten Days | 006 | 一年内连续计算 |
| 7 | 旬 | 10-day | 007 | 一个月内连续计算 |
| 8 | 每两周 | fortnightly | 008 | |
| 9 | 每月 | monthly | 009 | |
| 10 | 每季 | quarterly | 010 | |
| 11 | 每半年 | biannually | 011 | |
| 12 | 每年 | annually | 012 | |
| 13 | 每 10 年 | decade | 013 | 10 年及 10 年以上 |
| 14 | 不固定 | irregular | 014 | |
| 15 | 未知 | unknown | 015 | |

表 B.11 垂向坐标参照系代码表

| 序号 | 名称(中文) | 名称(英文) | 域代码 | 说明 |
|---|---|---|---|---|
| 1 | 1965 年黄海高程基准 | Huanghai Vertical Datum-1956 | 101 | 1961 年后全国统一采用 |
| 2 | 1985 年国家高程基准 | National Vertical Datum-1985 | 102 | 经国务院批准,国家测绘局于1987 年 5 月 26 日公布使用 |
| 3 | 独立高程基准 | independent Vertical Datum | 103 | 相对独立于国家高程系外的局部高程坐标系 |
| 4 | 略最低低潮面(印度大潮低潮面) | Lowerst Normal Low Water | 201 | 1956 年前采用 |
| 5 | 理论深度基准面 | depth Datum | 202 | 1956 年前采用 |
| 6 | 国家重力控制网(57 网) | National Gravity Datum-1957 | 301 | 重力基准由苏联引入,属波茨坦重力基准 |
| 7 | 1985 国家重力基本网(85 网) | National Gravity Datum-1985 | 302 | 综合性的重力基准 |

表 B.12 责任人职责代码表

| 序号 | 名称(中文) | 名称(英文) | 域代码 | 说明 |
|---|---|---|---|---|
| 1 | 数据资源提供者 | resource Provider | 001 | 提供该数据集的单位或个人 |
| 2 | 管理者 | custodian | 002 | 承担数据经营和责任,并保障数据适当管理和维护的单位或个人 |
| 3 | 拥有者 | owner | 003 | 拥有该数据资源的单位或个人 |
| 4 | 用户 | user | 004 | 使用该数据资源的单位或个人 |
| 5 | 分发者 | distributor | 005 | 分发该数据资源的单位或个人 |
| 6 | 生产者 | originator | 006 | 生产该数据资源的单位或个人 |
| 7 | 联系人 | Contact point | 007 | 为获取该数据资源或相关信息,可以联系的单位或个人 |
| 8 | 调查者 | Stigator | 008 | 负责收集信息和进行研究的主要负责单位或个人 |
| 9 | 处理者 | Processor | 009 | 用修改数据的方法处理该数据的单位或个人 |
| 10 | 出版者 | publisher | 010 | 出版该数据资源的单位或个人 |

## 参 考 文 献

[1] QX/T 39—2005 气象数据集核心元数据

ICS 07.060
A 47
备案号：46699—2014

# 中华人民共和国气象行业标准

QX/T 238—2014

# 风云三号A/B/C气象卫星数据广播和接收技术规范

**Technical specification for broadcasting and receiving of FY-3A/B/C meteorological satellite data**

2014-07-25 发布　　　　2014-12-01 实施

中 国 气 象 局　发 布

# 前　言

本标准按照 GB/T 1.1—2009 给出的规则起草。

本标准由全国卫星气象与空间天气标准化技术委员会（SAC/TC 347）提出并归口。

本标准起草单位：国家卫星气象中心、中国航天科技集团公司八院 509 所。

本标准主要起草人：朱爱军、朱杰、刘波。

# 风云三号 A/B/C 气象卫星数据广播和接收技术规范

## 1 范围

本标准规定了风云三号 A/B/C 气象卫星高分辨率图像数据、中分辨率光谱成像仪图像数据的广播和接收技术要求。

本标准适用于风云三号 A/B/C 气象卫星与地面数据接收系统间的数据传输。

## 2 规范性引用文件

下列文件对于本文件的应用是必不可少的。凡是注日期的引用文件，仅注日期的版本适用于本文件。凡是不注日期的引用文件，其最新版本(包括所有的修改单)适用于本文件。

GB 13615 地球站电磁环境保护要求

GB 50174 电子计算机机房设计规范

CCSDS 101.0-B-3 遥测信道编码(Telemetry channel coding)

CCSDS 102.0-B-3 分包遥测(Packet telemetry)

## 3 术语和定义

下列术语和定义适用于本文件。

3.1

**风云三号 A/B/C 气象卫星 FY-3A/B/C**

中国发射的第二代极轨气象卫星，第一颗命名为风云三号 A 气象卫星(FY-3A)，第二颗命名为风云三号 B 气象卫星(FY-3B)，第三颗命名为风云三号 C 气象卫星(FY-3C)。三颗卫星均采用三轴稳定姿态控制方式，其中 FY-3A/B 携带 9 类 11 种观测仪器，FY-3C 携带 10 类 12 种观测仪器，能实现全球、全天候、多光谱、三维、定量对地观测。

3.2

**高分辨率图像传输 high resolution picture transmission;HRPT**

通过卫星的 L 波段数传链路实时广播极轨卫星高分辨率图像数据。

3.3

**中分辨率光谱成像仪图像传输 moderate resolution picture transmission;MPT**

通过卫星 X 波段数传链路实时广播极轨卫星中分辨率光谱成像仪图像数据。

3.4

**源包数据 primitive packet data**

卫星载荷观测到的数据及辅助数据。

3.5

**多路复用传输技术 multiplexing transmission technology**

利用一个实际物理信道同时传输各种探测器和应用过程数据的技术。

3.6

**传输帧　transmission frame**

用于物理信道传输的数据结构。

## 4　缩略语

下列缩略语适用于本文件。

BPSK:二相相移键控(Binary Phase Shift Keying)

CADU:信道存取数据单元(Channel Access Data Unit)

Conv:卷积编码(Convolutional code)

EIRP:等效全向辐射功率(Equivalent Isotropically Radiated Power)

ERM:地球辐射探测仪(Earth Radiation Measurement)

GNOS:全球导航卫星掩星探测仪(Gnss Occultation)

G/T:接收天线增益与等效噪声温度的比值(Gain/Temperature)

IRAS:红外分光计(Infrared Atmospheric Sounder)

MERSI:中分辨率光谱成像仪(Medium Resolution Spectral Imager)

MWHS:微波湿度计(Microwave Humidity Sounder)

MWRI:微波成像仪(Microwave Radiation Imager)

MWTS:微波温度计(Microwave Temperature Sounder)

PCI:外设组件互连(Peripheral Component Interconnect)

QPSK:四相相移键控(4-Phase Shift Keying)

RHCP:右旋圆极化(Right Hand Circular Polarized)

RS:里德-所罗门码(Reed-Solomon codes)

SBUS:紫外臭氧垂直探测仪(Solar Backscatter Ultraviolet Sounder)

SEM:空间环境监测器(Space Environment Monitor)

SIM:太阳辐射监测仪(Solar Irradiance Monitor)

TOU:紫外臭氧总量探测仪(Total Ozone Unit)

USB:通用串行总线(Universal Serial Bus)

VC:虚拟信道(Virtual Channel)

VC-ID:虚拟信道标识符(Virtual Channel-Identity)

VCDU:虚拟信道数据单元(Virtual Channel Data Unit)

VCDU-ID:虚拟信道数据单元标识(Virtual Channel Data Unit-Identity)

VIRR:可见光红外扫描辐射计(Visible and Infrared Radiometer)

## 5　数据广播

### 5.1　HRPT 实时数据广播

#### 5.1.1　HRPT 实时数据广播内容

可见光红外扫描辐射计(VIRR)、红外分光计(IRAS)、微波温度计(MWTS)、微波湿度计(MWHS)、紫外臭氧垂直探测仪(SBUS)、紫外臭氧总量探测仪(TOU)、微波成像仪(MWRI)、太阳辐射监测仪(SIM)、地球辐射探测仪(ERM)、空间环境监测器(SEM)、全球导航卫星掩星探测仪(GNOS)及卫星遥测数据。

5.1.2 **HRPT 实时数据广播流程**

HRPT 实时数据广播流程见图 1，包括信息处理和 HRPT 发射两部分。FY-3A/B/C 气象卫星广播 HRPT 数据时，按照以下流程进行：

a） 按照 CCSDS 102.0-B-3 的要求，对 HRPT 数据进行格式化操作；

b） 按照多路复用技术对载荷数据进行传输帧生成操作，对数据进行多路复接、RS 编码和加扰，形成传输帧数据流；

c） 对传输帧数据流进行串并变换和差分编码；

d） 对串并变换后的数据分别进行约束长度为 7、速率为 3/4 的卷积编码，即 Conv(7,3/4)；

e） 对编码后的数据进行 QPSK 调制、上变频、功率放大和滤波，最后通过天线发射。

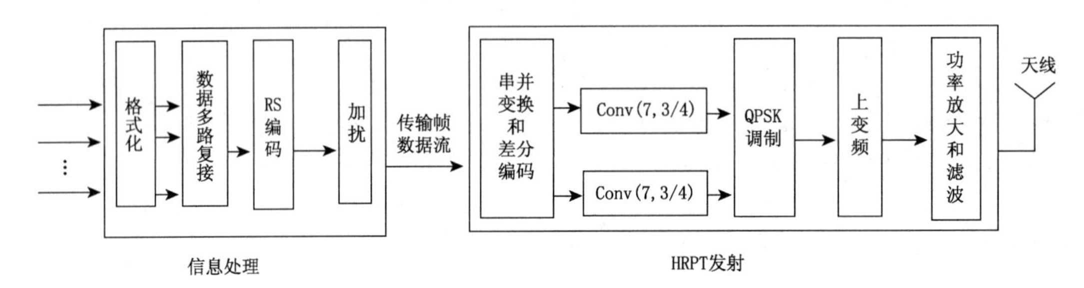


**图 1　HRPT 实时数据广播流程图**

5.1.3 **多载荷信息处理**

5.1.3.1 **高速数据载荷源包**

高速数据载荷按照附录 A 中图 A.1 的格式生成源包。

5.1.3.2 **低速数据载荷源包**

低速数据载荷按照附录 A 中图 A.2 的格式生成源包。

5.1.3.3 **多路复用传输技术**

按照附录 A 中表 A.1 中的参数将源包数据进行多路复接形成 5 个虚拟信道。

5.1.3.4 **数据传输帧的生成**

按照 CCSDS 102.0-B-3 对传输帧数据格式的要求，将附录 A 中表 A.1 中 5 个虚拟信道的数据形成传输帧数据。传输帧的格式见附录 A 中图 A.3。

5.1.4 **加扰**

加扰使用的伪随机序列生成多项式：

$$F(x) = x^8 + x^7 + x^5 + x^3 + 1 \quad \cdots\cdots(1)$$

式中：

$F(x)$——多项式；

$x$ ——数据位。

### 5.1.5 数据纠错编码

#### 5.1.5.1 RS编码

按照CCSDS 101.0-B-3的要求，采用符号数为255，消息长度为223，码元为8的RS(255,223,8)编码，其交错深度为4。

#### 5.1.5.2 卷积编码

按照CCSDS 101.0-B-3的要求，采用约束长度为7，速率为3/4的卷积编码方式，即Conv(7,3/4)。

### 5.1.6 数据传输位变换

#### 5.1.6.1 串并变换

串行数据流分为奇偶两路并行数据流，其中一路进行1比特延迟，使前后两个码元对齐，形成一对码元。需经过上述数据处理后，L波段实时信息处理模块才将输出码速率为4.2兆位每秒、码型为非归零码的数据传输到HRPT发射机。

示例：

若输入为：m1，m2，m3，m4，m5，m6，m7，m8……

则输出为：I：m1，m3，m5，m7……

Q：m2，m4，m6，m8 ……

#### 5.1.6.2 差分编码

差分编码根据前一对输出的码元相同和不同分成两种情况：

a) 当前一对输出的码元相同时，编码器当前的输出为：

$$X_{out}(i) = X_{in}(i) + X_{out}(i-1) \quad \cdots\cdots(2)$$

$$Y_{out}(i) = Y_{in}(i) + Y_{out}(i-1) \quad \cdots\cdots(3)$$

式中：

$X_{out}(i)$ ——码元为 $i$ 时，编码器当前第1路输出；

$Y_{out}(i)$ ——码元为 $i$ 时，编码器当前第2路输出；

$X_{in}(i)$ ——码元为 $i$ 时，编码器当前第1路输入；

$Y_{in}(i)$ ——码元为 $i$ 时，编码器当前第2路输入；

$X_{out}(i-1)$ ——码元为 $i-1$ 时，编码器前一时刻第1路输出；

$Y_{out}(i-1)$ ——码元为 $i-1$ 时，编码器前一时刻第2路输出。

b) 当前一对输出的码元不同时，编码器当前的输出为：

$$X_{out}(i) = Y_{in}(i) + X_{out}(i-1) \quad \cdots\cdots(4)$$

$$Y_{out}(i) = X_{in}(i) + Y_{out}(i-1) \quad \cdots\cdots(5)$$

### 5.1.7 调制

采用QPSK调制方式。FY-3A/B/C卫星上QPSK用相差为π/2的两路BPSK实现，I路和Q路输入数据，采用格雷码相位逻辑。

格雷码次序四相调制规则：双比特码组AB为00，01，11，10，分别对应载波相位0°，90°，180°，270°。

### 5.1.8 HRPT实时传输信道主要指标

HRPT实时传输信道参数指标如下：

a） 码速率：4.2 兆位每秒(FY-3A/B)，3.9 兆位每秒(FY-3C)；
b） 载波频率：L 波段 1704.5 MHz±34 kHz(FY-3A/B)，L 波段 1701.3 MHz±34 kHz(FY-3C)；
c） 调制方式：QPSK；
d） 信号占用带宽：5.6 MHz(FY-3A/B)，5.2 MHz(FY-3C)；
e） 地面站接收天线仰角 5°以上卫星的最小 EIRP：41 dBm；
f） 卫星天线极化方式：RHCP；
g） 卫星天线轴比：±62°范围内不大于 5 dB；
h） 卫星天线方向图：赋形波束，轴向旋转对称；
i） 工作方式：全球范围内实时发送，并具有程序控制开关机功能。

## 5.2 MPT 实时数据广播

### 5.2.1 MPT 实时数据广播内容

中分辨率光谱成像仪图像实时传输数据。

### 5.2.2 MPT 实时数据广播流程

MPT 实时数据广播流程见图 2，包括信息处理和 MPT 发射两部分。FY-3A/B/C 气象卫星广播 MPT 数据时，按照以下流程进行：

a） 按照 CCSDS 102.0-B-3 的要求，将 MPT 数据进行格式化处理；
b） 按照多路复用技术对载荷数据进行传输帧生成操作，对数据进行多路复接(在选择采用加密方式时进行加密处理)，RS 编码和加扰，形成传输帧数据流；
c） 对传输帧数据流进行串并变换和差分编码；
d） 对串并变换后的数据分别进行约束长度为 7、速率为 1/2 的卷积编码，即 Conv(7，1/2)；
e） 对编码后的数据进行 QPSK 调制、上变频、功率放大和滤波，最后通过天线发射。

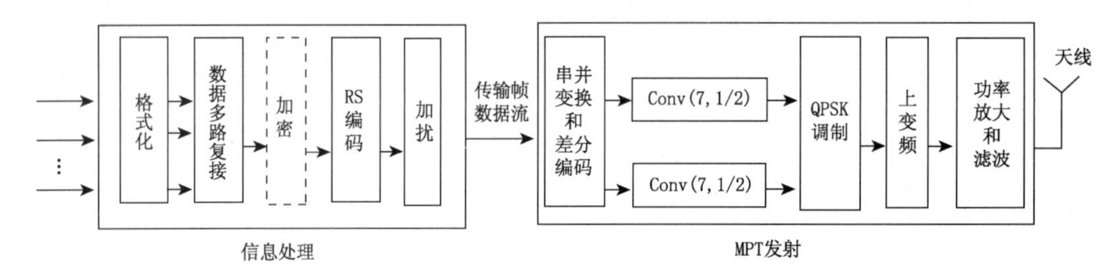


图 2 MPT 实时数据广播流程图

### 5.2.3 多载荷信息处理

#### 5.2.3.1 源包数据

包含中分辨率光谱成像仪图像实时传输数据。

#### 5.2.3.2 传输帧数据的生成

按照 CCSDS 102.0-B-3 中对位流格式的要求，生成传输帧数据。

### 5.2.4 基带处理

基带处理需进行加扰，按照 5.1.4 的规定进行。

#### 5.2.5 数据纠错编码

##### 5.2.5.1 RS 编码

按照5.1.5.1的规定进行。

##### 5.2.5.2 卷积编码

采用约束长度为7,速率为1/2的卷积编码方式,即Conv(7,1/2)。

#### 5.2.6 数据传输位变换

##### 5.2.6.1 串并变换

按照5.1.6.1的规定进行。

##### 5.2.6.2 差分编码

按照5.1.6.2的规定进行。

#### 5.2.7 调制

按照5.1.7的规定进行。

#### 5.2.8 MPT 实时传输信道主要指标

MPT实时传输信道参数指标如下:

a) 码速率:18.7兆位每秒;
b) 载波频率:X波段7775 MHz±156 kHz(FY-3A/B),X波段7780 MHz±156 kHz(FY-3C);
c) 调制方式:QPSK;
d) 信号占用带宽:37.4 MHz;
e) 地面站接收天线仰角5°以上卫星的最小EIRP:46 dBm;
f) 卫星天线极化方式:RHCP;
g) 卫星天线轴比:±62°范围内不大于8 dB;
h) 卫星天线方向图:赋形波束,轴向旋转对称;
i) 国内接收区域实时传送,具有地域可程控传输能力及加密传输的能力。

## 6 数据接收

### 6.1 概述

为正常接收风云三号A/B/C气象卫星数据,在设计和建设地面数据接收站时,应对其功能、组成、选址环境、主要设备技术指标、性能、接收业务流程、轨道获取方式进行规范。

### 6.2 功能

地面接收站的功能如下:

a) 跟踪FY-3A/B/C卫星,并接收其广播的HRPT及MPT信号;
b) 对接收到的信号进行放大、下变频;
c) 对下变频后的信号进行解调,译码得到传输帧数据;

d） 对传输帧数据进行同步，并生成原始数据文件；

e） 将原始数据文件进行分包并输出给数据处理设备。

### 6.3 组成

地面接收站应包括的硬件设备：天线、伺服、馈源、低噪声放大器、下变频器、解调器、译码器、格式化同步器、数据摄入卡、数据进机分包设备、站运行管理设备等。这些设备组成L波段和X波段两套接收站系统，分别接收HRPT和MPT实时数据。

### 6.4 选址环境要求

#### 6.4.1 电磁环境要求

所选站址应对以下频率进行保护：L波段频率范围为1698 MHz～1710 MHz；X波段频率范围为7750 MHz～7850 MHz及8025 MHz～8400 MHz。干扰的允许范围应满足GB 13615的要求。

#### 6.4.2 站址环境要求

在地面仰角大于5°的全方位内应没有影响接收的物理遮挡。

### 6.5 主要设备技术指标

#### 6.5.1 天线、伺服和馈源设备指标

天线、伺服和馈源设备指标如下：

a） 馈源形式：L波段和X波段复合馈源或前馈加后馈；

b） 极化方式：左/右旋圆极化可选；

c） 天线座架形式：满足过顶跟踪需要；

d） 跟踪精度：优于0.1倍接收天线半功率波束宽度；

e） 工作频率见表1。

表1 天线、伺服、馈源设备工作频率要求

| 指标 | L波段 | X波段 |
| --- | --- | --- |
| 频率范围 | 1698 MHz～1710 MHz | 7750 MHz～7850 MHz；<br>8025 MHz～8400 MHz |
| 天线G/T值 | 大于9 dB/K | 大于21 dB/K |

#### 6.5.2 L波段接收信道设备技术指标

L波段接收信道设备指标如下：

a） 低噪声放大器指标：

1） 增益平坦度：12 MHz带宽范围内，增益增加或下降小于0.5 dB；

2） 增益稳定性：在－40℃～＋55℃工作温度范围内，增益浮动范围为±1 dB；

3） 输入驻波比：小于1.3；

4） 输出1 dB压缩点：不低于15 dBm。

b） 下变频器指标：

1） 频率范围：满足接收任务工作频带要求；

2） 中频抑制：不低于 60 dB；
3） 镜像抑制：不低于 60 dB；
4） 增益平坦度：12 MHz 带宽范围内，增益增加或下降小于 0.5 dB；
5） 三阶交调：不大于－40 dBc；
6） 噪声系数：不大于 13 dB；
7） 相位噪声要求见表 2；

**表 2 L 波段下变频器相位噪声指标**

| 频偏<br>kHz | 相位噪声<br>dBc/Hz |
|---|---|
| 0.1 | <－65 |
| 1 | <－75 |
| 10 | <－85 |
| 100 | <－93 |

8） 杂散：不大于－40 dBc；
9） 杂波输出：折合到输入端，杂波电平不高于－80 dBm；
10） 频率稳定度：$1\times10^{-6}$。

c） HRPT 解调器指标：
1） 解调器载波捕获范围：±120 kHz；
2） 误码率：当信噪比为 5.5 dB 时，误码率小于 $1\times10^{-6}$；
3） 动态范围：40 dB；
4） 码速率：(0.5～10)兆位每秒，可调，最小步长为 0.1 千位每秒；
5） 时钟捕获带宽：±8.4 MHz；
6） 数据格式：符合 CCSDS 102.0-B-3 的要求。

d） 数据摄入卡：
总线采用 PCI、USB 或网卡的形式。

### 6.5.3 X 波段接收信道设备技术指标

X 波段接收信道设备技术指标如下：

a） 低噪声放大器指标：
1） 输入频率带宽：满足接收任务工作频带要求；
2） 增益平坦度：各工作频点带宽内，增益增加或下降小于 0.5 dB；
3） 增益稳定性：在－40 ℃～＋55 ℃工作温度范围内，增益浮动范围为±1 dB；
4） 输入驻波比：小于 1.3；
5） 输出 1 dB 压缩点：不小于 15 dBm。

b） 下变频器指标：
1） 频率范围：满足接收任务工作频带要求；
2） 中频抑制：不小于 60 dB；
3） 镜像抑制：不小于 60 dB；
4） 三阶交调：不大于－40 dBc；
5） 带内平坦度：各工作频点带宽内，增益浮动范围为 0.5 dB；

6） 噪声系数：不大于 13 dB；

7） 相位噪声要求见表 3；

**表 3 X 波段下变频器相位噪声指标**

| 频偏<br>kHz | 相位噪声<br>dBc/Hz |
|---|---|
| 0.1 | －65 |
| 1 | －75 |
| 10 | －85 |
| 100 | －93 |

8） 杂散：不大于－40 dBc；

9） 杂波输出：折合到输入端，杂波电平不高于－80 dBm；

10） 频率稳定度：$1\times10^{-6}$。

c） MPT 解调器指标：

1） 解调器载波捕获范围：±500 kHz；

2） 误码率：当信噪比为 4.3 dB 时，误码率小于 $1\times10^{-6}$；

3） 动态范围：40 dB；

4） 码速率：(0.5～50) 兆位每秒，可调，最小步长为 0.1 千位每秒；

5） 数据格式：符合 CCSDS 102.0-B-3 的要求；

6） 时钟捕获带宽：±37.4 MHz。

d） 数据摄入卡：

总线采用 PCI、USB 或网卡的形式。

### 6.5.4 数据记录

解调器输出的数据首先通过网络或数据进机卡摄入到计算机，再根据不同的卫星数据传输格式进行格式化同步、RS 译码解扰，最后将载荷数据按原始格式记录。

### 6.5.5 运行管理

地面数据接收站根据运行时间表下载轨道根数，将调度命令等数据分发给各设备，同时负责全系统的时间校准；运行管理设备根据运行时间表调度本站各接收设备完成接收任务。

### 6.5.6 供电要求

系统总功耗为 3 kW～10 kW，供电电压为频率 50 Hz、电压 (220±1.1 )V。

### 6.5.7 网络环境

采用网速不低于 10 兆位每秒的以太网，保证实现每天从互联网下载卫星轨道根数文件。

### 6.5.8 机房环境

室内温度及湿度应满足 GB 50174 的要求。

## 6.6 性能要求

地面数据接收站的指标要求如下：

a) 系统的可用度：不低于 97 %；

b) 平均修复时间：不超过 1.5 h；

c) 系统设计寿命：10 a；

d) 天线仰角在 5°以上时可正常接收数据；

e) 接收误码率：小于 $1\times10^{-6}$。

## 6.7 数据接收流程

地面数据接收流程如下：

a) 下载轨道根数文件；

b) 生成接收计划；

c) 控制天线提前指向卫星进站点位置，等待卫星进站；

d) 启动跟踪程序跟踪卫星并接收卫星下传的数据；

e) 卫星离站时，天线监控单元可自动结束程序跟踪，将天线指向收藏位置，等待下次任务。

## 6.8 轨道获取方式

获取轨道根数的时间应控制在 3 天以内。获取方式如下：

a) 从互联网下载；

b) 通过电话或传真从国家卫星气象中心运行控制室直接获取；

c) 根据积累的天线测角数据进行自主改进。

# 附　录　A
(规范性附录)
# 风云三号 A/B/C 气象卫星数据传输格式

高速数据载荷源包数据格式见图 A.1。

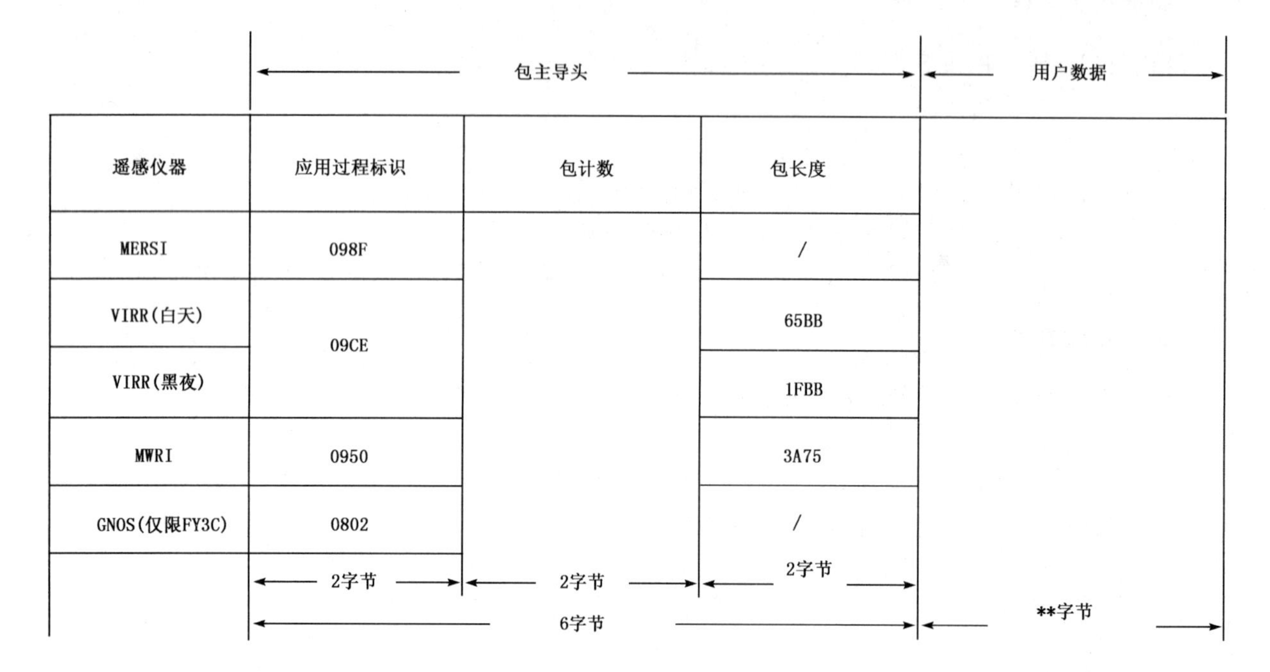


**图 A.1　高速数据载荷源包数据格式**

低速数据载荷源包数据格式见图 A.2。

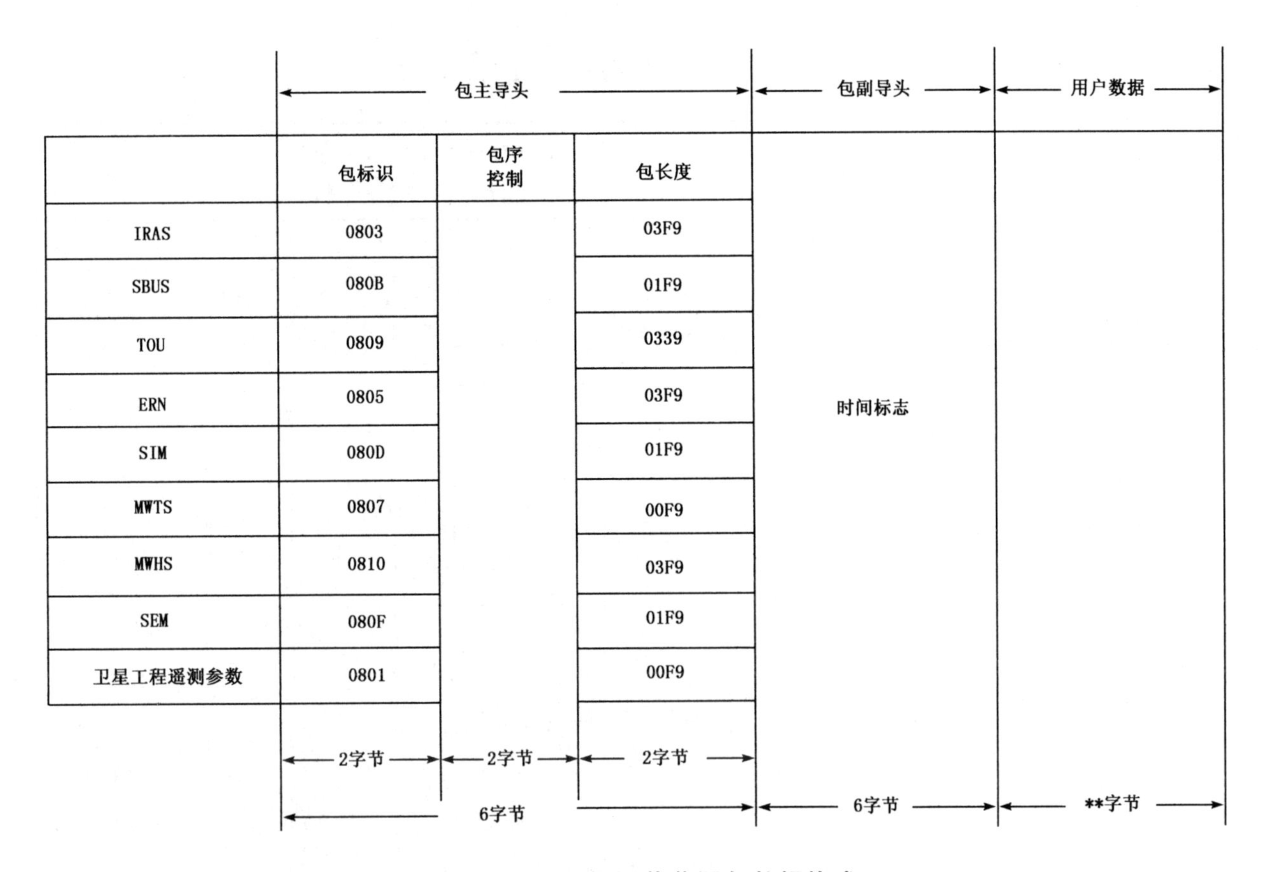


图 A.2　低速数据载荷源包数据格式

信息处理虚拟信道分配规则见表 A.1。

表 A.1 信息处理虚拟信道分配

| 遥感仪器 | 虚拟信道编号 | VC-ID | 卫星工程遥测参数源包标识符 | 包长度（比特） | 数据类型 |
|---|---|---|---|---|---|
| MERSI | VC1 | 00,0011 | | 可变 | 位流 |
| VIRR | VC2（白天） | 00,0101 | | 可变 | 位流 |
| | VC3（黑夜） | 00,1001 | | 可变 | 位流 |
| MWRI | VC4 | 00,1010 | | 可变 | 位流 |
| IRAS | VC5 | 001100 | 000,0000,0011 | 1024 | 多路复用 |
| SBUS | | | 000,0000,1011 | 512 | 多路复用 |
| TOU | | | 000,0000,1001 | 832 | 多路复用 |
| ERM | | | 000,0000,0101 | 1024 | 多路复用 |
| SIM | | | 000,0000,1101 | 512 | 多路复用 |
| MWTS | | | 000,0000,0111 | 256 | 多路复用 |
| MWHS | | | 000,0000,1010 | 1024 | 多路复用 |
| SEM | | | 000,0000,1111 | 512 | 多路复用 |
| 卫星工程遥测参数 | | | 000,0000,0001 | 256 | 多路复用 |
| GNOS(仅限 FY3C) | VC6 | 00,1011 | | 可变 | 位流 |

注:FY-3A 与 FY-3B/C 的差别是:FY-3A 对表 A.1 中 VC5 的数据只传一次,而 FY-3B/C 对表 A.1 中 VC5 的数据重传 8 次。

FY-3A/B/C 数据传输帧格式见图 A.3。

| 同步标志 | 版本号 | 飞行器标识符 | 遥感仪器所在VC-ID | | 信道帧计数 | 回放区标识 | 插入区标识 | 数据区标识 | | |
|---|---|---|---|---|---|---|---|---|---|---|
| IACFFCID | 4C | | MERSI | VC1<br>(43) | | 实时传输标识<br>00<br>延时传输标识<br>80 | 0000 | 3FFF | | |
| | | | VIRR<br>(白天) | VC2<br>(45) | | | | | | |
| | | | VIRR<br>(黑夜) | VC3<br>(49) | | | | | | |
| | | | MWRI | VC4<br>(4A) | | | | | | |
| | | | 1553B总线传输 | VC5<br>(4C) | | | | | | |
| | | | GNOS(仅限FY3C) | VC6<br>(4B) | | | | | | |
| 4字节 | 2比特 | 8比特 | 6比特 | | 3字节 | 1字节 | 2字节 | 指针区<br>2字节 | 数据区<br>882字节 | RS码区<br>128字节 |

版本号置为“01”B，表示符合 CCSDS 102.0-B-3 所规定的结构。

**注 1：**飞行器与 VC-ID 一起组成 VCDU-ID，“00110001”B。对每个 VC 上传输的 VCDU 的总数的顺序计数（模 16777216），与 VC-ID 域一起用来对每个 VC 维持单独的计数，填充 CADU 的 VCDU 计数为顺序计数（模 16777216）。

**注 2：**在信号域中，回放标志置为“0”B，代表 L 波段/X 波段实时 VCDU；置为“1”B，代表 X 波段延时 VCDU；置为全“0” B，代表“备用”。

**图 A.3　FY-3A/B/C 数据传输帧格式**

## 参 考 文 献

［1］ CCSDS蓝皮书/空间数据系统咨询委员会.空间数据系统标准建议书［M］.邓丽芳，郑尚敏译.北京：航空工业出版社，1995

ICS 07.060
A 47
备案号：46700—2014

# 中华人民共和国气象行业标准

QX/T 239—2014

# 地磁活动水平分级

**Levels of geomagnetic activity**

2014-07-25 发布　　2014-12-01 实施

中国气象局　发布

# 前　言

本标准按照 GB/T 1.1—2009 给出的规则起草。

本标准由全国卫星气象与空间天气标准化技术委员会空间天气监测预警分技术委员会(SAC/TC 347/SC3)提出并归口。

本标准起草单位:国家卫星气象中心(国家空间天气监测预警中心)。

本标准主要起草人:陈博、乐贵明。

# 地磁活动水平分级

## 1 范围

本标准规定了局地和全球地磁活动水平的分级。

本标准适用于地磁活动的监测和预报。

## 2 术语和定义

下列术语和定义适用于本文件。

2.1

**K 指数 K index**

时间间隔为三小时的单个台站地磁活动性指数。

注:按格林尼治时间,从零时开始,每三小时为一个时段,每天共 8 个数据。每一时段的 K 指数大小由该时段内地磁水平分量或磁偏角的扰动幅度确定,按地磁活动强弱分成 0 级～9 级,共 10 个等级。

2.2

**Kp 指数 Kp index**

时间间隔为三小时的全球地磁活动性指数。

注:Kp 指数共分为 28 级,即:$0_0$,$0_+$,$1_-$,$1_0$,$1_+$,$2_-$,$2_0$,$2_+$,…,$8_-$,$8_0$,$8_+$,$9_-$,$9_0$。

## 3 地磁活动水平分级

### 3.1 分级依据

采用 K 指数划分局地地磁活动水平,采用 Kp 指数划分全球地磁活动水平。

### 3.2 局地地磁活动水平分级

表 1 给出了局地地磁活动水平分级和相应的 K 指数。

**表 1 局地地磁活动水平分级**

| 级别 | K 指数 |
| --- | --- |
| 平静 | 0～2 |
| 微扰 | 3 |
| 活跃 | 4 |
| 强扰 | 5～9 |

### 3.3 全球地磁活动水平分级

表 2 给出了全球性地磁活动水平分级和相应的 Kp 指数。

表 2　全球地磁活动水平分级

| 级别 | Kp 指数 |
| --- | --- |
| 平静 | $0_0$～$2_+$ |
| 微扰 | $3_-$～$3_+$ |
| 活跃 | $4_-$～$4_+$ |
| 强扰 | $5_-$～$9_0$ |

# 参考文献

[1] 徐文耀. 地磁学[M]. 北京:地震出版社,2003

[2] 中国空间科学学会. 空间科学词典[M]. 北京:科学出版社,1987

[3] Mayaud P N. Derivation,Meaning and Use of Geomagnetic Indices[M]. Washington:American Geophysical Union(AGU),1980

ICS 07.060
A 47
备案号：48128—2015

# 中华人民共和国气象行业标准

QX/T 240—2014

# 光化学烟雾判识

**Identification of photochemical smog**

2014-10-24 发布　　2015-03-01 实施

中国气象局　发布

# 前　言

本标准按照 GB/T 1.1—2009 给出的规则起草。

本标准由全国气候与气候变化标准化技术委员会大气成分观测预报预警服务分技术委员会(SAC/TC 540/SC1)提出并归口。

本标准起草单位:中国气象局广州热带海洋气象研究所、上海市气象局、中国气象局北京城市气象研究所。

本标准主要起草人:吴兑、耿福海、张小玲、李海燕、吴蒙、廖碧婷、谭浩波、李菲、毕雪岩、邓涛、刘建、马志强、赵辰航。

# 引　　言

光化学烟雾随着城市化进程的加快和经济规模的扩大而日趋频繁发生。为了规范光化学烟雾的判识,制定本标准。

# 光化学烟雾判识

## 1 范围

本标准规定了光化学烟雾的判识条件。

本标准适用于光化学烟雾的观测、预报、服务。

## 2 规范性引用文件

下列文件对于本文件的应用是必不可少的。凡是注日期的引用文件，仅注日期的版本适用于本文件。凡是不注日期的引用文件，其最新版本(包括所有的修改单)适用于本文件。

GB/T 21005－2007 紫外红斑效应参照谱、标准红斑剂量和紫外指数(ISO 17166:1999/CIE S 007/E-1998)

## 3 术语和定义

下列术语和定义适用于本文件。

3.1

**一次污染物 primary pollutant**

由排放源直接排放进入大气的气态和颗粒态的污染物。

3.2

**二次污染物 secondary pollutant**

一次污染物在大气中经过转化形成的污染物。

3.3

**光化学烟雾 photochemical smog**

在适合的气象条件下，大气中的挥发性有机物(VOCs)和氮氧化物($NOx$)等一次污染物在阳光(紫外光)的作用下发生光化学反应，生成高浓度臭氧($O_3$)及过氧乙酰硝酸酯(PAN，$CH_3COO_2NO_2$)、醛、酮、酸、细粒子气溶胶等二次污染物，形成一次污染物和二次污染物共存的污染天气现象。

## 4 判识条件

当日(00:00—24:00)出现紫外线指数(UVI)不小于 4 且过氧乙酰硝酸酯小时平均浓度大于 5 $\mu g/m^3$ 时，根据臭氧小时平均浓度或 8 小时平均浓度，只要其中 1 项达到判识条件即判识为光化学烟雾(见表 1)。其中，紫外线指数按照 GB/T 21005—2007 第 6 章的方法计算，取小时平均值。

**表 1 判识条件**

| 指标 | 判识条件 |
| --- | --- |
| 臭氧小时平均浓度($\rho_1$) | $\rho_1>200\ \mu g/m^3$ |
| 臭氧 8 小时平均浓度($\rho_2$)[a] | $\rho_2>160\ \mu g/m^3$ |
| [a] 臭氧连续 8 小时(含该时次)的小时平均浓度的算术平均值。 | |

## 参 考 文 献

［1］ GB 3095－2012 环境空气质量标准

［2］ HJ 633－2012 环境空气质量指数（AQI）技术规定

［3］ QX/T 71－2007 地面臭氧观测规范

［4］ H. D. 霍兰. 大气和海洋化学［M］. 初汉平，蒋龙海，康兴伦等译. 北京：科学出版社，1986

［5］ 《大气科学词典》编委会. 大气科学词典［M］. 北京：气象出版社，1994

［6］ 莫天麟. 大气化学基础［M］. 北京：气象出版社，1988

［7］ 秦瑜，赵春生. 大气化学基础［M］. 北京：气象出版社，2003

［8］ 全国科学技术名词审定委员会. 大气科学名词（第三版）［M］. 北京：科学出版社，2009

［9］ 王明星. 大气化学（第二版）［M］. 北京：气象出版社，1999

［10］ Seinfeld J and Pandis J. *Atmospheric Chemistry and Physics：From Air Pollution to Climate Change*. Third Edition. John Wiley & Sons，Inc.，Hoboken，New Jersey. 2012

［11］ World Health Organization（WHO）. WHO Air Quality Guideline for Europe. WHO Regional Office in Europe，Copenhagen，Denmark，1987，123-124

ICS 07.060
A 47
备案号：48129—2015

# 中华人民共和国气象行业标准

QX/T 241—2014

# 光化学烟雾等级

**Grades of photochemical smog**

2014-10-24 发布　　2015-03-01 实施

中　国　气　象　局　发布

# 前　言

本标准按照 GB/T 1.1—2009 给出的规则起草。

本标准由全国气候与气候变化标准化技术委员会大气成分观测预报预警服务分技术委员会(SAC/TC 540/SC1)提出并归口。

本标准起草单位:中国气象局广州热带海洋气象研究所、上海市气象局、中国气象局北京城市气象研究所。

本标准主要起草人:吴兑、耿福海、张小玲、李海燕、吴蒙、廖碧婷、谭浩波、李菲、毕雪岩、邓涛、刘建、马志强、赵辰航。

# 引　言

光化学烟雾随着城市化进程的加快和经济规模的扩大而日趋频繁发生。为了规范光化学烟雾的等级，制定本标准。

# 光化学烟雾等级

## 1 范围

本标准规定了光化学烟雾等级。

本标准适用于光化学烟雾的观测、预报、服务。

## 2 规范性引用文件

下列文件对于本文件的应用是必不可少的。凡是注日期的引用文件，仅注日期的版本适用于本文件。凡是不注日期的引用文件，其最新版本(包括所有的修改单)适用于本文件。

GB/T 21005—2007 紫外红斑效应参照谱、标准红斑剂量和紫外指数(ISO 17166:1999/CIE S 007/E-1998)

## 3 术语和定义

下列术语和定义适用于本文件。

3.1

**一次污染物 primary pollutant**

由排放源直接排放进入大气的气态和颗粒态的污染物。

3.2

**二次污染物 secondary pollutant**

一次污染物在大气中经过转化形成的污染物。

3.3

**光化学烟雾 photochemical smog**

在适合的气象条件下，大气中的挥发性有机物(VOCs)和氮氧化物($NO_x$)等一次污染物在阳光(紫外光)的作用下发生光化学反应，生成高浓度臭氧($O_3$)及过氧乙酰硝酸酯(PAN，$CH_3COO_2NO_2$)、醛、酮、酸、细粒子气溶胶等二次污染物，形成一次污染物和二次污染物共存的污染天气现象。

## 4 等级

当日(00:00—24:00)出现紫外线指数(UVI)不小于4且过氧乙酰硝酸酯小时平均浓度大于5 $\mu g/m^3$ 时，根据臭氧浓度($\rho_1$ 或 $\rho_2$)，将光化学烟雾划分为轻度、中度和重度三级，见表1。当臭氧小时平均浓度和8小时平均浓度所处等级不一致时，以最高等级确定该时次的光化学烟雾等级。

紫外线指数按照GB/T 21005—2007第6章的方法计算，取小时平均值。

表 1 光化学烟雾等级划分

单位:μg/m³

| 等级 | 指标 | | 影响及建议 |
|---|---|---|---|
| | 臭氧小时平均浓度($\rho_1$) | 臭氧 8 小时平均浓度($\rho_2$)[a] | |
| 轻度 | $200<\rho_1\leqslant300$ | $160<\rho_2\leqslant215$ | 易感人群症状有轻度加剧,健康人群出现刺激症状。儿童、老年人及呼吸系统疾病患者应适当减少长时间、高强度的户外锻炼。 |
| 中度 | $300<\rho_1\leqslant400$ | $215<\rho_2\leqslant265$ | 进一步加剧易感人群症状,可能对健康人群呼吸系统及黏膜有影响。儿童、老年人及呼吸系统疾病患者避免长时间、高强度的户外锻炼,一般人群适量减少户外活动。因空气质量明显降低,人员需适当防护;呼吸道疾病患者尽量减少外出,外出时可戴上棉布口罩,敏感人群可戴上防风护目镜。 |
| 重度 | $\rho_1>400$ | $\rho_2>265$ | 进一步加剧易感人群症状,可能对健康人群呼吸系统及黏膜有影响。儿童、老年人及呼吸系统疾病患者避免长时间、高强度的户外锻炼,一般人群适量减少户外活动。因空气质量明显降低,人员需适当防护;呼吸道疾病患者尽量减少外出,外出时可戴上棉布口罩,敏感人群可戴上防风护目镜。 |

[a] 氧连续 8 小时(含该时次)的小时平均浓度的算术平均值。

## 参 考 文 献

[1] GB 3095—2012 环境空气质量标准

[2] HJ 633—2012 环境空气质量指数(AQI)技术规定

[3] QX/T 71—2007 地面臭氧观测规范

[4] H. D. 霍兰. 大气和海洋化学[M]. 北京:科学出版社,1986

[5] 《大气科学词典》编委会. 大气科学词典[M]. 北京:气象出版社,1994

[6] 莫天麟. 大气化学基础[M]. 北京:气象出版社,1988

[7] 秦瑜,赵春生. 大气化学基础[M]. 北京:气象出版社,2003

[8] 王明星. 大气化学(第二版)[M]. 北京:气象出版社,1999

[9] Seinfeld J and Pandis J. *Atmospheric Chemistry and Physics: From Air Pollution to Climate Change*. Third Edition. John Wiley & Sons, Inc., Hoboken, New Jersey. 2012

[10] World Health Organization (WHO). WHO Air Quality Guideline for Europe. WHO Regional Offce in Europe, Copenhagen, Denmark, 123-124, 1987

ICS 07.060
A 47
备案号：48130—2015

# 中华人民共和国气象行业标准

QX/T 242—2014

# 城市总体规划气候可行性论证技术规范

**Technical specifications for climatic feasibility demonstration in urban master plan**

2014-10-24 发布　　2015-03-01 实施

中国气象局　发布

# 前　　言

本标准按照 GB/T 1.1—2009 给出的规则起草。

本标准由全国气候与气候变化标准化技术委员会(SAC/TC 540)提出并归口。

本标准起草单位:北京市气象局。

本标准主要起草人:房小怡、杜吴鹏、郭文利、王晓云、李磊、马京津、苗世光、轩春怡、李永华。

# 引　　言

《中华人民共和国气象法》明确指出“各级气象主管机构应当组织对城市规划、国家重点建设工程、重大区域性经济开发项目和大型太阳能、风能等气候资源开发利用项目进行气候可行性论证”。《气象灾害防御条例》规定各地区“在国家重大建设工程、重大区域性经济开发项目和大型太阳能、风能等气候资源开发利用项目以及城乡规划编制中，应当统筹考虑气候可行性和气象灾害风险性”。气候因素是影响城市总体规划和建设的重要因素，城市中人类活动和下垫面的变化、建筑群的布局差异等，都会对城市气象要素产生不同程度的影响，从而改变城市局地小气候。开展城市总体规划气候可行性论证目的是为制定合理的规划方案提供科学依据，这对建立宜居城市、保证城市的可持续发展具有重要意义。

为规范城市总体规划中气候可行性论证工作，特制定本标准。

# 城市总体规划气候可行性论证技术规范

## 1 范围

本标准规定了城市总体规划气候可行性论证的需求调研与资料处理、方法、内容和报告书编制的要求。

本标准适用于城乡规划中的城市总体规划气候可行性论证。区域规划、专项规划的气候可行性论证也可参照使用。

## 2 规范性引用文件

下列文件对于本文件的应用是必不可少的。凡是注日期的引用文件，仅注日期的版本适用于本文件。凡是不注日期的引用文件，其最新版本(包括所有的修改单)适用于本文件。

QX/T 118—2010 地面气象观测资料质量控制

## 3 术语和定义

下列术语和定义适用于本文件。

3.1

**城市总体规划 urban master plan**

对一定时期内城市性质、发展目标、发展规模、土地利用、空间布局以及各项建设的综合部署和实施措施。

[GB/T 50280—1998，定义 3.0.10]

3.2

**城市布局 urban layout**

城市土地利用结构的空间组织及其形式和状态。

[GB/T 50280—1998，定义 4.4.2]

3.3

**城市用地 urban land**

按城市中土地使用的主要性质划分的居住用地、公共设施用地、工业用地、仓储用地、对外交通用地、道路广场用地、市政公用设施用地、绿地、特殊用地、水域和其它用地的统称。

[GB/T 50280—1998，定义 4.3.1]

3.4

**气候可行性论证 climatic feasibility demonstration**

对与气候条件密切相关的规划和建设项目进行气候适宜性、风险性及可能对局地气候产生影响的分析、评估活动。

3.5

**数值模拟 numerical simulation**

在一定的控制条件下，利用相应的气象数值模式，模拟城市及周边地区的气象要素及其变化情况。

3.6

**城市热岛　urban heat island**

由于大城市人口稠密、工业集中、交通发达和建筑物本身导热率和热容量高等因素，造成城市温度比郊区高的一种小气候现象。

3.7

**大气边界层　atmospheric boundary layer**

最接近地球表面的大气层，厚度约为几百米到1000 m之间，其空气的流动受到地表的摩擦阻力、温度差异和地球自转的影响，具有明显的湍流结构、风向偏转和温度层结特征。

3.8

**人体舒适度　human comfort**

人类机体对外界气象条件的主观感觉。

3.9

**小风区　small wind area**

风速小于1m/s的区域。

3.10

**逆温强度　temperature inversion intensity**

逆温层顶部与底部的温差与逆温层厚度之比。

3.11

**混合层高度　mixing layer height**

从地面算起至大气湍流特征不连续界面的气层高度。

## 4　需求调研与资料处理

### 4.1　需求调研

应进行实地调研，与规划管理部门、规划编制单位座谈，了解规划意图，明晰规划项目中关于气候环境方面的需求。宜走访开发区、园区、重点污染企业等，调研当地未来产业发展及目标定位，确定气候可行性论证的研究范围及重点。

### 4.2　资料收集

#### 4.2.1　气象资料

收集规划城市及周边气象代表站30年以上的观测数据，数据年限若达不到30年，应不少于10年，主要包括：

a)　年平均风速、年风向频率、年最大风速、年大风日数；

b)　年平均气温、年最高和最低气温、探空站的气温探测数据；

c)　年平均降水量、年小时最大降水量、年日降水量大于或等于50 mm出现的日数；

d)　雷电、雾与霾、沙尘天气、大风等灾害性天气日数；

e)　太阳辐射观测数据；

f)　数值模式所需的初始资料。

#### 4.2.2 规划及其相关资料

##### 4.2.2.1 地形数据

采用的地形数据分辨率不宜低于1：50000，或使用规划编制单位提供的高分辨率地形数据。

##### 4.2.2.2 城市用地数据

宜采用现状和规划方案用地分类信息化数据，获得带比例尺的现状和规划用地分类图。

##### 4.2.2.3 其他资料

主要包括：

a) 应收集规划城市近5年（宜10年）的包括污染类型、主要污染物年平均浓度、污染等级等空气质量状况数据；
b) 应收集规划城市近5年（宜10年）的城市建成区面积数据；
c) 应收集规划城市近5年（宜10年）的城市户籍人口或常住人口数据；
d) 应收集规划城市近5年（宜10年）的城市能源消耗量数据；
e) 前一版城市总体规划方案和报告；
f) 与气候环境关系密切的重大工程项目可行性研究报告、环境影响评价报告及其他有关的文献资料。

### 4.3 资料处理

#### 4.3.1 气象站点选择

气象站点应具有代表性，对地形复杂、海陆（湖陆）交界或缺少气象站点的城市和地区应建站观测，观测时间不应少于1年。

#### 4.3.2 气象资料质量控制

应按照QX/T 118－2010的要求对气象资料进行质量控制。

#### 4.3.3 气象资料格式处理

将收集到的气象资料分别处理成数值模拟和统计分析所需的格式。

#### 4.3.4 用地分类资料处理

将现状和规划用地分类图纸或地理信息系统（GIS）电子图纸处理成数值模拟可识别的格点化的资料。

#### 4.3.5 地形、大气环境、能源消耗等资料的处理

将地形、大气环境、能源消耗等资料处理成数值模拟所需要的格式类型。

## 5 方法

### 5.1 观测资料处理方法

主要有时间序列分析、均值比较、回归分析、方差分析、相关分析、信度分析、统计图形、空间插值等

方法。

### 5.2 数值模拟

#### 5.2.1 模式的选取

宜选择使用广泛的中尺度气象数值模式，模拟性能应得到检验，水平分辨率不应大于1000 m，垂直方向在离地面200 m的范围内应不少于9层，第一层高度不应大于10 m，模式应能体现地形、下垫面等的影响。

#### 5.2.2 模式运算初始资料准备

将处理后的气象资料、下垫面资料、人类活动产生的热量资料等输入模式，如有一种或一种以上规划方案，应对各规划方案进行模拟；不同规划方案模拟时除气象资料相同外，下垫面、人类活动产生的热量、建筑物等资料均应随规划方案进行改变。

#### 5.2.3 输入资料

应包括地形资料、城市用地资料（现状用地分类、规划方案用地分类、调整方案用地分类）和气象资料，宜选用人类活动产生的热量资料。

#### 5.2.4 模拟运行方案

5.2.4.1 典型天气个例模拟：应选取近3年所论证城市的有利于扩散条件和不利于扩散条件的典型个例。模拟积分时间宜为36小时，统计分析应采用模式输出的后24小时的逐时模拟结果。

5.2.4.2 平均气候状况模拟：应选取所论证城市平均气候状态的年份，至少进行冬季和夏季各一个月的模拟，另外可视规划城市的气候特点决定是否进行春、秋季的模拟。

#### 5.2.5 物理过程参数化

5.2.5.1 应考虑的物理过程参数化：微物理过程参数化、边界层物理过程参数化。

5.2.5.2 可选的物理过程参数化：云辐射参数化、陆面过程参数化、浅对流参数化、土壤温度参数化等。

#### 5.2.6 模拟结果输出

5.2.6.1 典型天气个例模拟，应每小时输出一次结果；平均气候状况模拟，应将一个月的结果进行算术平均。

5.2.6.2 输出要素应至少包含每个格点上的风向、风速、温度、相对湿度和气压。

### 5.3 指标计算

主要包括人体舒适度、城市热岛、小风区面积、逆温强度、混合层高度等指标的计算及综合评估的计算，方法见附录A。

## 6 论证内容

### 6.1 现状评估

#### 6.1.1 热环境

应分析规划城市年平均温度的时间变化规律、空间分布特征及城市热岛的演变情况。结合收集到的人口、能源消耗等资料，找出气温分布的原因。应针对城市形态、绿地系统布局、绿地率及城市功能分区等方面提供建议。

#### 6.1.2 风况

应分析规划城市年平均风速的时间变化规律和空间分布特征，绘制空气污染系数图。风向分析应针对城市布局、工业区选址、绿带设置等方面提供建议。大风灾害的分析应针对城市建筑密度、建筑红线、街道走向等方面提供建议。

#### 6.1.3 边界层特征

应给出规划城市大气温度垂直方向上的特征，统计逆温出现的概率，宜分析规划城市混合层特征。其结果应针对工业区选址、城市环境保护等方面提供建议。

#### 6.1.4 降水特征

应分析规划城市年降雨的时间变化规律和空间分布特征，宜进行暴雨强度的计算。城市降雨的分析应针对城市排水工程中管网设计、地下设施、储水区的规划及城市防洪等方面提供建议。应分析干旱发生的频率，绘制空间分布图，其结果应针对城市产业的布局、城市给水系统等方面提供建议。

#### 6.1.5 气象灾害

应分析规划城市易发气象灾害的发生频率，包括雾与霾、雷电、沙尘等，分别绘制空间分布图。其中，雾与霾的分析应针对城市的道路交通规划、对外交通用地(机场、公路)、居住区、旅游区规划等方面提供建议。雷电灾害的分析应针对城市电力、城市通信、机场、危险品仓储区选址等方面提供建议。沙尘的分析应针对防护绿地、城市环境保护等方面提供建议。

#### 6.1.6 风能与太阳能资源

宜绘制规划城市的年平均风功率密度、太阳辐射总量空间分布图，对规划城市的风能太阳能资源总体情况进行评判。其结果应针对城市功能区规划、建筑节能等方面提供建议。

### 6.2 规划方案评估

#### 6.2.1 数值模拟结果分析

数值模式输出要素应至少包含每个格点上的风向、风速、温度、相对湿度和气压，绘制叠加了现状和各规划用地分类图的气温、风速、流场等气象要素的空间分布综合图，并进行对比分析。

#### 6.2.2 指标评估

##### 6.2.2.1 概述

宜针对规划城市的气候特征进行指标评估，即对数值模拟得到的气象要素进行计算，得到无量纲的评估指标，依据指标结果可对气候环境进行量化而直观地分级，从而得到不同用地分类(现状、规划方案和调整方案)下的气候环境效果的综合评价。

##### 6.2.2.2 指标分类

应包含人体舒适度、城市热岛、小风区面积、逆温强度、混合层高度。

##### 6.2.2.3 指标评估

可采用综合指数法对6.2.2.2中各因子进行综合评估。

#### 6.2.3 规划意图分析与建议

##### 6.2.3.1 规划意图说明

应充分理解城市总体规划的意图，明晰规划部门在规划中关于气候环境方面的需求。

##### 6.2.3.2 规划适宜性分析与建议

基于上述计算结果及规划意图分析，应在城市总体规划现状图上汇总出不同规划区的适宜性建议。即在空间上给出气温、扩散能力、气候资源、气象灾害等的规划适宜性的分布等级，可粗定为某种规划气候影响适宜区、次适宜区和不适宜区。此外，可视规划关注的重点问题提出其他建议，如缓解热岛效应、增加城市通风时给出规划中绿地和通风廊道的设置建议。

##### 6.2.3.3 规划方案比选与建议

将各规划方案模拟分析结果和指标评估结果进行汇总，对比各规划方案带来的气候环境差异。应将最终模拟分析结果和指标评估结果纳入各方案规划图，进行比选，并提出相应建议。城市总体规划着眼于城市的总体布局，最终需要落实到城市用地上，因此进行城市总体规划气候可行性论证时，应以气候影响事实为出发点、从空间用地上对城市布局给出建议。

## 7 报告书编制

### 7.1 编制原则

应反映城市总体规划气候可行性论证的全部工作，论点明确，论据充分，论述清晰；结论宜采用图的形式，将建议和意见纳入规划图；如规划方案有多次反复，应保留历次方案的论证结果，作为规划方案演进和取舍的客观记录。

### 7.2 内容

报告书应列出委托方、承担方、承担单位负责人、项目负责人、参加人员，以及和项目有关的证书复印件。应包含数据来源、技术方法、气候背景分析、现状和规划方案模拟结果分析、指标评估、规划建议；宜包含项目背景介绍、模式介绍和设置、参考文献、附录及其他需要补充说明的内容等。

### 7.3 构成

报告书的构成的示例参见附录B。

# 附　录　A
# （规范性附录）
# 指标计算方法

## A.1　人体舒适度

该指标反映不同的温度、湿度等气候环境下人体的舒适感觉，人体舒适度（$ET$）一般用如下公式计算：

$$ET = T_d - 0.55(1-r)(T_d - 58) \qquad \cdots\cdots(A.1)$$

式中：

$ET$ ——人体舒适度，单位为摄氏度（℃）；

$T_d$ ——干球温度，单位为摄氏度（℃）；

$r$ ——相对湿度。

注：也可选取适合规划城市本地的成熟的公式来替代本公式。

选取 $ET$ 大于或等于 40 ℃且小于或等于 75 ℃（大部分人感受为“舒适”）的区域占总模拟区域的面积百分比（$P$）来衡量人体舒适程度，其分级标准见表 A.1。

**表 A.1　人体舒适度评估因子分级标准**

| 人体舒适度评估因子等级 | 面积百分比（$P$）<br>% |
|---|---|
| 1 | $P \leqslant 20$ |
| 2 | $20 < P \leqslant 40$ |
| 3 | $40 < P \leqslant 60$ |
| 4 | $60 < P \leqslant 80$ |
| 5 | $P > 80$ |

## A.2　城市热岛

城市热岛强度（$H_t$）为同一时间城市与附近郊区气温的差值。即：

$$H_t = T_c - T_s \qquad \cdots\cdots(A.2)$$

式中：

$H_t$ ——城市热岛强度，单位为摄氏度（℃）；

$T_c$ ——城区气温，单位为摄氏度（℃）；

$T_s$ ——郊区气温，单位为摄氏度（℃）。

根据 $H_t$ 的大小将城市热岛强度分为无、弱、中等、强、极强五个等级，其分级标准见表 A.2。

表 A.2　城市热岛强度评估因子分级标准

| 城市热岛强度评估因子等级 | 强度等级 | 热岛强度($H_t$)<br>℃ |
|---|---|---|
| 1 | 无 | $H_t \leqslant 0.5$ |
| 2 | 弱 | $0.5 < H_t \leqslant 1.5$ |
| 3 | 中等 | $1.5 < H_t \leqslant 2.5$ |
| 4 | 强 | $2.5 < H_t \leqslant 3.5$ |
| 5 | 极强 | $H_t > 3.5$ |

用热岛强度等级为“无”及“弱”(即温差小于或等于 1.5℃)的区域所占总模拟区域面积的百分比($Q$)来衡量热岛面积,其分级标准同表 A.1。

## A.3　小风区面积

用 1.5 m 高度上、评估区域内风速小于或等于 1 m/s 的区域占总模拟区域的面积百分比($R$)来衡量小风区面积,由于风速越小越不利于大气污染物的扩散和稀释,因此,该因子反映了城市污染物混合扩散能力,其分级标准见表 A.3。

表 A.3　小风区面积评估因子分级标准

| 小风区面积评估因子等级 | 面积百分比($R$)<br>% |
|---|---|
| 1 | $R > 80$ |
| 2 | $60 < R \leqslant 80$ |
| 3 | $40 < R \leqslant 60$ |
| 4 | $20 < R \leqslant 40$ |
| 5 | $R \leqslant 20$ |

## A.4　逆温强度

以评估区域 02 时的贴地逆温层厚度和逆温层顶部与底部的温差来确定逆温强度,即:

$$C = (T_1 - T_2)/H \qquad \text{(A.3)}$$

式中:

$C$ ——逆温强度,单位为摄氏度每米(℃/m);

$T_1$ ——逆温层顶部温度,单位为摄氏度(℃);

$T_2$ ——逆温层底部温度,单位为摄氏度(℃);

$H$ ——逆温层厚度,单位为米(m)。

逆温强度评估因子分级标准见表 A.4。

表 A.4 逆温强度评估因子分级标准

| 逆温强度评估因子等级 | 逆温强度($C$)<br>℃/m |
|---|---|
| 1 | $C>1.0$ |
| 2 | $0.7<C\leqslant 1.0$ |
| 3 | $0.4<C\leqslant 0.7$ |
| 4 | $0.1<C\leqslant 0.4$ |
| 5 | $C\leqslant 0.1$ |

## A.5 混合层高度

混合层高度($p$)表征污染物在铅直方向被湍流稀释的范围,可采用常用的计算混合层高度的方法(如干绝热曲线法、罗氏法、大气稳定度法)得到,混合层高度评估因子的分级标准见表 A.5。

表 A.5 混合层高度评估因子分级标准

| 混合层高度评估因子等级 | 混合层高度($p$)<br>m |
|---|---|
| 1 | $p\leqslant 150$ |
| 2 | $150<p\leqslant 350$ |
| 3 | $350<p\leqslant 600$ |
| 4 | $600<p\leqslant 900$ |
| 5 | $p>900$ |

## A.6 评估因子指数计算

根据各项评估因子的指标值,按照各项评估因子分级标准,采用线性内插方式计算各项评估因子的指数:

$$I_i = I_{i,(j-1)} + (C_i - C_{i,(j-1)})/(C_{i,j} - C_{i,(j-1)}) \qquad \text{(A.4)}$$

式中:

$I_i$ ——第 $i$ 项评估因子(取小数点后两位小数);

$I_{i,(j-1)}$ ——第 $i$ 项评估因子所达到等级的低一级级别数;

$C_i$ ——第 $i$ 项评估因子的模式计算值;

$C_{i,j}$ ——第 $i$ 项评估因子所达到等级的分级上限值;

$C_{i,(j-1)}$ ——第 $i$ 项评估因子所达到等级的分级下限值;

$i$ ——第 $i$ 项评估因子,这里代表人体舒适度、城市热岛、小风区面积、逆温强度、混合层高度五个不同评估因子;

$j$ ——第 $j$ 级等级。

## A.7 评估因子权重计算

对于数值越小表示环境质量越好的因子：

$$W_i = (C_1 - D_i/C_{i,3}) + 1 \qquad \text{(A.5)}$$

对于数值越大表示环境质量越好的因子：

$$W_i = (D_i/C_{i,3}) + 1 \qquad \text{(A.6)}$$

式中：

$W_i$ ——第 $i$ 项权重；

$C_1$ ——第 $i$ 项一级标准值限值；

$D_i$ ——第 $i$ 项实测值；

$C_{i,3}$——第 $i$ 项三级标准值限值。

## A.8 综合评分计算

在评估因子指数计算和权重计算基础上，用式(A.7)计算各规划方案的综合评分，分值越大，表明城市总体规划布局气候环境综合效果越好：

$$I = \sum_{i=1}^{m}(I_i \times W_i) / \sum_{i=1}^{m} W_i \qquad \text{(A.7)}$$

式中：

$I$ ——表征气候环境的综合评分；

$m$ ——评估因子数目；

$I_i$ ——第 $i$ 项评估因子(取小数点后两位小数)；

$W_i$——第 $i$ 项权重。

# 附　录　B
(资料性附录)
报告书构成示例

1 引言

1.1 背景及意义

1.2 技术路线及方法

2 ××城市气候环境的影响评估

2.1 ××城市发展简述

2.1.1 ××城市发展沿革

2.1.2 ××城市建设发展趋势

2.2 ××城市气候环境现状评估

2.2.1 气温

2.2.2 降水

2.2.3 风速

2.2.4 风向

2.2.5 大气边界层特征

2.2.6 雾霾

2.2.7 城市热岛

2.2.8 极端降水

2.2.9 雷电

2.2.10 沙尘天气

2.2.11 大气环境质量

2.2.12 风能资源

2.2.13 太阳能资源

2.3 与其他城市气候环境问题的对比分析

2.4 小结

3 ××城市发展对气候环境的影响评估

3.1 方法简介

3.2 数值模拟结果分析

3.2.1 ××城市发展对地面气温的可能影响

3.2.2 ××城市发展对近地层风速的可能影响

3.2.3 ××城市发展对大气污染扩散能力的影响

3.3 小结

4 ××城市规划方案评估

4.1 规划方案介绍

4.2 模式设置

4.3 评估指标计算

4.4 评估结果分析

4.5 小结

5 ××城市规划策略与建议

5.1 存在问题分析

5.2 主动适应策略建议
  5.2.1 适应风场特征的策略建议
  5.2.2 适应温度场特征的策略建议
  5.2.3 适应降水特征的策略建议
  5.2.4 适应大气环境特征的策略建议
5.3 有序调整策略建议
  5.3.1 ××城市总体布局建议
  5.3.2 ××城市绿地布局建议
  5.3.3 ××城市通风建议
  5.3.4 ××城市产业发展建议
  5.3.5 区域协作环境治理建议

# 参 考 文 献

[1] GB/T 50280－1998 城市规划基本术语标准

[2] 北京城市规划建设与气象条件及大气污染关系研究课题组.城市规划与大气环境[M].北京:气象出版社,2004

[3] 蒋维楣.空气污染气象学[M].南京:南京大学出版社,2003

[4] 汪光焘.气象、环境与城市规划[M].北京:北京出版社,2004

ICS 07.060
A 47
备案号：48131—2015

# 中华人民共和国气象行业标准

QX/T 243—2014

# 风电场风速预报准确率评判方法

## Evaluation methods of wind speed forecast accuracy in wind farm

2014-10-24 发布 2015-03-01 实施

中 国 气 象 局 发 布

# 前　言

本标准按照 GB/T 1.1—2009 给出的规则起草。

本标准由全国气候与气候变化标准化技术委员会风能太阳能气候资源分技术委员会(SAC/TC 540/SC2)提出并归口。

本标准起草单位:中国气象局公共气象服务中心、内蒙古自治区气象局、内蒙古电力(集团)有限责任公司。

本标准主要起草人:江滢、李忠、侯佑华、赵东、何晓凤。

# 风电场风速预报准确率评判方法

## 1 范围

本标准规定了风电场风速预报准确率的评判方法。

本标准适用于风电场风速预报准确率和误差的统计及评判。

## 2 术语、定义和符号

### 2.1 术语和定义

下列术语和定义适用于本文件。

2.1.1

**风电场 wind power station; wind farm**

由一批风力发电机组或风力发电机组群组成的电站。

[GB/T 2900.53—2001,定义 2.1.3]

2.1.2

**风力发电机组 wind turbine generator system; WTGS**

风电机组

将风的动能转换为电能的系统。

[GB/T 2900.53—2001,定义 2.1.2]

2.1.3

**轮毂高度 hub height**

从地面到风轮扫掠面中心的高度,对垂直轴风电机组是赤道平面高度。

注:单位为米(m)。

[GB/T 2900.53—2001,定义 2.5.6]

2.1.4

**切入风速 cut-in wind speed**

在小于规定的湍流条件下,轮毂高度处风电机组开始输出功率的最低风速。

注:单位为米每秒(m/s)。

2.1.5

**切出风速 cut-out wind speed**

在小于规定的湍流条件下,轮毂高度处风电机组可以正常输出功率的最高风速。

注:单位为米每秒(m/s)。

2.1.6

**额定风速(风电机组) rated wind speed for wind turbines**

在稳定无湍流风速时,风电机组达到额定功率输出时轮毂高度处的最低风速。

[IEC 61400-1-2005,定义 3.40]

2.1.7

**实测风速 measured wind speed**

通过风速测量仪器所获得的风速。

注:单位为米每秒(m/s)。

2.1.8

**预报风速　forecast wind speed**

对风电机组轮毂高度处未来风速的预报值。

注:单位为米每秒(m/s)。

2.1.9

**预报时效　forecast leading time**

预报内容所覆盖的时间长度。

注:单位为小时(h)。

[GB/T21984—2008,定义 2.20]

## 2.2 符号

下列符号适用于本文件。

$e_a$ ——平均绝对误差。

$e_r$ ——平均相对误差。

$e_s$ ——平均均方根误差。

$f_a$ ——准确率。

$f_f$ ——空报率。

$f_m$ ——漏报率。

$N$ ——评判时段内样本数。

$N_A$ ——正确预报次数。

$N_B$ ——空报次数。

$N_C$ ——漏报次数。

$R$ ——相关系数。

$V$ ——风速。

$V_{\mathrm{in}}$ ——切入风速。

$V_M$ ——实测风速。

$V_{M,k}$ ——变换后 $k$ 时刻的实测风速。

$\overline{V_M}$ ——变换后评判时段内实测风速的平均值。

$V_{\mathrm{out}}$ ——切出风速。

$V_P$ ——预报风速。

$V_{P,k}$ ——变换后 $k$ 时刻的预报风速。

$\overline{V_P}$ ——变换后评判时段内预报风速的平均值。

$V_{\mathrm{rat}}$ ——额定风速。

# 3 总则

3.1 风速预报准确率评判分为日预报评判、月预报评判和年预报评判三种类型。

3.2 风速预报准确率评判应根据类型建立实测风速和预报风速两个样本序列。

3.3 评判风速无论是实测风速还是预报风速均应为轮毂高度处风速。如果不是轮毂高度处风速,宜按GB/T 13201—1991 中式(15)和式(16)推算到轮毂高度处风速。

## 4 样本的选取

### 4.1 完整日

日实测风速样本数不少于日应该获得的样本数的85%时为一个完整日。即10分钟时间间隔的预报风速或实测风速一个完整日样本数不少于123个,15分钟时间间隔的预报风速或实测风速一个完整日样本数不少于82个。

### 4.2 日预报样本

当对风电场风速预报进行日预报准确率评判时,宜选取一个完整日作为样本。

### 4.3 月预报样本

当对风电场风速预报进行月预报准确率评判时,选取的月样本数不少于25个完整日。

### 4.4 年预报样本

当对风电场风速预报进行年预报准确率评判或对某种预报方法或预报系统进行预报准确率评判时,选取的年样本数应不少于10个月或选择1月、4月、7月、10月四个月作为评判的风速样本。

## 5 样本的标准化处理

### 5.1 风速段划分

根据风电机组在不同大小的风速环境时输出功率呈不同特征变化的特点,将风速分成风速段I、风速段II、风速段III和风速段IV共四段,见表1。

**表1 风速段划分表**

| 风速段名称 | 风速段Ⅰ | 风速段Ⅱ | 风速段Ⅲ | 风速段Ⅳ |
|---|---|---|---|---|
| 风速段范围 | $0 \leqslant V < V_{in}$ | $V_{in} \leqslant V < V_{rat}$ | $V_{rat} \leqslant V < V_{out}$ | $V \geqslant V_{out}$ |

### 5.2 样本标准化处理

在进行风电场风速段预报准确率评判前,应按照附录A的方法对评判时段内的样本进行标准化处理,并分别统计出预报时段内正确预报次数、空报次数和漏报次数。

在进行风电场风速值预报准确率评判前,应按照附录B的方法对评判时段内的样本数据进行标准化处理。

## 6 预报准确率评判方法

### 6.1 风速段预报准确率评判指标

#### 6.1.1 准确率

准确率是正确预报次数与正确预报次数、空报次数及漏报次数和之比,计算方法见公式(1)。

$$f_a = \frac{N_A}{N_A + N_B + N_C} \times 100\% \quad \cdots\cdots(1)$$

### 6.1.2 空报率

空报率是空报次数与总预报次数之比,计算方法见公式(2)。

$$f_f = \frac{N_B}{N_A + N_B} \times 100\% \quad \cdots\cdots(2)$$

### 6.1.3 漏报率

漏报率是漏报次数与实况出现总次数之比,计算方法见公式(3)。

$$f_m = \frac{N_C}{N_A + N_C} \times 100\% \quad \cdots\cdots(3)$$

## 6.2 风速值预报准确率评判指标

### 6.2.1 均方根误差

均方根误差是反映预报风速与实测风速之间离散程度的量,单位为米每秒。平均均方根误差越小,预报越准确。计算方法见公式(4)。

$$e_s = \sqrt{\frac{1}{N}\sum_{k=1}^{N}(V_{P,k} - V_{M,k})^2} \quad \cdots\cdots(4)$$

### 6.2.2 绝对误差

绝对误差是 $N$ 次预报风速与实测风速之差绝对值的平均值,是反映预报风速与实测风速之间差距的量,单位为米每秒。平均绝对误差越小,预报越准确。计算方法见公式(5)。

$$e_a = \frac{1}{N}\sum_{k=1}^{N} | V_{P,k} - V_{M,k} | \quad \cdots\cdots(5)$$

### 6.2.3 相对误差

相对误差是反映预报风速与实测风速之差相对于实测风速的比率。平均相对误差越小,预报越准确。计算方法见公式(6)。

$$e_r = \left(\frac{1}{N}\sum_{k=1}^{N}\frac{| V_{P,k} - V_{M,k} |}{V_{M,k}}\right) \times 100\% \quad \cdots\cdots(6)$$

### 6.2.4 相关系数

相关系数是反映预报风速与实测风速之间相关程度的量。计算方法见公式(7)。

$$R = \frac{\sum_{k=1}^{N}[(V_{P,k} - \overline{V_P})(V_{M,k} - \overline{V_M})]}{\sqrt{\sum_{k=1}^{N}(V_{P,k} - \overline{V_p})^2 \sum_{k=1}^{N}(V_{M,k} - \overline{V_M})^2}} \quad \cdots\cdots(7)$$

相关系数取值范围为[-1.0,1.0]。相关系数应进行显著性检验。相关系数统计检验的显著性水平宜为 $\alpha = 0.01$ 。即在相关系数为0的假设下( $R = 0$ ),查表C.1,得阈值 $R_a$ ,若 $R \geq R_a$ ,相关显著。

# 附　录　A
## (规范性附录)
## 风速段预报准确率评判指标的样本处理方法

在进行风速段预报准确率评判前,风速样本应进行如下处理:

a) 统计正确预报次数:
   1) 当预报风速和实测风速都属于风速段 I 时,为正确预报,统计风速段 I 的正确预报的次数 $N_{A,1}$;
   2) 当预报风速和实测风速都属于风速段 II 时,也为正确预报,统计风速段 II 的正确预报的次数为 $N_{A,2}$;
   3) 以此类推,分别统计风速段 III 和风速段 IV 的正确预报的次数 $N_{A,3}$ 和 $N_{A,4}$;
   4) 整个评判时段内正确预报次数为 $N_A$ ,$N_A = \sum_{i=1}^{4} N_{A,i}$。

b) 统计空报次数:
   1) 当预报风速属于风速段 I,而实测风速不属于该风速段,为空报,统计风速段 I 的空报次数 $N_{B,1}$;
   2) 当预报风速属于风速段 II,而实测风速不属于该风速段,也为空报,统计风速段 II 的空报次数 $N_{B,2}$;
   3) 以此类推,分别统计风速段 III 和风速段 IV 的空报次数 $N_{B,3}$ 和 $N_{B,4}$;
   4) 整个评判时段内空报次数为 $N_B$ ,$N_B = \sum_{i=1}^{4} N_{B,i}$。

c) 统计漏报次数:
   1) 当实测风速属于风速段 I,而预报风速不属于该风速段,为漏报,统计风速段 I 的漏报次数 $N_{C,1}$;
   2) 当实测风速属于风速段 II,而预报风速不属于该风速段,也为漏报,统计风速段 II 的漏报次数 $N_{C,2}$;
   3) 以此类推,分别统计风速段 III 和风速段 IV 的漏报次数 $N_{C,3}$ 和 $N_{C,4}$;
   4) 整个评判时段内漏报次数为 $N_C$ ,$N_C = \sum_{i=1}^{4} N_{C,i}$。

# 附 录 B
# （规范性附录）
# 风速值预报准确率评判指标的样本处理方法

在进行风电场风速值预报准确率评判前，风速样本应进行如下处理：

a） 变换风速段 I 的风速样本。分别将风速段 I 中预报风速和实测风速进行如下处理：
   1） 当 $k$ 时刻预报风速 $0 \leqslant V_{P,k} < V_{\text{in}}$ 时， $V_{P,k} = V_{\text{in}}$ ；
   2） 当 $k$ 时刻实测风速 $0 \leqslant V_{M,k} < V_{\text{in}}$ 时， $V_{M,k} = V_{\text{in}}$ 。

b） 变换风速段 III 的风速样本。分别将风速段 III 中预报风速和实测风速进行如下处理：
   1） 当 $k$ 时刻预报风速 $V_{\text{rat}} \leqslant V_{P,k} < V_{\text{out}}$ 时， $V_{P,k} = V_{\text{rat}}$ ；
   2） 当 $k$ 时刻实测风速 $V_{\text{rat}} \leqslant V_{M,k} < V_{\text{out}}$ 时， $V_{M,k} = V_{\text{rat}}$ 。

c） 风速段 II 和风速段 IV 的风速样本不做变换。

# 附 录 C
## （规范性附录）
## 检验相关系数临界值表

**表 C.1 检验相关系数临界值表**

| $n$ | $R_a$ | $n$ | $R_a$ | $n$ | $R_a$ |
|---|---|---|---|---|---|
| 1 | 0.999877 | 11 | 0.6835 | 25 | 0.4869 |
| 2 | 0.99000 | 12 | 0.6614 | 30 | 0.4487 |
| 3 | 0.95873 | 13 | 0.6411 | 35 | 0.4182 |
| 4 | 0.19720 | 14 | 0.6226 | 40 | 0.3932 |
| 5 | 0.8745 | 15 | 0.6055 | 45 | 0.3721 |
| 6 | 0.8343 | 16 | 0.5897 | 50 | 0.3541 |
| 7 | 0.7977 | 17 | 0.5751 | 60 | 0.3248 |
| 8 | 0.7646 | 18 | 0.5614 | 70 | 0.3017 |
| 9 | 0.7348 | 19 | 0.5487 | 80 | 0.2830 |
| 10 | 0.7079 | 20 | 0.5368 | 90 | 0.2673 |
| | | | | ≥100 | 0.2540 |
| $R=0$，$P(\|R\|>R_a)=\alpha$，$\alpha=0.01$，$n=N-2$。 | | | | | |

## 参 考 文 献

[1] GB/T 2900.53—2001 电工术语 风力发电机组(idteqv IEC 60050-415:1999)

[2] GB/T 13201—1991 制定地方大气污染物排放标准的技术方法

[3] GB/T 21984—2008 短期天气预报

[4] 陈正洪,许杨,许沛华等,风电功率预测预报技术原理及其业务系统[M]. 北京:气象出版社,2013

[5] 国家电网公司调度通信中心. 风电功率预测系统功能规范(试行). 国家电网调[2010]201号

[6] 国家能源局. 风电场功率预测预报管理暂行办法. 国能新能[2011]177号

[7] 黄嘉佑. 气象统计分析与预报方法[M]. 北京:气象出版社,2010

[8] 江滢,李忠,侯佑华,赵东. 风电场风速和风电功率预报准确率评判方法[J]. 科技导报,2012,**30**(35):5-10

[9] 屠其璞,王俊德,丁裕国,等. 气象应用概率统计学[M]. 北京:气象出版社,1984

[10] 魏凤英. 现代气候统计诊断与预测技术[M]. 北京:气象出版社,1999

[11] Bermowitz R T and Zurndorfer E A. Automated guidance for predicting quantitative precipitation[J]. *Mon. Wea. Rev.*,1979,**107**: 122-128

ICS 07.060
A 47
备案号：48132—2015

# 中华人民共和国气象行业标准

QX/T 244—2014

# 太阳能光伏发电功率短期预报方法

## Short term forecasting methods for solar photovoltaic power

2014-10-24 发布　　2015-03-01 实施

中 国 气 象 局　发 布

# 前　　言

本标准按照 GB/T 1.1—2009 给出的规则起草。

本标准由全国气候与气候变化标准化技术委员会风能太阳能气候资源分技术委员会(SAC/TC 540/SC 2)归口。

本标准起草单位:湖北省气象服务中心、中国气象局公共气象服务中心。

本标准主要起草人:陈正洪、成驰、李芬、白永清、申彦波、何明琼、杨宏青、许杨、王林。

# 太阳能光伏发电功率短期预报方法

## 1 范围

本标准规定了太阳能光伏阵列、光伏发电站发电功率短期预报方法。

本标准适用于光伏发电站发电功率的短期预报服务,也适用于短期太阳辐照度的简易预报服务。

## 2 术语和定义

下列术语和定义适用于本文件。

2.1

**短期预报 short term forecasting**

对未来72 h内发电功率或太阳辐照度的预报。

2.2

**数值天气预报 numerical weather prediction**

基于大气运动的初始状态,通过数值求解描述大气运动规律的动力、热力学方程组,计算未来一定时段内不同时刻的大气状态的一种客观定量的天气预报方法。

**注:**改写GB/T 21984—2008,定义2.21。

2.3

**模式预报订正 model output statistics;MOS**

根据数值天气预报模式输出的物理量与同期实测气象要素的统计关系对模式预报结果进行的有效订正预报。

2.4

**太阳辐射 solar radiation**

太阳以电磁波或粒子形式发射的能量。

[GB/T 12936—2007,定义3.12]

2.5

**辐[射]照度 irradiance**

物体在单位时间、单位面积上接收到的辐射能。

2.6

**[水平面]总辐射[辐照度] horizontal global solar irradiance**

水平面从上方$2\pi$立体角范围内接收到的直接辐射[辐照度]和散射辐射[辐照度]之和。

2.7

**斜面总辐照度 inclined total solar irradiance**

倾斜面接收到的直接辐射辐照度、散射辐射辐照度和反射辐射辐照度之和。

2.8

**大气透明度 transparency of atmosphere**

地表水平面上的太阳总辐照度与地外太阳辐照度之比,取值范围为[0,1)。

2.9

**直射比　direct irradiation ratio**

水平面直接辐射辐照度在总辐射辐照度中所占的比例。

2.10

**直散分离　direct and scattered radiation separation**

估算总辐射辐照度中水平面直接辐射辐照度和散射辐射辐照度的量值。

2.11

**光伏电池　solar cell**

将太阳辐射能直接转换成电能的一种电子器件。

[GB 2297—1989,定义 2.2]

2.12

**光伏阵列　photovoltaic(PV) array**

由若干个光伏电池组件或电池板在机械和电气上按一定方式组装在一起并且有固定的支撑结构而构成的直流发电单元。地基、太阳跟踪器、温度控制器等类似的部件不包括在光伏阵列中。

**注:**改写 GB 2297—1989,定义 4.10。

2.13

**光伏阵列光电转换效率　photo-electric conversion efficiency of photovoltaic(PV) array**

单位面积光伏阵列输出直流功率与到达光伏阵列的倾斜面总辐射辐照度的比值。

2.14

**逆变器转换效率　grid-connected inverter efficiency**

规定的测量时段内,逆变器在交流端口输出的能量与直流端口输入的能量之比。

2.15

**光伏发电站　grid-connected photovoltaic(PV) power station**

将太阳辐射能直接转换成电能并接入到电网的发电系统,一般包含光伏阵列、逆变器、变压器以及相关的系统平衡部件等。

## 3　预报方法总则

3.1　根据光伏发电站历史资料和预报因子资料条件,选择采用原理预报法、动力—统计预报法、时间序列预报法和相似预报法 4 种方法之一,预报出光伏发电站逐个光伏阵列光伏发电功率序列。在此基础上,进行光伏发电站发电功率短期预报。

3.2　实时观测数据和历史数据完整的情况下,可对数值天气预报模式输出的向下短波辐射通量进行模式预报订正(MOS),提高预报准确率;当缺乏历史数据时,也可直接采用模式输出向下短波辐射,然后采用原理预报法预报。

3.3　动力—统计预报法适用于发电功率历史数据完整但辐射观测和历史数据缺乏的情况。

3.4　当日数值预报结果因故未到时,可采用时间序列预报法或相似预报法。

## 4　光伏阵列发电功率短期预报

### 4.1　原理预报法

原理预报法流程图参见附录 A 的图 A.1。计算步骤如下:

a)　计算光伏阵列直流发电功率,公式如下:

$$P_{dc} = \eta_{pv} \times I_t \times S \times K_1 / 1000 \qquad \cdots\cdots(1)$$

式中：

$P_{dc}$ ——光伏阵列的直流发电功率，单位为兆瓦(MW)；

$\eta_{pv}$ ——光伏阵列的光电转换效率，计算方法见附录 B 的 B.1；

$I_t$ ——光伏阵列斜面总辐照度，单位为千瓦每平方米（$kW/m^2$），预报方法见附录 C 和附录 D；

$S$ ——光伏阵列有效面积，单位为平方米($m^2$)；

$K_1$ ——直流回路线路损失系数，无量纲，可取值为 0.95。

b) 计算光伏阵列交流发电功率，公式如下：

$$P_{ac} = P_{dc} \times \eta_{inv} \times K_c \qquad \cdots\cdots(2)$$

式中：

$P_{ac}$ ——光伏阵列的交流发电功率，单位为兆瓦(MW)；

$\eta_{inv}$ ——逆变器效率，无量纲，计算方法见附录 B 的 B.2；

$K_c$ ——交流回路线路损失系数，无量纲，取值为 0.95。

### 4.2 动力—统计预报法

动力—统计法流程图参见附录 A 的图 A.2。计算步骤如下：

a) 基于数值天气预报模式数据或气象观测资料、光伏阵列发电功率资料，建立静态或动态统计预报模型。统计学方法可采用多元线性回归、神经网络方法。建模预报方案见附录 E。

b) 以数值天气预报模式预报量，驱动光伏发电功率统计预报模型，得到光伏阵列发电功率短期预报。

### 4.3 时间序列预报法

通过光伏阵列发电功率数据序列间自回归模型、滑动平均模型、自回归—滑动平均模型等相关统计模型，得到发电功率短期预报值。

### 4.4 相似预报法

以近期与预报日天气类似的某一日的实际发电功率数据序列作为预报日的发电功率预报值。

## 5 光伏发电站发电功率短期预报

光伏发电站发电功率采用以下公式预报：

$$P_{sum} = \sum_{i=1}^{n} P_{ac,i} \qquad \cdots\cdots(3)$$

式中：

$P_{sum}$ ——光伏发电站的交流发电功率，单位为兆瓦(MW)；

$P_{ac,i}$ ——光伏发电站第 $i$ 个光伏阵列单元交流发电功率，单位为兆瓦(MW)；

$n$ ——光伏发电站光伏阵列单元数量。

# 附　录　A
（资料性附录）
# 光伏发电功率预报流程图

## A.1　原理预报法流程

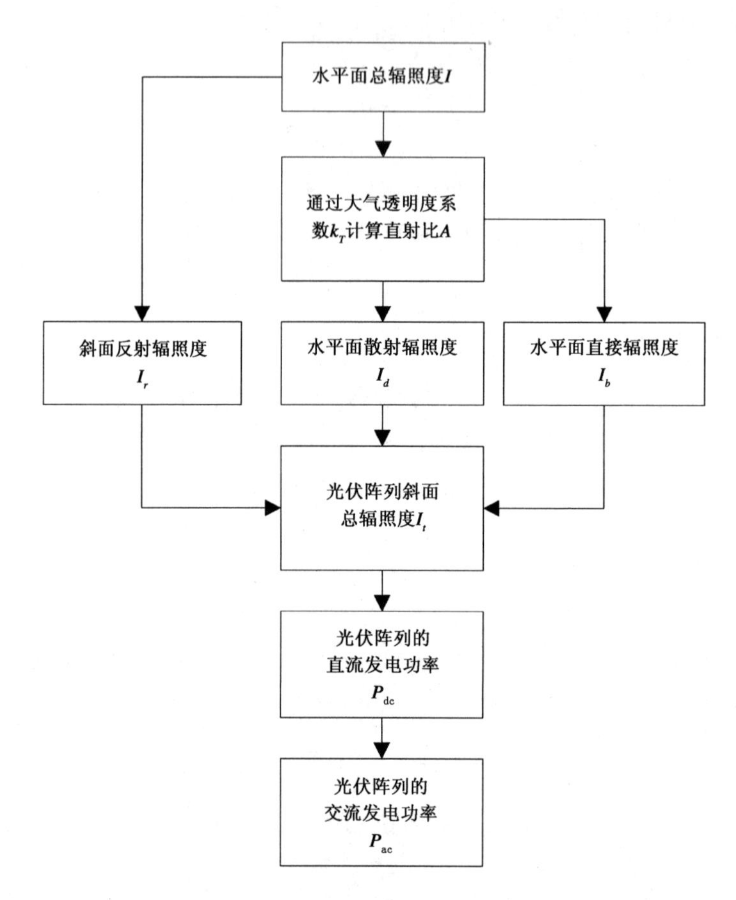


图 A.1　原理预报法流程图

## A.2　动力—统计预报法流程

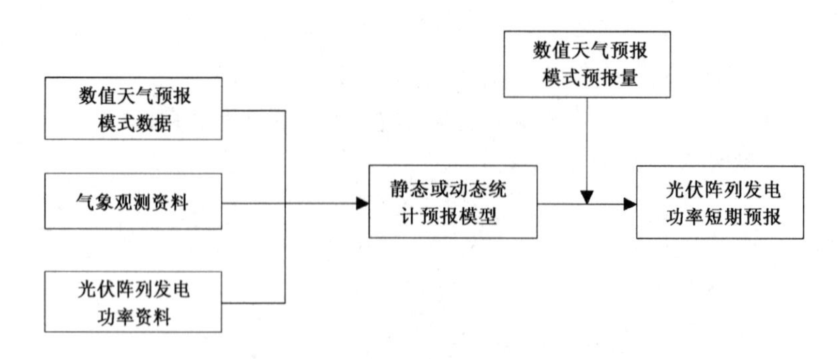


图 A.2　动力—统计预报法流程图

# 附 录 B
## (规范性附录)
## 光伏发电功率效率计算方法

### B.1 光伏阵列光电转换效率计算

计算公式如下：

$$\eta_{pv} = \eta_s \times (1 - \alpha(T_c - 25)) \times K_2 \times K_3 \times K_4 \quad \cdots\cdots (B.1)$$

$$T_c = T_a + \frac{I_t(T_{NOCT} - 20)}{0.8} \quad \cdots\cdots (B.2)$$

$$K_2 = (1 - Y_a)^l \quad \cdots\cdots (B.3)$$

式中：

$\eta_{pv}$ ——光伏阵列的光电转换效率；

$\eta_s$ ——光伏组件标准测试条件下(入射光辐照度为 1 $kW/m^2$、气温为 25℃、大气质量为 1.5)的光电转换效率；

$\alpha$ ——光伏组件温度系数，与太阳能电池材料有关，单位为℃$^{-1}$，对于晶体硅材料，取值范围为 0.003℃$^{-1}$～0.005℃$^{-1}$；

$T_c$ ——阵列板温，单位为摄氏度(℃)；

$K_2$ ——光伏阵列老化损失系数，无量纲，每年按照一定比例递减，具体算法见式(B.3)；

$K_3$ ——光伏阵列失配损失系数，无量纲，取值范围为 0.95～0.98；

$K_4$ ——尘埃遮挡损失系数，无量纲，取值范围为 0.9～0.95；

$T_a$ ——气温，单位为℃；

$I_t$ ——光伏阵列斜面总辐照度，单位为千瓦每平方米 ($kW/m^2$)；

$T_{NOCT}$ ——光伏电池额定工作温度，单位为摄氏度(℃)；

$Y_a$ ——不同太阳能电池材料年衰减率，宜按年衰减率 0.8%计算；

$l$ ——光伏发电站投入使用的年数。

### B.2 逆变器效率计算

逆变器转换效率，表示逆变器输出的交流发电功率与光伏阵列最大直流发电功率的比值，数学表达式如下：

$$\eta_{inv} = \frac{P_{ac}}{P_{dc}} \quad \cdots\cdots (B.4)$$

式中：

$\eta_{inv}$ ——逆变器效率，无量纲；

$P_{ac}$ ——逆变器输出的交流发电功率，单位为兆瓦(MW)；

$P_{dc}$ ——逆变器输入的直流发电功率，单位为兆瓦(MW)。

可采用指数曲线分月建立逆变器转换效率的非线性回归模型，公式如下：

$$\eta_{inv} = a + be^{cx} (0 < a < 1, b < 0, c < 0) \quad \cdots\cdots (B.5)$$

$$x = \frac{P_{dc}}{P_N} \quad \cdots\cdots (B.6)$$

式中：

$\eta_{inv}$ ——逆变器效率，无量纲；

$a,b,c$ ——回归方程系数；

e ——自然对数；

$x$ ——光伏阵列输入直流功率相对值，无量纲；

$P_N$ ——光伏阵列发电单元对应的逆变器额定装机容量。

# 附　录　C
# （规范性附录）
# 光伏阵列斜面总辐照度预报方法

## C.1　水平总辐照度预报方法

预报某一地点水平面总辐照度（$I$）可采用如下方法之一：

a）　模式直接输出法：直接采用数值天气预报模式输出的向下短波辐射通量作为水平面总辐照度的预报值；

b）　模式输出统计法：对数值天气预报模式输出的向下短波辐射通量进行模式预报订正（MOS），得到水平面总辐照度预报值；

c）　天气型分类订正法：先计算某一地点的水平面上地外太阳辐照度（$I_0$），见D.3；再乘以该点天气类型（晴到少云、多云、阴、雨等）参考订正系数，见表C.1，得到水平面总辐照度预报值。

d）　自相关统计法：通过实测辐射数据序列间的自相关统计模型，得到水平面总辐照度预报值。

**表C.1　天气类型参考订正系数**

| 天空状态 | 订正系数 | 天空状态 | 订正系数 |
|---|---|---|---|
| 晴 | 0.8～0.9 | 多云间阴 | 0.4～0.5 |
| 晴到少云 | 0.7～0.8 | 多云到阴 | 0.3～0.4 |
| 少云 | 0.6～0.7 | 阴 | 0.2～0.3 |
| 多云 | 0.5～0.6 | 阴雨 | 0.1～0.2 |

## C.2　固定光伏阵列斜面总辐照度预报方法

在水平面总辐照度预报值的基础上，对到达固定倾角和方位角的光伏阵列斜面总辐照度（$I_t$）进行预报。步骤如下：

a）　将水平面太阳辐照度进行直散分离：先计算大气透明度系数（$k_T$），见式（D.8）；再推算出直射比（$A$），见式（D.9）；然后分别计算出水平面直接辐照度（$I_b$）和散射辐照度（$I_d$），见式（D.12）与式（D.13）；

b）　通过地面反射率（表D.2）计算出斜面反射辐照度（$I_r$）；

c）　根据斜面总辐照度（D.6）的计算公式，计算光伏阵列斜面总辐照度（$I_t$）。

注：如已经给出了水平面总辐照度（$I$）、直接辐照度 $I_b$ 和散射辐照度 $I_d$，才可以省略本节a）步骤。

## C.3　跟踪式光伏阵列斜面总辐照度预报方法

在水平面总辐照度、直接辐照度和散射辐照度预报值的基础上，对到达跟踪式布置的光伏阵列倾斜面总辐照度（$I_t$）进行预报，按跟踪方式不同分为方位角跟踪和全跟踪，预报步骤分别如下：

a）　方位角跟踪光伏阵列，计算步骤：

　1）　针对每个预报时刻计算太阳方位角（$\gamma_s$），见D.2；

　2）　其他预报步骤同C.2中项a）、b）；

3） 以太阳方位角（ $\gamma_s$ ）代替式（D. 11）中的光伏阵列方位角（ $\gamma_t$ ），利用式（D. 10）计算每个预报时刻光伏阵列斜面总辐照度（ $I_t$ ）。

b） 全跟踪光伏阵列，计算步骤：

1） 针对每个预报时刻分别计算太阳高度角（ $\alpha_s$ ）和太阳方位角（ $\gamma_s$ ），见 D. 2；

2） 其他预报步骤同 B. 2 中项 a）、b）；

3） 根据斜面总辐照度计算公式（附录 D 中的 D. 6），以计算的太阳高度角（ $\alpha_s$ ）代替式（D. 11）、式（D. 10）中的光伏阵列倾角（ $\beta$ ），以太阳方位角（ $\gamma_s$ ）代替式（D. 11）中的光伏阵列方位角（ $\gamma_t$ ）；利用式（D. 10）计算每个预报时刻光伏阵列倾斜面总辐照度（ $I_t$ ）。

# 附　录　D
# （规范性附录）
# 太阳辐射预报简化计算公式

## D.1　概述

式（D.2）—（D.5）为太阳辐射预报简化计算公式，可对太阳位置和天文辐射近似计算[1]。

## D.2　太阳高度角和方位角

$$\alpha_s = \arcsin(\sin\varphi\sin\delta + \cos\varphi\cos\delta\cos\omega) \quad \cdots\cdots(D.1)$$

$$\gamma_s = \arcsin\left(\frac{\cos\delta\sin\omega}{\cos\alpha_s}\right) \quad \cdots\cdots(D.2)$$

$$\omega = 15^\circ \times z - 7.5^\circ \quad \cdots\cdots(D.3)$$

式中：

$\alpha_s$ ——太阳高度角，单位为度（°）；

$\gamma_s$ ——太阳方位角，单位为度（°）；

$\varphi$ ——地理纬度，单位为度（°）；

$\delta$ ——赤纬角，单位为度（°）；

$\omega$ ——时角，单位为度（°）；

$z$ ——预报时刻距离地方平太阳时 12:00 的小时数，时角上午为负，下午为正。

## D.3　水平面上地外辐照度

$$I_0 = \frac{\int_t^{t+t_0} G_0 \mathrm{d}t}{t_0} \quad \cdots\cdots(D.4)$$

$$G_0 = \gamma E_{sc}(\sin\delta\sin\varphi + \cos\delta\cos\varphi\sin\omega) \quad \cdots\cdots(D.5)$$

$$\gamma = 1 + 0.033\cos\frac{360^\circ m}{365} \quad \cdots\cdots(D.6)$$

$$\delta = 23.45\sin\left(360^\circ \times \frac{284+m}{365}\right) \quad \cdots\cdots(D.7)$$

式中：

$I_0$ ——预报间隔时间内平均地外辐照度，单位为千瓦每平方米（$kW/m^2$）；

$t$ ——预报开始时刻；

$t_0$ ——预报的时间分辨率；

$G_0$ ——瞬时地外辐照度，单位为千瓦每平方米（$kW/m^2$）；

$\gamma$ ——日地距离订正系数，无量纲；

$E_{sc}$ ——太阳常数为 1.367，单位为千瓦每平方米（$kW/m^2$）；

$m$ ——年中的日序数（1 月 1 日，$m$ =1；1 月 2 日，$m$ =2；……余类推）；

---

1） 如果要进行更精确的计算，可采用 WMO《气象仪器和观测方法指南》（第六版）中所列公式。

$\delta$ ——赤纬角,单位为度(°)。

## D.4 大气透明度系数

$$k_T = I/I_0 \qquad \text{(D.8)}$$

式中:

$k_T$ ——预报间隔时间内大气透明度系数,无量纲;

$I$ ——预报间隔时间内水平面太阳总辐照度,单位为千瓦每平方米 (kW/m²);

$I_0$ ——预报间隔时间内地外辐照度,单位为千瓦每平方米 (kW/m²)。

## D.5 直射比拟合

$$\begin{cases} A = a_0 \times k_T & k_T < b_0 \\ A = c_0 + c_1 k_T - c_2 k_T^2 + c_3 k_T^3 - c_4 k_T^4 & b_0 \leqslant k_T \leqslant b_1 \\ A = a_1 & k_T > b_1 \end{cases} \qquad \text{(D.9)}$$

式中:

$A$ ——直射比(直接辐照度与总辐照度的比值),无量纲;

$k_T$ ——预报间隔时间内大气透明度系数,无量纲;

$a_0$,$a_1$ ——回归方程的拟合系数,无量纲;

$b_0$,$b_1$ ——分段拟合的划分区间系数,无量纲;

$c_0$,$c_1$,$c_2$,$c_3$,$c_4$ ——回归方程的拟合系数,无量纲。

## D.6 斜面总辐照度

$$I_t = R_b I_b + I_d \times \left[ (I_b/I) R_b + (1 - I_b/I) \frac{1+\cos\beta}{2} \right] + I\left(\frac{1-\cos\beta}{2}\right)\rho \qquad \text{(D.10)}$$

$$R_b = \frac{\sin\delta\sin\varphi\cos\beta - \sin\delta\cos\varphi\sin\beta\cos\gamma_t + \cos\delta\cos\varphi\cos\beta\cos\omega + \cos\delta\sin\varphi\sin\beta\cos\gamma_t\cos\omega + \cos\delta\sin\beta\sin\gamma_t\sin\omega}{\sin\varphi\sin\delta + \cos\varphi\cos\delta\cos\omega} \qquad \text{(D.11)}$$

$$I_b = AI \qquad \text{(D.12)}$$

$$I_d = (1-A)I \qquad \text{(D.13)}$$

式中:

$I_t$ ——光伏阵列斜面总辐照度,单位为千瓦每平方米 (kW/m²);

$R_b$ ——斜面与水平面直接辐射辐照度比值,无量纲;

$I_b$ ——水平面直接辐照度;

$I_d$ ——水平面散射辐照度。

$\delta$ ——赤纬角,单位为度(°);

$\varphi$ ——地理纬度,单位为度(°);

$\beta$ ——光伏阵列倾角,单位为度(°);

$\gamma_t$ ——光伏阵列方位角,单位为度(°);

$\omega$ ——时角,单位为度(°);

$\rho$ ——地面反射率,取值见表 D.1;

$A$ ——直射比，无量纲。

**表 D.1 不同地面反射率取值**

| 地面状态 | 反射率 | 地面状态 | 反射率 | 地面状态 | 反射率 |
|---|---|---|---|---|---|
| 沙漠 | 0.24～0.28 | 干草地 | 0.15～0.25 | 新雪 | 0.81 |
| 干燥地 | 0.10～0.20 | 湿草地 | 0.14～0.26 | 残雪 | 0.46～0.70 |
| 湿裸地 | 0.08～0.09 | 森林 | 0.04～0.10 | 水表面 | 0.69 |
| 冰面 | 0.30～0.40 | | | | |

# 附 录 E
## (规范性附录)
## 动力—统计法建模预报方案

动力—统计法采用3种建模预报方案,适应不同的数据条件状况:

a) 采用多元线性回归模型建模,利用过去一段时间中尺度数值天气预报模式预报的各要素数据和质量控制后的光伏发电功率数据每日建立滚动预报模型,利用该模型进行发电功率预报;

b) 采用神经网络模型建模,利用过去一段时间WRF预报各要素数据和质量控制后的光伏发电功率数据每日建立滚动预报模型,利用该模型进行发电功率预报;

c) 利用一年以上数值模式回算资料与历史光伏电功率资料,宜分季建模,利用该固定预报模型进行发电功率预报。

# 参 考 文 献


[1] GB/T 2297—1989 太阳光伏能源系统术语

[2] 陈正洪,李芬,成驰,等. 太阳能光伏发电预报技术原理及其业务系统[M]. 北京:气象出版社,2011

[3] 李芬,陈正洪,成驰,等. 太阳能光伏发电预报方法的发展 [J]. 气候变化研究进展,2011,**7**(2):136-142

[4] 世界气象组织(WMO). 气象仪器和观测方法指南(第六版)[M]. 北京:气象出版社,1996

[5] 杨金焕,于化丛,葛亮. 太阳能光伏发电应用技术[M]. 北京: 电子工业出版社, 2009

[6] EN 50530:2010. Overall Efficiency of Grid Connected Photovoltaic Inverters

[7] Lorenz E, Hurka J, Heinemann D, et al. Irradiance forecasting for the power prediction of grid-connected photovoltaic systems [J]. IEEE Journal of Selected Topics in applied Earth Observations and Remote Sensing, 2009, **2**(1): 2-10

[8] Perpinan O, Lorenzo E, Castro M A. On the calculation of energy produced by a PV grid-connected system [J]. Progress in Photovoltaics: Research and applications, 2006, **15**(3): 265-274

ICS 07.060
A 47
备案号：48133—2015

# 中华人民共和国气象行业标准

QX/T 245—2014

# 雷电灾害应急处置规范

**Specifications for emergency disposal of lightning disaster**

2014-10-24 发布　　2015-03-01 实施

中　国　气　象　局　发布

# 前　　言

本标准按照 GB/T 1.1—2009 给出的规则起草。

本标准由全国雷电灾害防御行业标准化技术委员会提出并归口。

本标准起草单位：安徽省防雷中心、重庆市防雷中心、安徽省人民政府应急管理办公室、北京市避雷装置安全检测中心。

本标准主要起草人：程向阳、李良福、王凯、周冉、宋海岩、覃彬全、王业斌、刘定明、周柏林、洪泽、刘岩、任艳、钱慕晖。

# 雷电灾害应急处置规范

## 1 范围

本标准规定了雷电灾害的应急处置原则和要求。

本标准适用于雷电灾害的应急处置。

## 2 术语和定义

下列术语和定义适用于本文件。

2.1

**雷电灾害应急预案 lightning disaster emergency plan**

针对可能发生的雷电灾害而采取的防灾减灾计划或方案。

2.2

**雷电灾害应急处置 lightning disaster emergency disposal**

对雷电灾害事故进行的紧急处理和善后安置措施。

2.3

**闪电定位系统 lightning detection and location system**

测量雷电发生的时间、位置、极性、强度、回击数等雷电参数的系统。

## 3 应急处置原则

雷电灾害应急处置采取分级处置的原则。雷电灾害事故发生后，根据雷电灾害的不同等级，各部门应按照工作职责及流程开展工作，雷电灾害事故等级划分见附录A。

国务院气象主管机构负责雷电灾害应急处置工作的组织管理和技术指导；省级气象主管机构主要负责开展特别重大、重大雷电灾害事故的应急处置工作；地市级气象主管机构主要负责开展较大雷电灾害事故的应急处置工作，县级气象主管机构协助提供相关资料，并配合协调当地相关工作，做好后勤保障；县级气象主管机构主要负责一般雷电灾害事故的应急处置工作，地市级气象主管机构给予帮助和支持。具体分级处置规定如下：

a） 特别重大和重大雷电灾害事故发生后，省级气象主管机构报同级人民政府应急管理机构，同时报国务院气象主管机构备案，各有关部门按各自职责开展应急工作；

b） 较大雷电灾害事故发生后，地市级气象主管机构报同级人民政府应急管理机构，各有关部门按各自职责开展应急工作，同时报上一级人民政府应急管理机构和气象主管机构备案；

c） 一般雷电灾害事故发生后，县级气象主管机构报同级人民政府应急管理机构，各有关部门按各自职责开展应急工作，同时报上一级人民政府应急管理机构和气象主管机构备案。

未设置气象主管机构的地区，由上一级气象主管机构实施。

## 4 应急处置要求

### 4.1 事故报告

#### 4.1.1 报告的主体

报告的主体包括：

a) 事故当事人或发现人；

b) 事故发生单位。

#### 4.1.2 报告的原则

##### 4.1.2.1 客观性原则

报告的事件内容必须真实、客观。

##### 4.1.2.2 及时性原则

报告的事件应及时，不延误。

#### 4.1.3 报告的程序

4.1.3.1 事故发生后，事故当事人或发现人应采取如下措施：

a) 应立刻采取措施保护现场，并向事故所在单位报告；

b) 有人员伤亡、火灾、爆炸时，应当迅速报告消防、医疗等相关机构并开展救援。

4.1.3.2 事故发生后，事故所在单位应采取如下措施：

a) 事故所在单位接到报告后，应立即保护现场，参照附录B记录事故发生的情况，并采取措施控制灾情和开展应急救助；

b) 应立即向当地应急管理机构、气象主管机构报告，并启动应急预案，雷电灾害应急预案范本参见附录C；

c) 有人员伤亡、火灾、爆炸时，应当迅速报告消防、医疗等相关机构，并组织抢救人员和财产。

4.1.3.3 事故报告流程参见附录D。

### 4.2 信息报送

4.2.1 气象主管机构在发现雷电灾害事故或接到事故报告后，应及时向同级人民政府应急管理机构报送灾情信息，同时报上一级气象主管机构。雷电灾害事故报告记录表参见附录B。

4.2.2 雷电灾害应急处置各部门应将搜集到的最新资料对事故的最新发展变化、处置进程等信息及时报送，并对初次报告的情况进行补充和修正。

4.2.3 对特别重大和重大雷电灾害事故，在灾情稳定之前，执行24小时零报告制度，每天8时之前将截止到前一天24时的事故发展情况向相关部门报送；灾情稳定后，应在两个工作日内核定灾情向相关部门报送。

### 4.3 处置措施

#### 4.3.1 先期处置

雷电灾害事故发生后，气象主管机构应查询闪电定位系统，搜集整理雷电监测信息资料，赶赴事故现场，并采取以下措施：

a） 配合公安、消防、卫生、事故所在地主管部门以及事故发生单位做好现场控制、人员疏散、伤者救治、事故控制；

b） 因抢救人员、防止事故扩大、恢复生产以及疏通交通等原因，需要移动现场物件的，应当做好标志，采取拍照、摄像、绘图等方法详细记录事故现场原貌，妥善保存现场重要痕迹和物证；

c） 了解掌握事故情况，核实事故报告信息，并及时报告事态状况及趋势；

d） 根据事故情况，会同相关部门分析事故发展态势，防止发生次生、衍生事故。

#### 4.3.2 现场处置

4.3.2.1 雷电灾害现场应急处置应包括组织营救、伤员救治、疏散撤离和妥善安置受到威胁的人员，及时上报灾情和人员伤亡情况，分配救援任务，协调各级各类救援队伍的行动，查明并及时组织力量消除次生、衍生灾害，组织公共设施的抢修和援助物资的接收与分配等。

4.3.2.2 现场处置人员应根据不同类型事故的特点，配备相应的专业防护装备，采取安全防护措施，严格执行应急人员出入事发现场的有关规定。

4.3.2.3 雷电灾害事故发生后，气象主管机构应根据雷电灾害的不同等级及时组织有关专家成立相应的雷电灾害应急处置小组，赶赴事故现场，参与现场应急处置。应急处置规定如下：

a） 特别重大和重大雷电灾害事故，由省级及省级以上气象主管机构组织有关专家成立雷电灾害应急处置小组；雷电灾害应急处置小组的设置及工作措施参见附录E；

b） 较大雷电灾害事故，由地市级及地市级以上气象主管机构参照上述应急处置措施执行，并报上级气象主管机构；

c） 一般雷电灾害事故，由县级及县级以上气象主管机构参照上述应急处置措施执行，并报上级气象主管机构。

### 4.4 应急总结

事故处置结束后，气象主管机构应及时将本单位参与应急的工作总结和技术总结报送上级气象主管机构和同级人民政府应急管理机构。雷电灾害应急处置技术总结范本参见附录F，技术总结范本参见附录G。

# 附 录 A
## (规范性附录)
## 雷电灾害事故等级划分

按照雷电灾害造成的人员伤亡或直接经济损失程度,将雷电灾害事故划分为以下四个等级:

——特大雷电灾害事故,因雷击造成4人及以上身亡,或3人身亡并有5人及以上受伤,或没有人员身亡但有10人及以上受伤,或直接经济损失500万元及以上的雷电灾害事故。

——重大雷电灾害事故,因雷击造成2~3人身亡,或1人身亡并有4人及以上受伤,或没有人员身亡但有5~9人受伤,或直接经济损失100万元以上500万元以下的雷电灾害事故。

——较大雷电灾害事故,因雷击造成1人身亡,或没有人员身亡但有2~4人受伤,或直接经济损失20万元及以上100万元以下的雷电灾害事故。

——一般雷电灾害事故,因雷击造成1人受伤或直接经济损失20万元以下的雷电灾害事故。

# 附　录　B
（资料性附录）
# 雷电灾害事故报告记录表

受灾单位雷电灾害事故报告表见表 B.1。

**表 B.1　雷电灾害事故报告记录表**

记录时间：　年　月　日　时　分　　　　　　　　　　记录人：

<table>
<tr><td>事故发生时间</td><td colspan="2"></td><td colspan="3">事故发生地点</td><td></td></tr>
<tr><td rowspan="2">报告人姓名</td><td colspan="2" rowspan="2"></td><td>□ 当事人</td><td colspan="2" rowspan="2">报告人<br>联系电话</td><td rowspan="2"></td></tr>
<tr><td>□ 发现人</td></tr>
<tr><td colspan="2">事故发生经过</td><td colspan="5"></td></tr>
<tr><td colspan="2" rowspan="3">事故造成损失</td><td>人员伤亡</td><td colspan="4"></td></tr>
<tr><td rowspan="2">经济损失</td><td colspan="2">直接经济损失</td><td colspan="2"></td></tr>
<tr><td colspan="2">间接经济损失</td><td colspan="2"></td></tr>
<tr><td colspan="2">其他社会影响</td><td colspan="5"></td></tr>
<tr><td colspan="2">已采取的措施</td><td colspan="5"></td></tr>
<tr><td colspan="2">事故控制情况</td><td colspan="5"></td></tr>
<tr><td colspan="2">事故发展趋势</td><td colspan="5"></td></tr>
</table>

# 附 录 C
## (资料性附录)
## 雷电灾害应急预案范本

## ×××单位雷电灾害应急预案

### 1 总则

#### 1.1 编制目的

为了防止和减少雷电灾害造成的损失,保障人民群众的生命和财产安全,促进社会经济可持续发展,维护社会稳定,规范应急管理和处置程序,快速、及时、妥善处置雷电灾害,防止灾害扩大,根据本单位的实际情况制定本预案。

#### 1.2 编制依据

本预案依据下列法规、规章及预案编制:
《中华人民共和国突发事件应对法》
《中华人民共和国气象法》
《中华人民共和国安全生产法》
《中华人民共和国防洪法》
《中华人民共和国突发事件应对法》
《气象灾害防御条例》(国务院令第570号)
《国家气象灾害应急预案》

#### 1.3 适用范围

本预案适用于本单位发生突发雷电灾害的应急管理和处置工作。

#### 1.4 工作原则

1.4.1 以人为本、减少危害。
1.4.2 预防为主、科学高效。
1.4.3 依法规范、协调有序。
1.4.4 分级负责、条块结合。
1.4.5 常备不懈、快速反应。

### 2 单位概况

#### 2.1 应急资源概况

2.1.1 单位管理人员及各部门的安全保卫、技术服务人员等都是事故应急处置的力量。
2.1.2 单位的通信装备、交通工具、防护装备等,均可作为应急的物资装备资源。
2.1.3 可以通过政府应急管理机构、气象主管机构等了解灾害的变化趋势情况,为应急做好充分的准备。

#### 2.2 危险分析

受地理、气候、工作特性的影响,单位的正常生产、职工的生活有可能受到雷电灾害性天气的影响,因此应对灾害性天气可能引起的气象灾害进行风险评估分析，制定防御措施。

## 3 机构与职责

### 3.1 办公室

3.1.1 负责组建应急指挥部，负责指挥、协调单位其他部门做好雷电灾害的应急工作。

3.1.2 负责向当地政府应急办、气象局、安监局及上级管理单位报告雷电灾害应急工作情况。

3.1.3 负责雷电灾害突发事件应急信息的编辑和对外发布。

3.1.4 负责接受公众对突发事件情况的咨询。

3.1.5 负责协调与外部应急力量、政府部门的关系。

3.1.6 负责雷电灾害应急预案的编制和演练。

### 3.2 应急抢险部门

3.2.1 负责雷电灾害应急物资的准备。

3.2.2 负责雷电灾害应急抢险工作。

### 3.3 安全生产管理部门

3.3.1 负责协助气象主管机构做好雷电灾害的调查和鉴定工作。

3.3.2 负责对人为原因造成雷电灾害扩大的各类事故进行调查、性质认定。

3.3.3 监督单位其他部门的雷电灾害应急准备工作。

### 3.4 人力资源部门

3.4.1 负责组织开展雷电灾害突发事件应急知识和技能的教育培训工作。

3.4.2 负责组织开展雷电灾害突发事件伤亡人员赔付救治工作。

3.4.3 负责做好受灾职工及家属的安抚、救助工作。

### 3.5 后勤保障部门

负责雷电灾害突发事件应急后勤保障工作，并配合单位其他部门协调应急物资。

## 4 应急人员培训

单位利用已有的资源，针对应急救援人员，定期进行强化培训和训练，内容包括雷电灾害的应急知识和本单位应急预案的学习，开展应急抢险设备的正确使用，紧急救治，医疗护理等专业技能训练。

## 5 预案演练

为检验本预案的有效性、可操作性，检测应急设备的可靠性、检验应急处置人员对自身职责和任务的熟知度，本预案每年至少进行一次演练。演练结束后，需要对演练的结果进行总结和评估，对本预案在演练中暴露的问题和不足应及时解决。

## 6 员工教育

根据雷电灾害的特点，定期对员工开展针对性抢险救灾教育，使其了解潜在危险的性质，掌握必要的预防、避险、避灾、自救、救护知识，了解各种警报的含义和应急救援工作的有关要求，增强员工的防灾减灾意识。

## 7 应急响应

### 7.1 接警与通知

7.1.1 雷电灾害接警电话：

值班电话：××××、××××、××××

7.1.2 值班室职责

接到事故报警后，应做到迅速、准确地询问事故的以下信息：

a) 雷电灾害发生时间、发生地点；

b) 事故简要经过、伤亡人数、财产损失情况；

c) 已采取的控制措施、事故控制情况；

d) 报告单位、联系人员及通信方式等。

7.1.3 值班室对报警情况进行核实，通知本单位相关人员到位，开展事故分析和判断工作。

### 7.2 指挥与控制

7.2.1 办公室接到雷电灾害性天气预警预报信息后，要加强安全气象保障行政值班工作，密切关注灾害性天气变化趋势，并敦促各有关部门做好相关的准备工作。

7.2.2 办公室职责

接到单位所属部门雷电灾害的灾情初报后，根据灾情报告的详细信息，启动本应急预案：

a) 成立应急指挥部，负责做出各项应急决策；

b) 与事故部门和事故现场建立通信联系；

c) 按需要派出单位现场指挥协调组、专家组等应急工作组；

d) 组织事故设备、备品、备件的采购，提供应急物资；

e) 调配事故应急体系中的各级救援力量和资源，开展事故现场救援工作。

### 7.3 报告与公告

7.3.1 灾害性天气预报：办公室接到灾害性天气预警预报信息后，应在1小时内向单位安全生产行政值班领导报告，并通知有关部门，同时开展相关的预防准备工作。

7.3.2 灾情初报：单位有关部门凡发生突发的雷电灾害，应在第一时间了解掌握灾情，及时向单位安全生产行政值班领导、办公室及当地政府应急办、气象局、安监局报告，最迟不得晚于灾害发生后1小时。

7.3.3 灾情续报：在雷电灾害的灾情稳定之前，单位各部门均须执行24小时零报告制度。单位各部门每天8时之前将截止到前一天24时的灾情向单位安全生产行政值班领导、办公室及当地政府应急办、气象局、安监局报告。

7.3.4 灾情核报：单位有关部门在灾情稳定后，应在两个工作日内核定灾情，向单位安全生产行政值班领导、办公室及当地政府应急办、气象局、安监局报告。

### 7.4 事态监测与评估

雷电灾害现场应急指挥部应与当地政府、气象局保持密切联系，及时了解灾害性天气的未来发展趋势，根据灾害性天气的预测情况，在应急救援过程中加强对雷电灾害的发展态势及时进行动态监测，并应将各阶段的事态监测和初步评估的结果快速反馈给单位应急指挥部，为控制事故现场、制定抢险措施等应急决策提供重要的依据。

### 7.5 信息发布

事故发生后，经应急指挥部批准，单位办公室负责接受新闻媒体采访、接待受事故影响的相关方和安排公众的咨询,负责事故信息的统一发布,单位各部门及员工未经授权不得对外发布事故信息或发表对事故的评论。

### 7.6 应急人员安全

应急人员应按事故预案要求,接受雷电灾害等方面的常识培训,并进行相关安全知识学习;在进行应急抢险时,应对应急人员自身的安全问题进行周密的考虑;要在确保安全的情况下进行救援,保证应急人员免受次生和衍生灾害的伤害。

### 7.7 抢险

对受到雷电灾害事故影响或次生灾害危及的生产设备、设施,要及时做好相关的安全措施,确保运行设备正常运行。抢险工作组要迅速组织抢险队伍排除险情,尽快抢修受灾害影响的设备,确保其尽早投入运行。

当灾情无法控制时,要一边组织抢险人员实施自救,一边要等候当地政府派增援人员救助,同时要做好人群的疏散、安置工作。

### 7.8 警戒与治安

受损设备或有可能引发次生灾害现场要协助公安部门建立警戒区域,实施封闭现场通道或限制出入的管制,维护现场治安秩序,保障救援队伍、物资运输和人群疏散等的交通畅通。

### 7.9 人群疏散与安置

对人群疏散的紧急情况,疏散区域、疏散路线、疏散运输工具、安全庇护场所以及回迁等做出细致的准备,应考虑疏散人群的数量、所需要的时间及可利用的时间、环境变化等问题。对已实施临时疏散的人群,要做好临时安置。

### 7.10 医疗与卫生

单位雷电灾害应急抢险医疗组迅速进行现场急救、伤员转送、安置,减少雷电灾害造成的人员伤亡,并配合当地医疗部门做好单位范围的防疫和消毒工作,防止和控制本单位传染病的爆发和流行,及时检查本单位的饮用水源、食品。

### 7.11 现场恢复

在恢复现场的过程中往往仍存在潜在的危险,应该根据现场的破坏情况,检查检测现场的安全情况和分析恢复现场的过程中可能发生的危险,制定相关的安全措施和现场恢复程序,防止恢复现场的过程中再次发生事故。

### 7.12 应急结束

在充分评估危险和应急情况的基础上,由应急总指挥宣布应急结束。

## 8 后期处置

### 8.1 善后处置

由单位人力资源部门配合政府有关部门,按法律法规及政策规定,处理善后事宜。

### 8.2 保险

雷电灾害发生后,办公室、人力资源部门应及时协调有关保险公司提前介入,按相关工作程序作好理赔工作。

## 9 预案管理

### 9.1 维护和更新

办公室负责修改、更新本预案，并组织有关专家对本预案每两年评审一次，并提出修订意见。

### 9.2 制定与解释部门

办公室负责制定和解释本预案。

### 9.3 实施时间

本预案自××××年××月××日起开始实施。

## 10 雷电灾害应急人员联系电话

### 10.1 本单位雷电灾害应急联系电话

本单位雷电灾害应急联系电话见表C.1。

**表C.1 本单位雷电灾害应急联系电话表**

| 姓名 | 部门 | 职务 | 职责 | 办公电话 | 手机 |
|---|---|---|---|---|---|
| | 分管安全生产的单位领导 | 分管领导 | 总指挥 | | |
| | 办公室 | 主要负责人 | 副总指挥 | | |
| | 安监部门 | 主要负责人 | 副总指挥 | | |
| | 应急抢险(队伍)部门 | 主要负责人 | 成员 | | |
| | 人力资源管理部门 | 主要负责人 | 成员 | | |
| | 后勤保障部门 | 主要负责人 | 成员 | | |

### 10.2 政府部门雷电灾害应急联系电话

当地政府部门雷电灾害应急联系电话见表C.2。

**表C.2 政府部门雷电灾害应急联系电话表**

| 部门 | 办公电话 | 手机 |
|---|---|---|
| 政府应急办 | | |
| 气象局 | | |
| 安监局 | | |
| 上级管理单位 | | |
| 地方应急抢险(队伍)部门 | | |
| 当地武警部队 | | |

## 11 雷电灾害应急响应程序

应急响应过程见图 C.1,按过程可分为接警、应急启动、应急行动、应急恢复和应急结束、恢复生产、后期处置等。

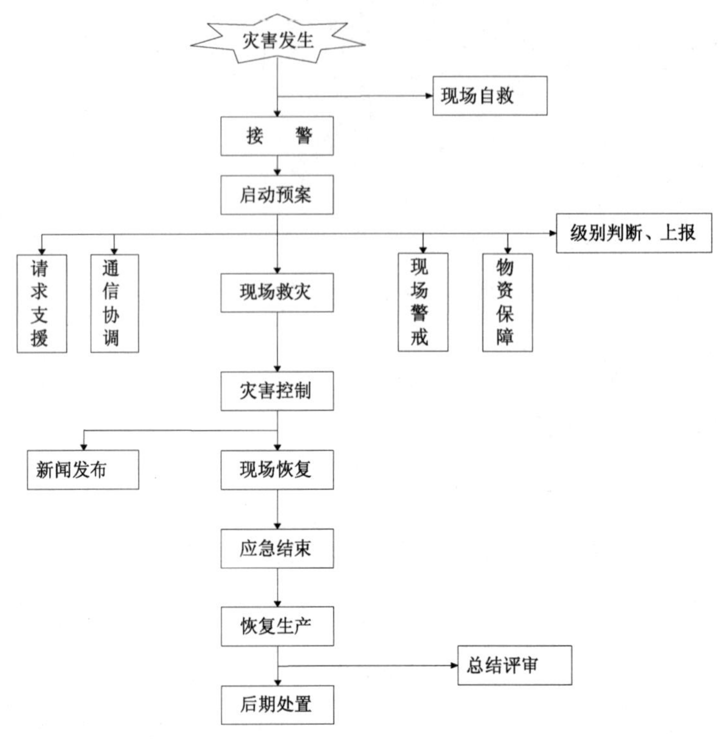


图 C.1 雷电灾害应急响应程序框图

# 附 录 D
## （资料性附录）
## 雷电灾害事故报告流程图

事故当事人或发现人及事故所在单位报告程序流程图见图 D.1。

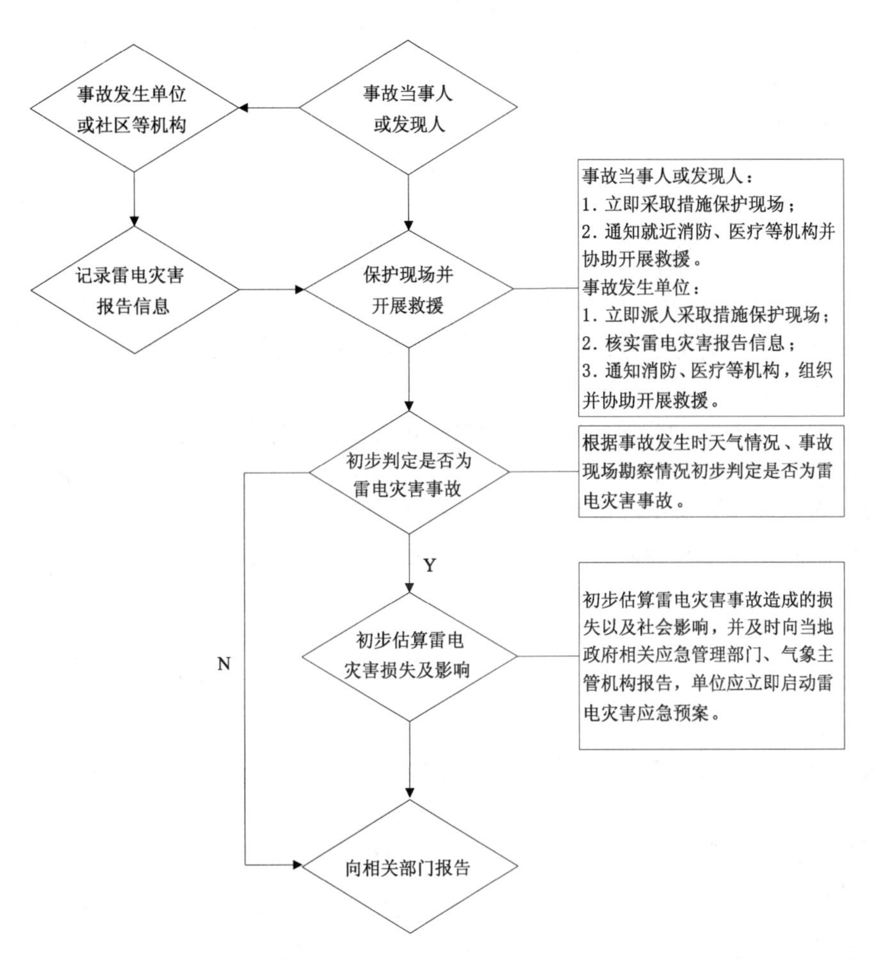


**图 D.1　事故当事人或发现人及事故所在单位报告程序流程图**

# 附　录　E
## （资料性附录）
## 气象部门雷电灾害应急处置小组的设置及工作要求

### E.1　气象部门雷电灾害应急处置小组设置

气象部门雷电灾害应急处置小组一般由综合协调组、现场处置组、技术支持组和后勤保障组组成，并按照下列要求开展先期应急处置和现场应急处置工作。

### E.2　工作要求

#### E.2.1　综合协调组

E.2.1.1　记录并询问雷电灾害报告信息，根据阶段报告及时更新并通知相关各部门。
E.2.1.2　执行本级政府和上级气象主管机构下达的应急处置任务。
E.2.1.3　协调部门内外关系；提出启动、变更和终止相关应急预案的建议，汇报相关应急保障工作。
E.2.1.4　组织和指挥应急处置工作，进行综合协调和管理。
E.2.1.5　督促检查各应急专业组的应急任务执行情况。
E.2.1.6　按照相关程序向本级政府和上级气象主管机构报送相关信息。

#### E.2.2　现场处置组

E.2.2.1　结合雷电监测资料、雷电监测预警预报信息及现场情况，进行雷电灾害事故现场危险性分析，制定防雷安全措施。
E.2.2.2　制定雷电灾害事故调查方案，调查内容应符合 QX/T103－2009 第 5 章规定。
E.2.2.3　准备雷电灾害调查相关仪器。
E.2.2.4　进行雷电灾害调查，确定雷电灾害事故原因和性质。
E.2.2.5　撰写雷电灾害调查报告。

#### E.2.3　技术支持组

E.2.3.1　搜集整理气象卫星、新一代天气雷达、自动雨量站、闪电定位系统等气象资料以及雷电预警预报资料。
E.2.3.2　搜集事故现场防雷设计评价报告、防雷装置检测报告等防雷技术服务资料。
E.2.3.3　分析发生雷灾的原因。

#### E.2.4　后勤保障组

E.2.4.1　提供应急期间的供水、供电、安全和生活保障服务。
E.2.4.2　联系和办理现场服务人员的通行证等。

# 附　录　F
（资料性附录）
雷电灾害事故应急处置工作总结范本

## ×××单位雷电灾害事故应急处置工作总结

## 1　事故概况

### 1.1　事故所在地情况

发生雷电灾害事故的地方位于××省××市级××县××镇，周围环境××。

### 1.2　事故经过

××年××月××日，××地方出现雷雨来临迹象，××时××分，发生雷电灾害事故。

### 1.3　事故破坏情况

#### 1.3.1　人员伤亡情况

截止到××月××日零时统计，事故共造成××人伤亡。其中死亡××人，失踪××人，重伤××人，轻伤××人。（以事故调查组最后统计结果为准）

#### 1.3.2　经济损失情况

##### 1.3.2.1　建（构）筑物破坏情况

××地方××建筑物造成损坏，直接经济损失××，间接经济损失××。

##### 1.3.2.2　设备设施破坏情况

××地方××设施发生损坏，直接经济损失××，间接经济损失××。

### 1.4　造成的社会影响

××事故造成××影响。

### 1.5　其他情况

## 2　××单位服务情况

### 2.1　信息报告

#### 2.1.1　首次报告

×××单位于××时××分接到报告，××时××分向×××上级部门汇报。

#### 2.1.2 阶段报告

×××单位××时××分接到阶段报告，××时××分向×××上级部门汇报。

×××单位从××年××月××日(事故发生日)——××年××月××日(应急结束日)每天××时××分向相关部门报告。

### 2.2 应急处置措施

#### 2.2.1 前期处置

人员安排情况，相关仪器设备设施准备情况，现场情况分析。

#### 2.2.2 现场处置情况

×××单位采取了×××措施对现场情况进行了控制，并协助×××部门开展×××等现场处置工作。

#### 2.2.3 现场处置结果

×××单位通过采取以上措施，现场情况得到了有效的控制。

## 3 ××单位应急工作总结

3.1 ×××单位上下联动、精心组织此次应急处置工作，并得到×××部门的支持与帮助。

3.2 针对此次事故吸取的经验教训，今后工作的思考。

# 附　录　G
## （资料性附录）
## 雷电灾害事故应急处置技术总结范本

### ×××单位雷电灾害事故应急处置技术总结

## 1　雷暴天气形势分析

### 1.1　××月××日雷暴天气形势分析——预测预报部分

1.1.1　××省气象局××年××月××日××时天气预报。
1.1.2　××市级气象局××年××月××日××时天气预报。
1.1.3　××县气象局××年××月××日××时天气预报。
1.1.4　预报发布方式：电视、手机短信息平台、96121 电话、12121 电话。

### 1.2　ADTD 闪电定位系统闪电实况资料

事故发生地××地方附近 10 km 范围内××点到××点，共发生××次闪电，最密集的时段为：××点—××点，共发生××次闪电，平均每分钟发生××次以上。

根据事故现场的 GPS 测试数据以及 ADTD 闪电定位系统资料，××地方（东经：××，北纬：××）在××月××日××时××分左右接连遭受了××次雷电闪击。

## 2　建（构）筑物受损和人员伤亡情况调查分析

事故发生地位于××省××市级××县××镇，周围环境，受损建（构）筑物及设备设施防雷装置情况，人员伤亡情况等。

## 3　事故发生过程走访取证情况

3.1　对事故现场及相关人员共×名进行了调查，调查结果表明事故发生在××年××月××日××时××分左右。
3.2　雷电灾害现场搜集到的资料。

## 4　事故原因分析

事故原因分析包含以下几个方面：

a）　强雷暴天气成因；
b）　建（构）筑物及设备设施等遭受雷击原因分析；
c）　人员伤亡原因分析；
d）　结论。

## 5 防范措施及建议

5.1 加强防雷安全管理，落实相关的责任人，建立雷电灾害应急预案。

5.2 加强雷电防护知识的宣传教育，提高雷电防护意识。

5.3 全面开展防雷安全情况检查，未安装防雷装置的应及时安装；安装但检测不合格的应立即整改。

5.4 定期进行防雷安全检测和雷电灾害风险评估，强化雷电防御措施。

## 参 考 文 献

[1] QX/T 103—2009 雷电灾害调查技术规范
[2] QX/T 191—2013 雷电灾情统计规范

ICS 07.060
A 47
备案号：48134—2015

# 中华人民共和国气象行业标准

QX/T 246—2014

# 建筑施工现场雷电安全技术规范

Technical specifications for lightning protection of construction sites

2014-10-24 发布　　2015-03-01 实施

中 国 气 象 局　发布

# 前　　言

本标准按照 GB/T 1.1—2009 给出的规则起草。

本标准由全国雷电灾害防御行业标准化技术委员会提出并归口。

本标准起草单位:福建省防雷中心。

本标准主要起草人:曾金全、张烨方、王颖波、杨仲江、程辉、陈少琴、陈青娇、吴健、黄榕城、林立。

# 建筑施工现场雷电安全技术规范

## 1 范围

本标准规定了建筑施工现场雷电安全的基本规定、雷电防护的技术要求和防雷装置维护要求。

本标准适用于建筑施工现场的雷电防护。

## 2 规范性引用文件

下列文件对于本文件的应用是必不可少的。凡是注日期的引用文件，仅注日期的版本适用于本文件。凡是不注日期的引用文件，其最新版本(包括所有的修改单)适用于本文件。

GB 50057—2010 建筑物防雷设计规范

GB 50601—2010 建筑物防雷工程施工与质量验收规范

## 3 术语和定义

下列术语和定义适用于本文件。

3.1

**建筑施工现场 construction site**

建筑工程的施工作业区、办公区和生活区。

注：改写 JGJ/T 188—2009，定义 2.0.1。

3.2

**施工现场临时建筑物 temporary building of construction site**

建筑施工现场使用的暂设性的办公用房、生活用房、围挡及高耸设施设备等建(构)筑物。

注：改写 JGJ/T 188—2009，定义 2.0.2。

3.3

**施工组织设计 construction organization planning**

根据工程建设任务的要求，研究施工条件、制定施工方案用以指导施工的技术经济文件。

3.4

**脚手架 scaffold**

为建筑施工而搭设的上料，堆料与施工作业用的临时结构架。

[JGJ 130—2001，定义 2.1.1]

## 4 基本规定

### 4.1 防雷类别划分

4.1.1 按 GB 50057—2010 第 3 章的要求，施工现场临时建筑物的防雷类别可按以下方法划分：

a) 建筑施工现场年预计雷击次数大于 0.25 次的，施工现场临时建筑物应划为第二类防雷建筑物。

b) 建筑施工现场年预计雷击次数大于或等于 0.05 次，且小于或等于 0.25 次的，施工现场临时建筑物应划为第三类防雷建筑物。

c) 建筑施工现场年预计雷击次数小于0.05次，施工现场临时建筑物为住宿、用餐等人员密集场所，在当地平均雷暴日大于40 d/a时，应划为第三类防雷建筑物；在当地平均雷暴日小于或等于40 d/a，且大于或等于15 d/a时，宜划为第三类防雷建筑物。

d) 在平均雷暴日大于15 d/a的建筑施工现场，高度在15 m及以上的孤立高耸设施和机械设备；或平均雷暴日小于或等于15 d/a的建筑施工现场，高度在20 m及以上的孤立高耸设施和机械设备，应划为第三类防雷建筑物。

e) 施工现场临时贮存易燃易爆危险品的库房，宜划为第一类防雷建筑物。

4.1.2 建筑施工现场年预计雷击次数的计算方法见GB 50057—2010附录A。

## 4.2 一般要求

4.2.1 第二类、第三类防雷类别的施工现场临时建筑物、设施和机械设备，应按GB 50057—2010中4.3，4.4和4.5的要求装设防直击雷的防雷装置，并应采取防闪电电涌侵入措施。

4.2.2 第二类、第三类防雷类别的施工现场临时建筑物、设施和机械设备，应采取等电位连接或防闪络的安全间隔距离等防护措施。

4.2.3 第二类、第三类防雷类别的施工现场临时建筑物、设施和机械设备所在的施工现场，应按GB 50601—2010中4.1.1第三款要求采取防跨步电压措施，应按GB 50601—2010中5.1.1第三款要求采取接触电压和旁侧闪络措施。

4.2.4 第一类防雷类别的施工现场临时库房应按GB 50057—2010中4.2的要求采取防雷措施。

4.2.5 施工单位应在施工组织设计、各分项工程施工方案、应急救援预案及工人三级安全教育中包含建筑施工现场雷电安全内容。

**注1**：各分项工程施工方案包括临时用电施工方案、井字架施工方案、人货电梯施工方案、塔吊施工方案、脚手架施工方案等。

**注2**：三级安全教育包括公司、项目经理部、施工班组的安全教育。

## 4.3 防雷装置的材料和规格

4.3.1 接闪器和引下线的材料规格应符合GB 50057—2010中5.2，5.3的要求。

4.3.2 接地装置的材料规格应符合GB 50057—2010表5.4.1的要求，不得采用螺纹钢。

4.3.3 防雷装置等电位各连接部件的材料规格应符合GB 50057—2010中5.1.2的要求。

# 5 雷电防护技术要求

## 5.1 直击雷防护

5.1.1 应按照GB 50057—2010中6.2的要求对建筑施工现场进行防雷区划分。建筑施工现场临时建筑物应置于直击雷防护装置的保护范围（$LPZ0_B$区）内。当建筑施工现场有起重机、井字架、龙门架等高耸机械设备，或者施工现场相邻建筑物上的直击雷防护装置可将建筑施工现场临时建筑物置于$LPZ0_B$区内时，可不用单独装设直击雷防护装置。施工结束后，作为直击雷防护装置的高耸机械设备应最后退出现场。如无法满足上述要求，施工现场临时建筑物应符合以下规定：

a) 施工现场临时建筑物的选址应在保证施工秩序和人员生活的情况下，远离大树、铁塔、电杆、塔吊、物料提升机等易受雷击的物体。

b) 施工现场临时建筑物为钢筋混凝土结构时，屋面应装设接闪器使其置于$LPZ0_B$区内，并利用建筑物桩基、梁、柱内钢筋做接地装置的自然接地体，利用混凝土柱内钢筋作引下线。

c) 第二类、第三类防雷类别的施工现场临时建筑物使用金属屋面作为接闪器时，应符合 GB 50057—2010 中 5.2.7、5.2.8 的要求。第一类、第二类和第三类防雷类别的施工现场临时建筑物，接地装置的冲击接地电阻分别应不大于 10 Ω 和 30 Ω。

d) 不得在施工现场临时建筑物屋面上搭设金属线晾晒衣服，不得在接闪杆或接闪线上悬挂各种电气通信线路。

5.1.2 物料提升机（龙门架、井字架）与外用电梯（人货两用电梯）应符合以下规定：

a) 应安装防雷装置的物料提升机与外用电梯可采用直径 20 mm、长度为 1 m～2 m 的钢筋置于架体最顶端，并与架体可靠连接作接闪器。

b) 应安装防雷装置的龙门架、井字架在其缆风绳地锚采用钢管或角钢的前提下，可利用其缆风绳做接闪线，缆风绳地面附近防接触电压及防跨步电压的措施应符合 GB 50057—2010 中 4.5.6 的要求。

c) 应安装防雷装置的物料提升机与外用电梯可利用其本身的金属结构体做引下线，并应保证其电气连接。

d) 接地装置的施工应符合 GB 50057—2010 中 5.4 的要求。

e) 安装防雷装置的物料提升机（含缆风绳）与外用电梯的冲击接地电阻值不应大于 30 Ω。

5.1.3 塔式起重机应符合以下规定：

a) 塔式起重机可不另设接闪器，应利用其结构本身做接闪器与引下线。

b) 桩基基础的塔式起重机应利用其桩基钢筋作为接地装置，并与塔式起重机主体做电气连接。当采用人工接地体时，接地装置的施工应符合 GB 50057—2010 中 5.4 的要求。

c) 轨道式塔式起重机接地装置的设置还应符合下列要求：

——轨道两端各设一组接地装置；

——轨道的接头处作电气连接，两条轨道端部做环形连接；

——较长轨道每隔不超过 30 m 加一组接地装置。

5.1.4 落地式外墙金属脚手架应在其下部与建筑物的预留接地端子进行电气连接，连接点数不应少于两处，相邻两接地点间的距离不应大于 30 m。

5.1.5 非固定性的起重机械、施工机械可就近与附近的防雷接地装置连接，雷暴来临前将机械的可调高构件放低，相应的供电、控制系统线路应断开连接。

### 5.2 等电位连接

5.2.1 安装防雷装置的物料提升机与外用电梯，其所有固定的动力、控制、照明、信号及通信线路，宜采用连续焊接钢管敷设，钢管与该机械设备的金属结构体应做等电位连接。

5.2.2 物料提升机的卸料平台应在施工层处与脚手架做等电位连接。

5.2.3 金属脚手架等电位连接应符合以下规定：

a) 高度在 60 m 以上的落地式外墙金属脚手架宜就近与建筑物预留接地点做等电位连接，并保证其电气连通。

b) 吊篮式金属脚手架宜就近与建筑物预留接地点做等电位连接，并保证其电气连通。

c) 悬挑式、吊篮式金属脚手架附近无可直接利用的连接装置时，可利用建筑物施工层上的柱、梁、板主筋至少每隔 25 m 进行等电位连接，连接点不应少于两处。高度在 60 m 以上的悬挑式、吊篮式金属脚手架还应每隔两层与建筑物预留接地钢筋进行等电位连接。

### 5.3 电气系统防护

5.3.1 当建筑施工现场设有专供施工用的低压侧为 220/380 V 中性点直接接地的变压器时，其低压侧应采用 TN-S 系统。

5.3.2 TN-S系统中的保护地线应在配电室或配电箱处做重复接地，每一处重复接地装置的接地电阻值不应大于10 Ω。

5.3.3 建筑施工现场供电线路敷设应优先采用埋地敷设，并应避免机械损伤和介质腐蚀。当现场供电线路埋地敷设确有困难时，可采用架空敷设，架空线路应采用绝缘导线，且架空线应架设在专用电杆上，不得架设在树木、脚手架及其他设施上，专用电杆的绝缘子铁脚、金具应接地。

5.3.4 已做防雷接地的机械，其电气设备所连接的低压配电保护线应做重复接地，两者可共用同一接地体，接地电阻值应按两者较小值选取。

5.3.5 总配电房在电气接地装置与防雷接地装置共用或相连的情况下，应在总配电箱、配电柜处装设Ⅰ级试验的电涌保护器。电涌保护器的电压保护水平值应小于或等于2.5 kV。每一保护模式的冲击电流值应按照GB 50057—2010中6.4的要求进行选取，无法确定时取值应大于或等于12.5 kA。电涌保护器应按照GB 50057—2010中附录J的要求进行安装。

### 5.4 人身安全防护

5.4.1 施工单位应向施工现场工作人员通告气象部门发布的当地雷电预警信息，并采取有针对性的雷电避险措施。

5.4.2 雷暴期间，建筑施工现场应停止所有户外作业，且不应靠近如下场所和设施：

a) 缆风绳附近3 m的范围；

b) 龙门架、井字架、人货两用电梯的附墙架、地锚及其供配电设施、线路；

c) 塔式起重机顶端操控室、塔臂回转半径范围内及塔式起重机的配电设施、线路；

d) 外墙金属脚手架及其连墙杆；

e) 在建建筑施工层面。

## 6 防雷装置维护

6.1 建筑施工现场防雷装置安装完毕后，应由具备资质的机构检测合格。

6.2 建筑工程施工总工期超过一年的，建筑施工现场的防雷装置应每年进行一次检测。

6.3 建筑施工现场发生雷击事件后，应对建筑施工现场的防雷装置进行检查维护。

ICS 07.060
A 47
备案号：48135—2015

# 中华人民共和国气象行业标准

QX/T 247—2014

# 防雷工程文件归档整理规范

**Specifications for filing and arranging documents of lightning protection project**

2014-10-24 发布　　　　2015-03-01 实施

中 国 气 象 局　发 布

# 前　言

本标准按照 GB/T 1.1—2009 给出的规则起草。

本标准由全国雷电灾害防御行业标准化技术委员会提出并归口。

本标准起草单位：厦门市气象局、厦门市城市建设档案馆、天津市气象局、湖南省防雷中心。

本标准主要起草人：王春扬、蔡河章、林挺玲、陈荣让、许松桦、王美娜、赵建伟、王智刚、李衣长、陈礼斌、陈益梅、付金安、邹昌雪、王艳金、季芬琴、陈琳、刘隽、徐鹏翔、陈嬴禧。

# 防雷工程文件归档整理规范

## 1 范围

本标准规定了防雷工程文件归档的总体要求，防雷工程文件的收集、案卷组织、案卷编目、案卷装订及档案的归档与移交等具体要求。

本标准适用于设计、施工、建设单位的防雷工程文件的归档整理。

## 2 规范性引用文件

下列文件对于本文件的应用是必不可少的。凡是注日期的引用文件，仅注日期的版本适用于本文件。凡是不注日期的引用文件，其最新版本(包括所有的修改单)适用于本文件。

GB/T 10609.3 技术制图 复制图的折叠方法

GB/T 18894 电子文件归档与管理规范

QX/T 85—2007 雷电灾害风险评估技术规范

QX/T 106 防雷装置设计技术评价规范

QX/T 149—2011 新建建筑物防雷装置检测报告编制规范

## 3 术语和定义

下列术语和定义适用于本文件。

3.1

**防雷工程文件 document of lightning protection project**

在防雷工程建设过程中形成的各种形式的信息记录，包括设计阶段文件和施工阶段文件。

3.2

**案卷 file**

由互有联系的若干文件组合而成的档案保管单位。

[GB/T 11822—2008，定义 3.3]

3.3

**档号 archival code**

以字符形式赋予档案实体的用以固定和反映档案排列顺序的一组代码。

[GB/T 11822—2008，定义 3.6]

## 4 总体要求

4.1 防雷工程文件归档应遵循完整性、准确性、系统性原则，根据防雷工程文件的自然形成规律收集、整理。

4.2 防雷工程文件收集工作应与项目管理同步进行。

4.3 防雷工程文件的保管期限为：设计、施工单位应至少保管五年，建设单位应永久保存。

4.4 电子防雷工程文件的归档整理，按 GB/T 18894 执行。

4.5 防雷工程文件的内容应真实、准确,与工程实际相符合。

## 5 防雷工程文件收集

### 5.1 归档范围

归档范围见表1。

表1 归档范围

| 序号 | 防雷工程文件内容 | 备注 |
| --- | --- | --- |
| 设计文件 | | |
| 1 | 防雷工程设计合同 | 如有涉及招投标等,还应对这些相关文件进行归档。 |
| 2 | 雷电灾害风险评估报告 | 法律、法规、规章规定不需要进行雷电灾害风险评估的项目不需归档。 |
| 3 | 防雷工程设计任务书 | |
| 4 | 防雷工程现场勘查报告 | |
| 5 | 设计单位资质证 | 跨省承接防雷工程专业设计的,还应对跨省防雷工程专业资质备案情况进行归档。 |
| 6 | 设计人员资格证 | |
| 7 | 防雷工程设计方案 | |
| 8 | 防雷装置设计技术评价报告 | |
| 9 | 防雷装置设计修改意见 | 气象主管机构未提出修改意见的不需要归档。 |
| 10 | 防雷装置设计变更意见 | 如未涉及不需要归档。 |
| 11 | 防雷装置设计核准意见书 | |
| 12 | 其他需要归档的文件 | |
| 施工文件 | | |
| 1 | 防雷工程施工合同 | 如有涉及招投标等,还应对这些相关文件进行归档。 |
| 2 | 防雷工程施工方案 | |
| 3 | 施工单位资质证 | 跨省承接防雷工程专业设计的,还应对跨省防雷工程专业资质备案情况进行归档。 |
| 4 | 施工人员资格证 | 包括防雷工程资格证及工程可能涉及的电工、电焊、高空作业等个人从业资格证。 |
| 5 | 施工日志 | |
| 6 | 防雷产品备案文件 | |
| 7 | 防雷产品测试报告 | |
| 8 | 防雷产品安装记录表 | |
| 9 | 检测单位资质证 | |
| 10 | 隐蔽工程验收记录 | 如未涉及隐蔽工程的不需要归档。 |
| 11 | 定期监督检查报告及处理结果 | 如未涉及的不需要归档。 |

表1 归档范围(续)

| 序号 | 防雷工程文件内容 | 备注 |
| --- | --- | --- |
| 施工文件 | | |
| 12 | 防雷工程竣工图 | |
| 13 | 防雷装置检测报告 | |
| 14 | 防雷装置整改意见书 | 气象主管机构未提出整改意见的不需要归档。 |
| 15 | 防雷装置验收意见书 | |
| 16 | 用户反馈意见 | |
| 17 | 其他需要归档的文件 | |

### 5.2 质量要求

5.2.1 防雷工程文件宜采用计算机打印文件,当采用书写材料时,应采用耐久性强不易褪色的书写材料。

5.2.2 防雷工程文件应字迹清楚,图样清晰,图表整洁,签字盖章手续完备。

5.2.3 防雷工程文件中文字材料幅面尺寸规格宜为A4幅面(210 mm×297 mm)。纸张应采用能够长期保存的韧力大、耐久性强的纸张。

5.2.4 图纸应清晰,宜采用计算机制图。

## 6 案卷组织

### 6.1 一般要求

6.1.1 遵循防雷工程文件的形成规律,保持案卷内文件的有机联系和案卷的成套、系统,便于档案的保管和利用。

6.1.2 案卷内文件应齐全、完整,签章手续完备。

6.1.3 案卷内文件的载体和书写印制材料应符合档案保护要求。

### 6.2 组卷方式

6.2.1 按设计文件和施工文件分别组卷。

6.2.2 成册、成套的文件宜保持其原有状态。

6.2.3 通用图、标准图可放入相应项目文件中或单独组卷。其他涉及这些通用图、标准图的项目,应在卷内备考表中注明并标注通用图、标准图的图号和档号。

6.2.4 底图以张或套为保管单位进行整理。

6.2.5 防雷工程在保质期内进行维修和维护中所形成的文件,宜采取插卷方式放入原案卷中;亦可单独组卷排列在原案卷之后,并在原案卷的备考表中予以说明和标注。

### 6.3 案卷及卷内文件排列

6.3.1 案卷应分别按设计文件、施工文件的顺序进行排列。

6.3.2 卷内文件宜按表1顺序并结合工程实际进行排列。

# 7 案卷编目

## 7.1 案卷封面编制

7.1.1 应印制在卷盒正表面,亦可采用内封面形式,式样见图 A.1。

7.1.2 内容应包括:档号、案卷题名、编制单位、起止日期、密级、保管期限、共几卷、第几卷。其中:

a) 档号:应由单位代号—项目号—案卷号组成。单位代号为单位名称第一个字母组成;项目号为项目名称第一个字母组成;案卷号由“SJ(设计)”或“SG(施工)”加上按一定顺序排列后的流水号组成,流水号一般为三位数字。

b) 案卷题名:应简明、准确地揭示卷内文件的内容,还应包括工程名称、卷内文件内容。

c) 编制单位:应填写案卷内文件的形成单位或主要责任者。

d) 起止日期:应填写案卷内全部文件形成的起止日期。

e) 密级:同一案卷内有不同密级的文件应以高密级为本卷密级。

## 7.2 案卷脊背编制

7.2.1 应印制在卷盒侧面,式样见图 B.1。

7.2.2 内容应包括档号、案卷题名。

## 7.3 卷内目录编制

7.3.1 应排列在卷内文件首页之前,式样见图 C.1。

7.3.2 应符合下列规定:

a) 序号:以一份文件为单位,用阿拉伯数字从 1 依次标注。

b) 文件编号:填写防雷工程文件原有的文号或图号。

c) 责任者:填写文件的直接形成单位或个人。多个责任者时,选择两个主要责任者,其余用“等”代替。

d) 文件题名:填写文件标题的全称。

e) 日期:填写文件形成的日期。

f) 页次:填写文件在卷内所排的起始页号。最后一份文件填写起止页号。

## 7.4 卷内文件页号编写

7.4.1 卷内文件均按有书写内容的页面编号。每卷单独编号,页号从“1”开始。

7.4.2 页号编写位置:单面书写的文件在右下角;双面书写的文件,正面在右下角,背面在左下角。折叠后的图纸一律在右下角。

7.4.3 成套图纸或印刷成册的技术文件,自成一卷的,原目录可代替卷内目录,不必重新编写页号。

7.4.4 案卷封面、卷内目录、卷内备考表不编写页号。

## 7.5 卷内备考表编制

7.5.1 式样见图 D.1。

7.5.2 应主要标明卷内文件总页数、各类文件页数,以及立卷单位对案卷情况的说明。

7.5.3 应排列在卷内文件尾页之后。

## 8 案卷装订

8.1 应采用线绳三孔左侧装订,要整齐牢固。

8.2 装订时应剔除金属物。

8.3 案卷内超出卷盒幅面的文件应叠装,图纸折叠方法见 GB/T 10609.3。

## 9 档案的归档和移交

9.1 防雷工程文件归档宜采用纸质档案或电子档案的归档方式。

9.2 设计文件宜在设计方案通过设计核准后一个月内归档,施工文件宜在项目通过竣工验收后一个月之内归档。

9.3 当发生承建单位变更的,应做好档案移交工作。

9.4 案卷移交清册封面式样见图 E.1。

9.5 案卷移交清册目录式样见图 F.1。

# 附 录 A
## (规范性附录)
## 案卷封面式样

单位为毫米

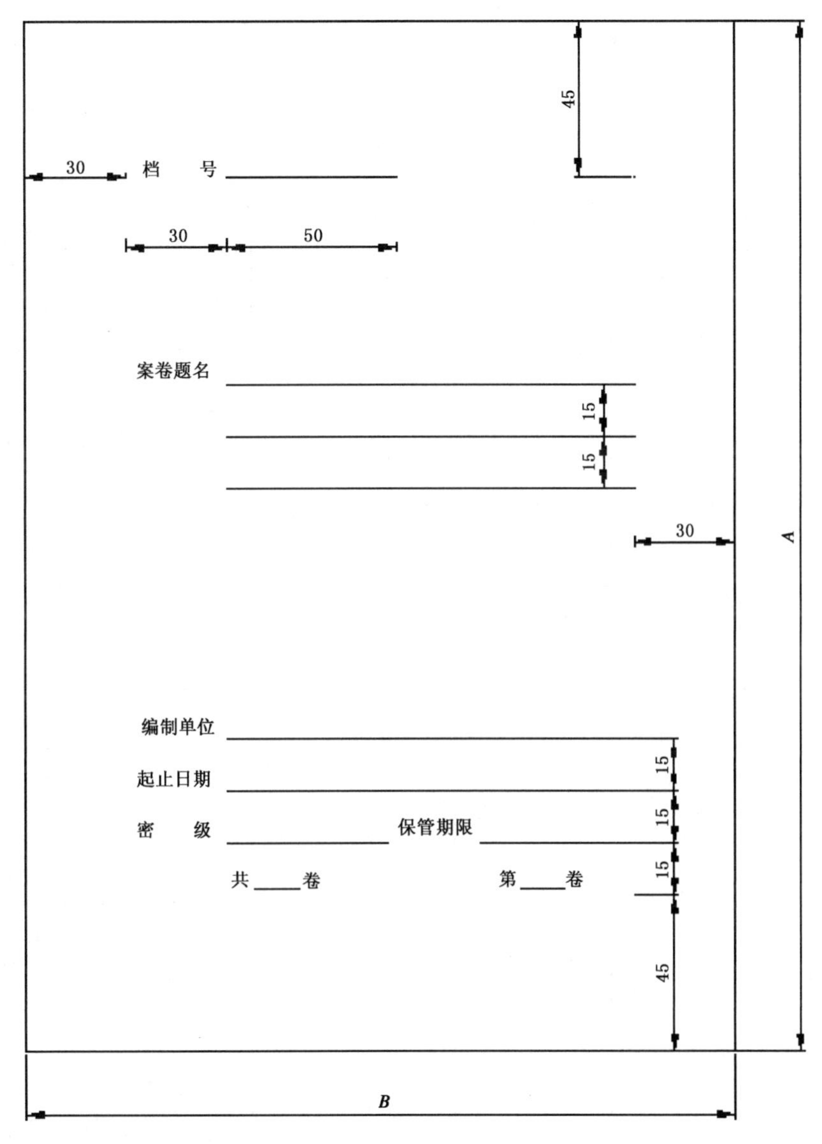


**注 1**:比例 1∶2。

**注 2**:卷盒、卷夹封面 $A \times B$ 为 310 mm×220 mm,案卷封面 $A \times B$ 为 297 mm×210 mm。

**图 A.1 案卷封面式样**

# 附 录 B
## (规范性附录)
## 案卷脊背式样

单位为毫米

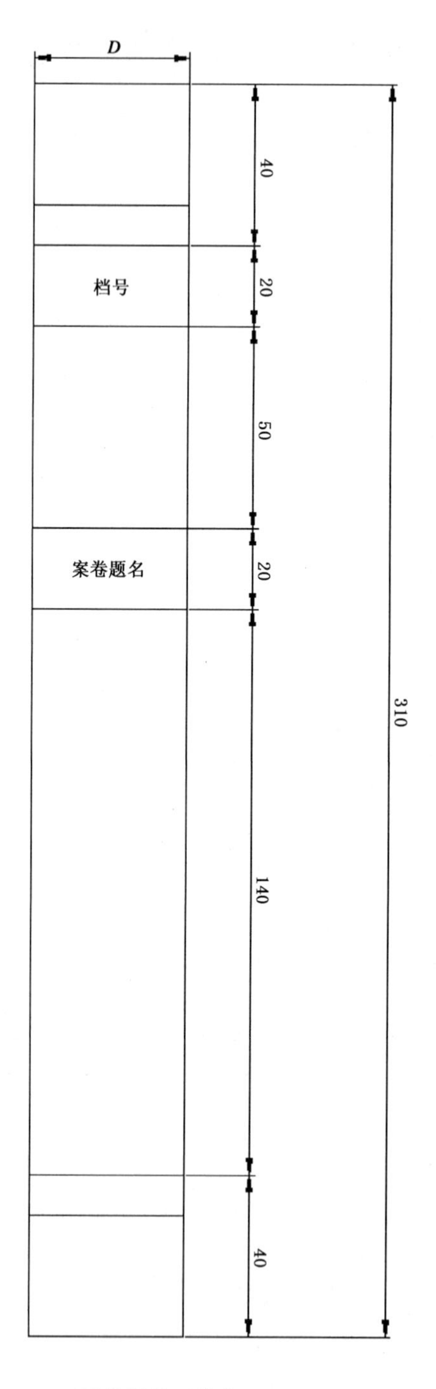


注 1:比例 1∶2。

注 2:$D$=20 mm,30 mm,40 mm,50 mm(可根据需要设定)。

**图 B.1 案卷脊背式样**

# 附　录　C
## （规范性附录）
## 卷内目录式样

单位为毫米

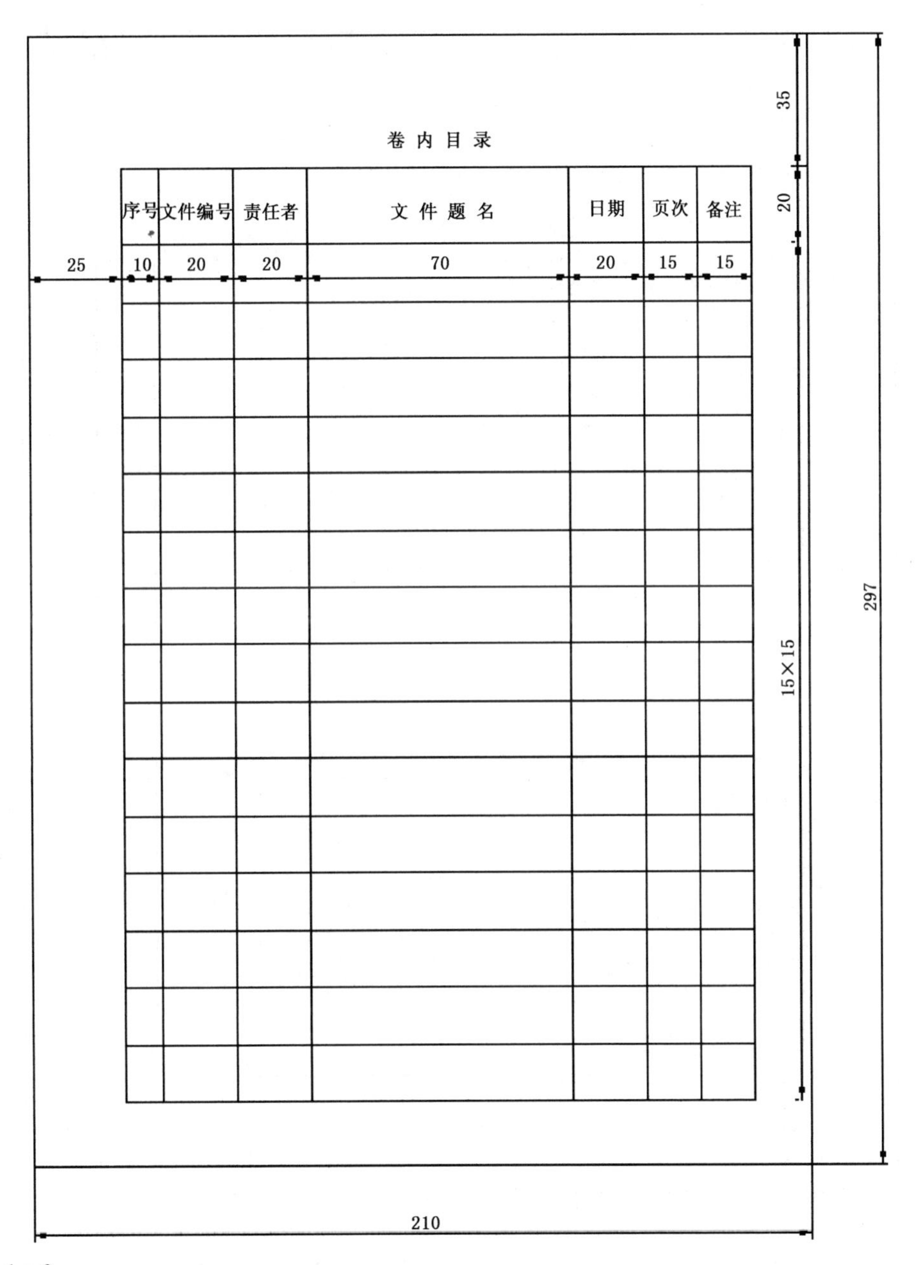


注：比例 1：2。

图 C.1　卷内目录式样

# 附 录 D
## (规范性附录)
## 卷内备考表式样

单位为毫米

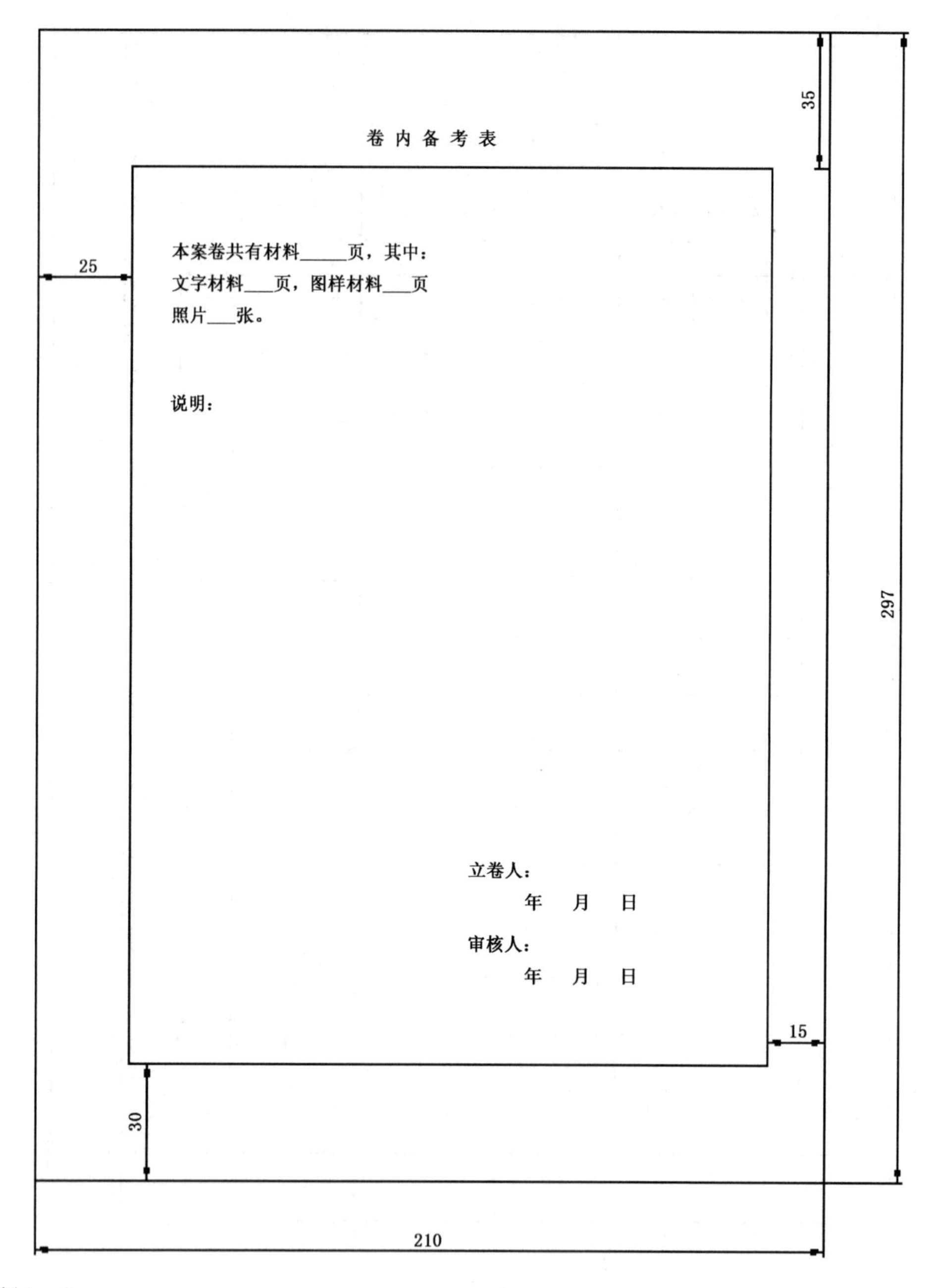


注 1:比例 1∶2。

图 D.1 卷内备考表式样

# 附　录　E
## (规范性附录)
## 案卷移交清册式样

防雷工程项目档案案卷移交清册

案卷题名：________________　案卷数量：________________

移交人盖章或签字：____________　接收人盖章或签字：____________

移交单位盖章：______________　接受单位盖章：______________

本清册一式二份，移交单位一份，接收单位一份，本清册共　　　页。

移交时间：　　年　　月　　日

**图 E.1　案卷移交清册式样**

# 附　录　F
## （规范性附录）
## 案卷移交清册目录式样

| 序号 | 档号 | 案　卷　题　名 | | 页数或件数 | 起止日期 | 编制单位 | 密级 | 备注 |
|---|---|---|---|---|---|---|---|---|
| | | 工程名称 | 卷内文件内容 | | | | | |
| | | | | | | | | |
| | | | | | | | | |
| | | | | | | | | |
| | | | | | | | | |
| | | | | | | | | |

图 F.1　案卷移交清册目录式样

## 参 考 文 献

[1] GB/T 11822—2008 科学技术档案案卷构成的一般要求
[2] GB 50057—2010 建筑物防雷设计规范
[3] GB/T 50328—2001 建设工程文件归档整理规范
[4] GB 50343—2012 建筑物电子信息系统防雷技术规范
[5] GB 50601—2010 建筑物防雷工程施工质量与验收规范
[6] CJJ/T 117—2007 建设电子文件与电子档案管理规范

ICS 07.060
A 47
备案号：48136—2015

# 中华人民共和国气象行业标准

QX/T 248—2014

# 固定式水电解制氢设备监测系统技术要求

Technical requirements of monitoring systems for stationary hydrogen production plant with water electrolysis

2014-10-24 发布　　2015-03-01 实施

中国气象局　发布

# 前　言

本标准按照 GB/T 1.1—2009 给出的规则起草。

请注意本文件的某些内容可能涉及专利。本文件的发布机构不承担识别这些专利的责任。

本标准由全国气象仪器与观测方法标准化技术委员会(SAC/TC 507)提出并归口。

本标准起草单位:河北省气象技术装备中心、中国船舶重工集团公司第七一八研究所。

本标准主要起草人:李建明、侯玉平、梁如意、韩磊、李成杰、幺伦韬、甄树勇、郑胲泉。

# 固定式水电解制氢设备监测系统技术要求

## 1 范围

本标准规定了固定式水电解制氢设备监测系统(以下简称监测系统)的技术要求与检查验证。

本标准适用于监测系统的设计、生产、安装和检验。

## 2 规范性引用文件

下列文件对于本文件的应用是必不可少的。凡是注日期的引用文件,仅注日期的版本适用于本文件。凡是不注日期的引用文件,其最新版本(包括所有的修改单)适用于本文件。

GB 3836.1—2010 爆炸性环境 第1部分:设备 通用要求

GB/T 19774—2005 水电解制氢系统技术要求

## 3 技术要求

### 3.1 组成

监测系统由变送器、数据采集处理单元、报警装置、通信网络和数据处理中心组成。见图1。

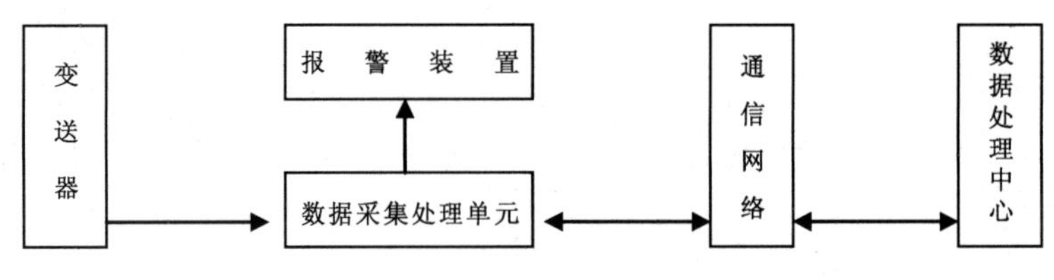


**图1 监测系统组成示意图**

### 3.2 功能

监测系统应能对以下参数进行监测并实现现场和远程报警:

a) 制氢机的工作压力、温度、电压、电流、分离器液位、氢气纯度;

b) 储氢罐的储氢压力;

c) 制氢室、储氢室的氢气泄漏浓度;

d) 市电供电状态。

### 3.3 变送器

变送器应满足监测对象的工作环境和功能需求。其中压力变送器、差压变送器还应满足GB 3836.1—2010规定的ExdⅡCT6防爆等级要求。变送器的技术参数见表1。

表 1　变送器技术参数表

<table>
<tr><th>序号</th><th>名称</th><th>用途</th><th>计量单位</th><th>量程要求</th><th>允许误差<br>%FS</th></tr>
<tr><td>1</td><td rowspan="2">压力变送器</td><td>监测制氢机的工作压力</td><td rowspan="2">MPa</td><td>与制氢机的工作压力参数相匹配</td><td rowspan="2">±0.5</td></tr>
<tr><td>2</td><td>监测储氢罐压力</td><td>与储氢罐的储氢压力参数相匹配</td></tr>
<tr><td>3</td><td>差压变送器</td><td>监测制氢机的液位差</td><td>kPa</td><td>与制氢机的液位差参数相匹配</td><td>±0.5</td></tr>
<tr><td>4</td><td>氢气浓度变送器</td><td>监测制氢机生产的氧气中的氢气浓度</td><td>—</td><td>0 %～2 %(体积比)</td><td>±0.5</td></tr>
<tr><td>5</td><td>温度变送器</td><td>监测制氢机的工作温度</td><td>℃</td><td>与制氢机的工作温度参数相匹配</td><td>±1</td></tr>
<tr><td>6</td><td>交流电压变送器</td><td>监测制氢机的交流电压</td><td>V</td><td>0～500</td><td>±0.5</td></tr>
<tr><td>7</td><td>直流电压变送器</td><td>监测制氢机的直流电压</td><td>V</td><td>与制氢机的电解直流电压参数相匹配</td><td>±0.5</td></tr>
<tr><td>8</td><td>直流电流变送器</td><td>监测制氢机的直流电流</td><td>A</td><td>与制氢机的电解直流电流参数相匹配</td><td>±0.5</td></tr>
<tr><td>9</td><td rowspan="2">氢气泄漏变送器</td><td>监测制氢室的氢气泄漏浓度</td><td rowspan="2">—</td><td rowspan="2">0 %～5 %(体积比)</td><td rowspan="2">±0.5</td></tr>
<tr><td>10</td><td>监测储氢室的氢气泄漏浓度</td></tr>
<tr><td colspan="6">如果制氢机已经配置的氢分析仪、温度数字显示调节仪性能符合本表规定的技术参数要求，可不再另行配置氢气浓度变送器和温度变送器。</td></tr>
</table>

## 3.4　数据采集处理单元

数据采集处理单元应满足以下要求：

a)　采集通道的输入电流范围为 4 mA～20 mA，最大允许误差±0.5%FS；

b)　监测数据的采样频率为每秒 1 次；

c)　显示的监测数据为每分钟数据的平均值；

d)　具有 30 天分钟数据平均值的存储容量；

e)　具有掉电保存数据的功能；

f)　具有每 10 分钟向数据处理中心传输一次分钟数据包的功能；

g)　具有实时报警的功能。报警的阈值见表 2；

h)　市电断电后能够继续工作 72 小时。

数据采集处理单元所需通道数见表 2。

表 2　数据采集处理单元技术参数表

| 序号 | 通道名称 | 通道数<br>个 | 报警阈值 |
|---|---|---|---|
| 1 | 制氢工作压力 | 1 | 工作压力上限 |
| 2 | 分离器液位 | 1 | 液位差压上限 |
| 3 | 氢气纯度 | 1 | 氢气含量≥1.5%(体积比) |
| 4 | 制氢工作温度 | 1 | 工作温度上限 |
| 5 | 交流工作电压 | 3 | 市电供电缺相或三相全无 |
| 6 | 直流工作电压 | 1 | 直流工作电压上限 |
| 7 | 直流工作电流 | 1 | 直流工作电流上限 |
| 8 | 制氢室氢气泄漏浓度 | 1 | 达到 0.4%(体积比) |
| 9 | 储氢压力 | 1 | 储氢压力上限 |
| 10 | 储氢室氢气泄漏浓度 | 1 | 达到 0.4%(体积比) |

### 3.5　报警装置

宜采用持续声光报警方式,启动时间应不超过 5 秒。

### 3.6　通信网络

数据传输可采用有线和(或)无线通信方式。

### 3.7　数据处理中心

数据处理中心的功能应满足以下要求:

a)　实时显示并保存从数据采集处理单元获得的全部监测数据;

b)　可对单站、多站的任意时段或日、月、年监测数据进行统计分析和生成图表;

c)　接收数据采集处理单元传输的报警信息并实时声光报警。

### 3.8　安装

#### 3.8.1　变送器

3.8.1.1　变送器的安装应符合表 3 的要求。

表 3　变送器安装要求

| 序号 | 名称 | 安装要求 |
|---|---|---|
| 1 | 压力变送器 | 监测制氢机的压力变送器,通过增加三通和截止阀等管件安装在氧分离除雾器与氧压力平衡阀之间的管路上 |
| 2 | | 监测储氢罐的压力变送器,通过增加三通和截止阀等管件安装在储氢罐机械压力表的连接管件处 |
| 3 | 差压变送器 | 通过增加三通和截止阀等管件安装在分离器的液面计连接管件处 |

表 3 变送器安装要求(续)

| 序号 | 名称 | 安装要求 |
|---|---|---|
| 4 | 交流电压变送器 | 并联于制氢机控制柜交流输入端,并固定在控制柜支架上 |
| 5 | 直流电压变送器 | 并联于制氢机控制柜直流母线排输入端,并固定在控制柜支架上 |
| 6 | 直流电流变送器 | 应环穿入制氢机控制柜直流母线排,并固定在控制柜支架上 |
| 7 | 氢气泄漏变送器 | 监测制氢室的氢气泄漏变送器,安装在制氢室内最高处 |
| 8 | | 监测储氢室的氢气泄漏变送器,安装在储氢室内最高处 |

3.8.1.2 管道的管材应采用无缝钢管。阀门宜采用不锈钢球阀、截止阀,不应使用闸阀。

3.8.1.3 变送器与阀门、三通、管道间的连接应牢固可靠,无泄漏。

#### 3.8.2 数据采集处理单元

宜安装在制氢值班室便于观察的位置。

#### 3.8.3 报警装置

现场报警装置可安装在数据采集处理单元箱体的上方。

#### 3.8.4 线缆

数据采集处理单元与变送器之间的连接,宜采用单芯线截面积≥0.5 $mm^2$ 的 RVVP 电缆(即铜芯聚氯乙烯绝缘、屏蔽、聚氯乙烯护套软电缆),并使用金属管件对线缆进行防爆保护。线缆的屏蔽层、金属管件应与制氢设备进行等电位连接。

布设的线缆应进行绝缘检查。

## 4 检查验证

### 4.1 数据一致性检查

4.1.1 使用数据采集处理单元的显示值与制氢设备的计量仪表示值进行逐项对比,不超过表 1 规定的最大允许误差为合格。

4.1.2 使用标准电流信号发生器分别输出 4 mA,8 mA,12 mA,16 mA,20 mA 五个值,对数据采集处理单元各通道分别进行 10 分钟试验,满足 3.4 a)、b)、c)的要求为合格。

4.1.3 检查数据处理中心任意不少于 30 分钟的连续监测数据,与数据采集处理单元传输的数据一致为合格。

4.1.4 随机抽取数据处理中心单站、多站 24 小时的连续监测数据,并进行日、月、年的统计分析和生成图表,其结果与监测数据一致为合格。

### 4.2 数据存储功能检查

4.2.1 调取数据采集处理单元的全部分钟数据,连续 30 天的数据保存完整为合格。

4.2.2 关闭数据采集处理单元电源 10 次,数据保存完整为合格。

### 4.3 报警实时性检查

使用标准电流信号发生器模拟表 2 规定的各类报警阈值,5 秒内报警装置能够启动报警为合格。

### 4.4 气密性试验

变送器安装应按照 GB/T 19774—2005 中 6.1.2.1 规定的试验方法进行气密性试验，以无漏气为合格。

### 4.5 等电位连接检查

使用等电位连接电阻测试仪或毫欧表对线缆屏蔽层、金属管件与制氢设备的等电位连接进行测量，跨接电阻小于 0.03 Ω 为合格。

### 4.6 线缆绝缘检查

使用兆欧表对布设的线缆进行绝缘电阻测量，不小于 2 MΩ 为合格。

---

ICS 07.060
A 47
备案号：48137—2015

# 中华人民共和国气象行业标准

QX/T 249—2014

# 淡水养殖气象观测规范

**Specifications for freshwater aquaculture meteorological observation**

2014-10-24 发布　　2015-03-01 实施

中国气象局　发布

# 前　言

本标准按照 GB/T 1.1—2009 给出的规则起草。

本标准由全国农业气象标准化技术委员会(SAC/TC 539)提出并归口。

本标准起草单位:武汉农业气象试验站、武汉区域气候中心。

本标准主要起草人:杨文刚、刘敏、黄永学、王涵、王义琴、干昌林、胡幼林。

# 引　言

淡水养殖是利用池塘、水库、湖泊、江河及其他内陆水域并在人为控制下繁殖、培育和收获水产经济动物(鱼、虾、蟹、贝等)及水生经济植物的生产活动。气温、空气湿度、气压、降水、水温、溶解氧等与淡水养殖有密切关系,对淡水养殖有重要影响。

为满足我国不同水域开展淡水养殖气象服务的需要,保证获取的观测资料具有代表性和可比较性,特参照我国农业气象观测规范有关水文、水产观测的要求制定本标准。

# 淡水养殖气象观测规范

## 1 范围

本标准规定了淡水养殖大气环境要素和水生环境要素的观测要求和方法。

本标准适用于陆地水域开展淡水养殖大气环境要素和水生环境要素的观测。

## 2 规范性引用文件

下列文件对于本文件的应用是必不可少的。凡是注日期的引用文件，仅注日期的版本适用于本文件。凡是不注日期的引用文件，其最新版本（包括所有的修改单）适用于本文件。

GB/T 11165—2005 实验室 pH 计

GB 13195—1991 水质 水温的测定 温度计或颠倒温度计测定法

GB/T 19117—2003 酸雨观测规范

GB/T 50138—2010 水位观测标准

QX/T 24—2004 气象用铂电阻温度传感器

QX/T 61—2007 地面气象观测规范 第17部分：自动气象站观测

## 3 术语和定义

下列术语和定义适用于本文件。

3.1

**溶解氧 dissolved oxygen**

溶解在水中的分子态氧。其含量与水温、氧分压、盐度、水生生物的活动和耗氧有机物浓度有关。

3.2

**浮头 floating**

养殖水体中溶解氧量降至水产养殖对象不能正常呼吸时，养殖对象头部浮出水面的现象。

3.3

**泛塘 suffocation**

养殖水体中溶解氧量低于水产养殖对象所需氧量最低限时，引起养殖对象大规模窒息死亡的现象。

## 4 观测原则与要求

### 4.1 水域选择

应遵循下列原则：

a) 能代表当地水产养殖平均生产水平；

b) 能代表当地一般气候特征；

c) 四周空旷，灌、排水方便；

d) 水面面积不宜小于 0.2 $hm^2$；

e) 池塘养殖的水深宜保持在 1.5 m 以上，其他养殖水域的水深根据养殖对象活动范围确定。

### 4.2 地点选择

水环境观测应选定在水域水面中心，若水体较大可选择在盛行风下方离岸 5 m 以上的地点。观测地点应避开进出水口、增氧机等环境的影响。

大气环境观测应在离水域 500 m 以内的区域，地面保持平整，周边环境符合区域气象观测站的要求。

### 4.3 养殖品种选择

被观测的养殖对象品种选取应遵循下列原则：

a） 选择当地普遍饲养和推广的优良品种；

b） 混养池塘，选择其中的 1～2 种养殖对象。

### 4.4 特殊情况处理

观测水域、被观测养殖对象由于特殊原因失去代表性时，应按 4.1—4.3 要求选择邻近水域进行观测。

## 5 大气环境要素观测

### 5.1 观测内容

包括气温、空气湿度、气压、降水、风向、风速等与淡水养殖密切相关的要素。

### 5.2 观测方式

采用自动观测。

### 5.3 技术要求

自动气象站传感器技术性能要求见附录 A。

### 5.4 观测和数据处理

按照 QX/T 61—2007 执行。

## 6 水温观测

### 6.1 观测内容

池塘水温观测一般分为 5 个层次，分别观测距水表面 10 cm、30 cm、60 cm、100 cm、150 cm 深度的水温。其他类型水域根据养殖观测对象活动范围确定水温观测层次和深度。

### 6.2 观测方式

可采用人工和自动观测两种方式，宜采用自动观测。

### 6.3 技术要求

#### 6.3.1 自动观测

6.3.1.1 采用铂电阻水温传感器观测。

6.3.1.2 铂电阻水温传感器技术性能要求见附录A,算法要求见QX/T 24—2004。

6.3.1.3 铂电阻水温传感器安装在浮球的支架上,按照水温观测深度确定感应元件的中心部分离水面高度,安装布局参考图B.1。

6.3.1.4 铂电阻水温传感器维护方法参考C.1的要求。

#### 6.3.2 人工观测

6.3.2.1 采用水温计观测。

6.3.2.2 水温计技术性能要求见GB 13195—1991。

### 6.4 观测和记录

#### 6.4.1 自动观测

取每小时正点观测值,自动记录,水温以摄氏度(℃)为单位,记录取1位小数。

#### 6.4.2 人工观测

6.4.2.1 每日08时、14时、20时进行3次观测。

6.4.2.2 每次观测正点前10 min,按照由浅及深的顺序,依次将水温计投入各层次水中,使温度计感应球部在待测深度并稳定5 min以上,从正点开始,按照由浅及深的顺序,依次迅速上提水温计并立即读数和记录;从水温表离开水面至读数完毕不超过20 s。

6.4.2.3 观测水温时要同步记录对应水深。将水温计系在具有尺码的绳上,记录从水温计感应球部到绳子之间的距离,并做好标记,水深为水温计感应球部到绳子之间的距离加上绳的长度。

6.4.2.4 在观测簿的相应栏记录观测水深和水温,水温以摄氏度(℃)为单位,取1位小数;水深以厘米(cm)为单位,取整数。观测簿式样参见附录D。

6.4.2.5 冬季养殖水体结冰时停止观测,水面冰层融化后恢复观测。

## 7 水体透明度观测

### 7.1 观测方式

采用塞氏盘测定。

注:塞氏盘为一直径25 cm、用油漆漆成黑白相间的金属圆板,圆板中间打孔,孔中系绳(或嵌进粗铁丝),用于测量水体的透明度。

### 7.2 技术要求

7.2.1 在塞氏盘孔中系绳(或嵌进粗铁丝),绳(或铁丝)上每隔1 cm做好标记。塞氏盘的结构参见图B.2。

7.2.2 塞氏盘维护方法参考C.2。

### 7.3 观测和记录

7.3.1 每月15日上午为固定观测时间,每次暴雨降水过程结束和灌、排水后24 h内应加测。

7.3.2 每次观测具体时间应尽量避开风浪较大的时段，并避免强光影响目测读数；遇特殊天气影响观测，可顺延至月底。

7.3.3 观测时，将塞氏盘在背光处放入水中，至刚好看不见塞氏盘上的黑白分界线为止，记下水深；待稍下沉后慢慢提起，直到恰好能看见黑白分界线，再记下水深，两个深度的平均数即为水体透明度；连续测定两次水体透明度，取平均值。

7.3.4 冬季养殖水体结冰时停止观测，水面冰层融化后恢复观测。

7.3.5 在观测簿的相应栏记录水体透明度，以厘米(cm)为单位，取整数。观测簿式样参见附录D。

## 8 水体深度观测

### 8.1 观测内容

养殖水体水面至水底的深度。

### 8.2 观测方式

水体深度宜使用直立式水尺测量。

### 8.3 技术要求

8.3.1 直立式水尺一般由水尺桩和水尺板组成。水尺桩可使用木桩、混凝土桩或型钢材质；水尺板可使用木板、搪瓷板、高分子板或不锈钢板材质，尺度刻划至0.01 m。

8.3.2 水尺桩下端浇注在养殖水体的护坡上，或直接打入或埋设至水体底部，埋入深度为0.5 m～1.0 m，上端露出地面，桩上固定水尺板，使尺面向着观测所处位置。水尺安装好之后需要测定水体底部至水尺零点之间的基准高度，测定方法应符合GB/T 50138—2010的规定。直立式水尺安装参考图B.3。

### 8.4 观测和记录

8.4.1 每月15日上午为固定观测时间，每次暴雨降水过程结束和灌、排水后24 h内应加测。

8.4.2 每次观测具体时间应尽量避开风浪较大的时段，并避免强光影响目测读数；遇特殊天气影响观测，可顺延至月底。

8.4.3 观测时，应靠近水尺边，身体蹲下，使视线尽量接近水面，读取标尺刻度读数，如果观测时有风浪，水面起伏不定，则应读取水面在水尺上所截的最高和最低两个读数的平均值，或以水面出现瞬时平静的读数为准，并应连续观读2次，取其均值。

8.4.4 冬季养殖水体结冰时停止观测，水面冰层融化后恢复观测。

8.4.5 在观测簿的相应栏记录水体深度，以厘米(cm)为单位，取整数。观测簿式样参见附录D。

## 9 溶解氧观测

### 9.1 观测内容

养殖池塘宜观测距水表面60 cm处溶解氧，湖泊、水库等其他类型养殖水域根据养殖对象活动范围确定溶解氧的观测深度。

### 9.2 观测方式

采用荧光法溶解氧测量仪自动观测。

### 9.3 技术要求

9.3.1 传感器测量范围0～50 mg/L，不大于20 mg/L时准确度为±0.2 mg/L，大于20 mg/L时准确度为±0.6 mg/L，分辨率0.01 mg/L。

9.3.2 传感器需定期维护，维护方法参考C.3的要求。

### 9.4 观测和记录

9.4.1 每小时正点自动观测。

9.4.2 冬季养殖水体结冰后停止观测，水面冰层融化后恢复观测。

9.4.3 仪器自动记录，溶解氧以毫克每升(mg/L)为单位，取2位小数。

## 10 水体pH值观测

### 10.1 观测内容

养殖水体的pH值。养殖池塘pH值观测深度宜为距水表面60 cm处，湖泊、水库等其他类型养殖水域根据养殖对象活动范围确定水样采集深度。

**注：**水体pH值为养殖水体的氢离子浓度的负对数。

### 10.2 观测方式

采用pH计测定。

### 10.3 技术要求

10.3.1 pH计的性能要求见GB/T 11165—2005中规定的0.01级pH计。

10.3.2 采水器应符合下列要求：

a) 采用有机玻璃材质，内壁和导管不与水样发生反应，不改变水样的组成；能准确取得所需水层的水样，不混入其他水层水样。

b) 水样瓶宜用无色硬质玻璃瓶。

c) 水样瓶要密封、防震，避免日光照射、过热的影响。

### 10.4 观测和记录

#### 10.4.1 水样采集

10.4.1.1 每月15日上午为固定采样时间；每次暴雨降水过程结束和灌、排水后24 h内应加采。遇特殊天气影响采样，可顺延至月底。

10.4.1.2 用采水器采取规定深度的水样，用采水器中的水冲洗水样瓶2次后装入水样。

10.4.1.3 水样不宜小于250 mL。

10.4.1.4 冬季养殖水体结冰后停止观测，水面冰层融化后恢复观测。

#### 10.4.2 pH值测定

10.4.2.1 水样采集2 h内测定pH值。

10.4.2.2 按照GB/T 19117—2003第8章规定进行测量。

10.4.2.3 在观测簿的相应栏记录pH值的测定数值，取2位小数。观测簿式样参见附录D。

## 11 浮头观测

### 11.1 观测内容

包括养殖对象发生浮头的起止时间、种类等级。

### 11.2 观测方式

采用高清红外摄像机自动记录人工识别和人工目测两种方式，宜优先采用高清红外摄像机自动记录人工识别的方式。

### 11.3 技术要求

11.3.1 摄像机传感器应具有夜视红外摄像功能，有效像素 1000 万以上。
11.3.2 摄像机应安装具有防水功能的防护罩，能自动连续摄像并存储 3 d 以上数据。
11.3.3 摄像机镜头应正对观测水域，调整摄像机拍摄焦距，保证成像清晰且画面无遮挡。

### 11.4 观测和记录

11.4.1 人工观测时间为当地实际日出前后，自动摄像记录全天进行。
11.4.2 高清红外摄像机自动记录养殖水面情况，通过查看存储录像，人工识别浮头现象。
11.4.3 浮头分“轻微”、“严重”两级，分级参考征状见表 1。
11.4.4 发生严重浮头时，应对本标准规定的观测项目进行加测。
11.4.5 在观测簿相应栏记录养殖对象浮头发生的起止时间、浮头的种类、数量、现象、等级。观测簿式样参见附录 D。

**表 1 浮头分级参考征状**

| 等级 | 轻微浮头 | 严重浮头 |
| --- | --- | --- |
| 现象 | 浮头在黎明时开始，日出后逐渐消失；<br>鱼在水面中央部分浮头；<br>鱼稍受惊即下沉，惊动停止后又浮头。 | 浮头在半夜或上半夜便开始；<br>整个水面都有鱼浮头；<br>鱼受惊后已不下沉，处于缓慢游动和存活状态。 |

## 12 泛塘观测

### 12.1 观测和调查内容

观测养殖对象发生泛塘的起止时间、种类等。调查县级行政区域内泛塘发生的时间、地点、面积、发生泛塘的养殖对象种类、死亡数量、减产百分率。

### 12.2 观测和调查方式

观测采用高清红外摄像机自动记录人工识别和人工目测两种方式，宜优先采用高清红外摄像机自动记录人工识别的方式。调查采用人工目测方式。

### 12.3 技术要求

按 11.3 给出的要求。

### 12.4 观测和调查

12.4.1 人工观测时间为当地实际日出前后，自动摄像记录全天进行，发生泛塘时全天开展调查。

12.4.2 发生泛塘时，应对本标准规定的所有观测项目进行加测。

12.4.3 在观测簿相应栏记录观测水域养殖对象发生泛塘的起止时间、种类等。观测簿式样参见附录D。

12.4.4 在观测簿相应栏记录调查县级行政区域内泛塘发生的时间、地点、面积、发生泛塘的养殖对象种类、死亡数量和资料来源。观测簿式样参见附录D。

## 13 观测簿填写

### 13.1 总体要求

13.1.1 采用仪器自动观测的要素由数据记录软件生成月报表，观测簿中不记录自动观测数据。

13.1.2 采用人工观测和调查的数据填写在观测簿相应的记录表中，参见附录D。

### 13.2 封面

13.2.1 省、自治区、直辖市填写内容分别为台站所在的省、自治区、直辖市。

13.2.2 台站名称按上级业务主管部门的命名填写。

13.2.3 养殖对象品种按照农业和水产部门鉴定的正式品种名称填写，不得填写地方俗名和自编名称。

13.2.4 起止日期填写栏中的起始日为第一次使用观测薄的日期，终止日为最后一次使用观测簿的日期。

### 13.3 观测水域和地点示意图

13.3.1 在示意图上标注观测水域形状、观测点位置。

13.3.2 标注自动气象站所处的位置。

13.3.3 标注观测水域周边环境条件，如房屋、树林、渠道、道路等的位置。

### 13.4 观测环境说明

观测环境资料记录内容参见附录E。

### 13.5 淡水养殖生产活动记录

#### 13.5.1 淡水养殖生产记录

记录淡水养殖生产活动日期、项目、方法和工具、数量和次数、质量和效果等。观测人员到达观测地点时，如果养殖生产活动已经结束，应立即向生产操作人员详细了解，及时进行补记。

#### 13.5.2 幼苗投放记录

记录养殖观测对象幼苗投放的日期、品种名称、体长、投放数量、重量及单位面积投放量等。

#### 13.5.3 捕捞记录

记录各次捕捞的日期、捕捞对象的品种名称、捕捞数量、重量等。

### 13.6 养殖气象条件鉴定

归纳当年养殖期间的气候特点，简要评述养殖期间的气象因子的利弊，采用与上一年资料对比的方法写出鉴定意见。重点评述气象因子对养殖生产、养殖对象生长和品质等的影响。

全县年度总产量、全县淡水养殖面积及全县平均单产，按照统计法的相关规定获得，并注明资料来源。

与上年相比增减百分率按照下式计算，保留1位小数。$Y$ 值为正表示增产，$Y$ 值为负表示减产。

$$Y=\frac{Y_1-Y_2}{Y_2}\times 100\% \qquad \cdots\cdots(1)$$

式中：

$Y$ ——增减产百分率；

$Y_1$ ——当年产量；

$Y_2$ ——上年产量。

# 附　录　A
## （规范性附录）
## 自动气象站观测仪器技术性能要求

自动气象站观测仪器技术性能要求见表 A.1。

**表 A.1　自动气象站观测仪器技术性能要求**

| 测量要素 | 测量范围 | 分辨率 | 准确度 | 平均时间 | 采样速率 |
|---|---|---|---|---|---|
| 气温 | −50 ℃～+50 ℃ | 0.1 ℃ | ±0.2 ℃ | 1 min | 6 次/min |
| 相对湿度 | 0%～100% | 1% | ±4%(≤80%)<br>±8%(>80%) | 1 min | 6 次/min |
| 气压 | 500 hPa～1100 hPa<br>（任意 200 hPa） | 0.1 hPa | ±0.3 hPa | 1 min | 6 次/min |
| 风向 | 0°～360° | 3° | ±5° | 1 min | 1 次/s |
| 风速 | 0 m/s ～ 60 m/s | 0.1 m/s | ±(0.5+0.03*V*)m/s | 1 min | 1 次/s |
| 降水量 | 雨强(0～4)mm/min | 0.1 mm | ±0.4 mm(≤10 mm)<br>±4%(>10 mm) | 累计 | 1 次/min |
| 水温 | −50 ℃～+80 ℃ | 0.1 ℃ | ±0.5 ℃ | 1 min | 6 次/min |
| **注**：风速的准确度中，*V* 表示当时的风速。 | | | | | |

# 附 录 B
## (资料性附录)
## 仪器安装与结构示意图

### B.1 池塘铂电阻水温传感器安装参考布局

单位为厘米

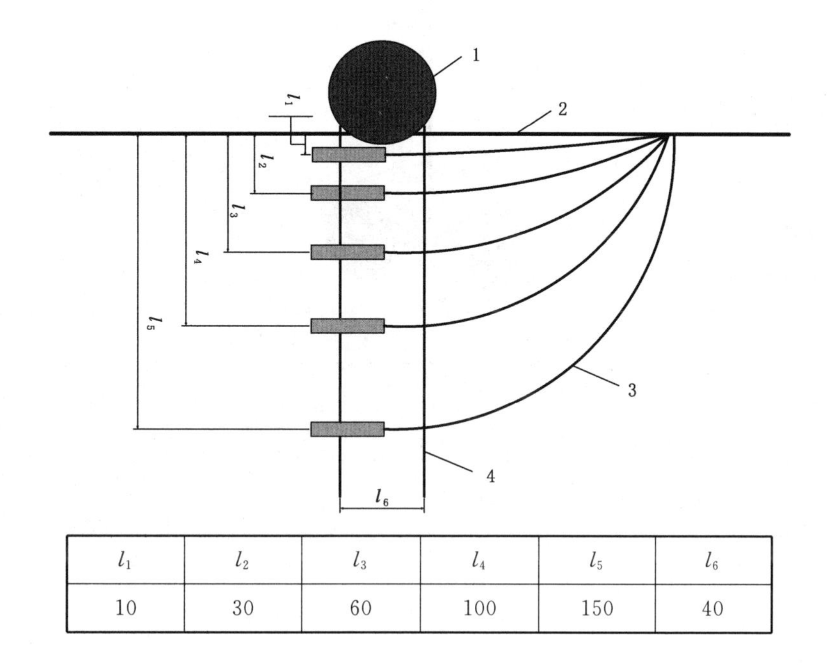


| $l_1$ | $l_2$ | $l_3$ | $l_4$ | $l_5$ | $l_6$ |
|---|---|---|---|---|---|
| 10 | 30 | 60 | 100 | 150 | 40 |

说明：

1 ——浮球；

2 ——水面；

3 ——传感器数据线；

4 ——浮球支架。

**图 B.1 铂电阻水温传感器安装示意图**

## B.2 塞氏盘结构图

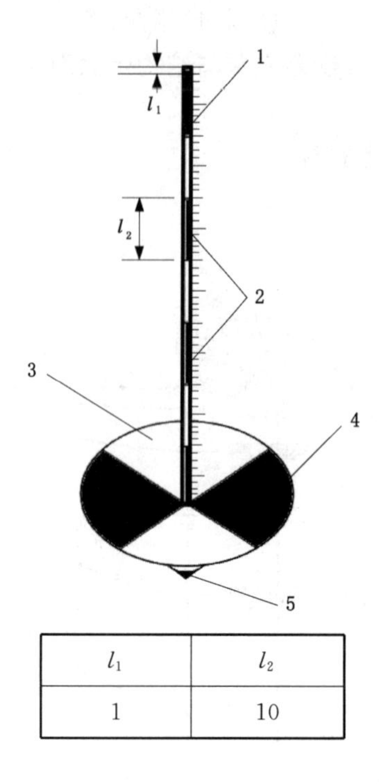


| $l_1$ | $l_2$ |
|---|---|
| 1 | 10 |

说明：

1——绳子；

2——黑漆；

3——白铁皮圆盘；

4——圆盘上涂黑漆；

5——重物。

**图 B.2 塞氏盘结构图**

**B.3 直立式水尺安装示意图**

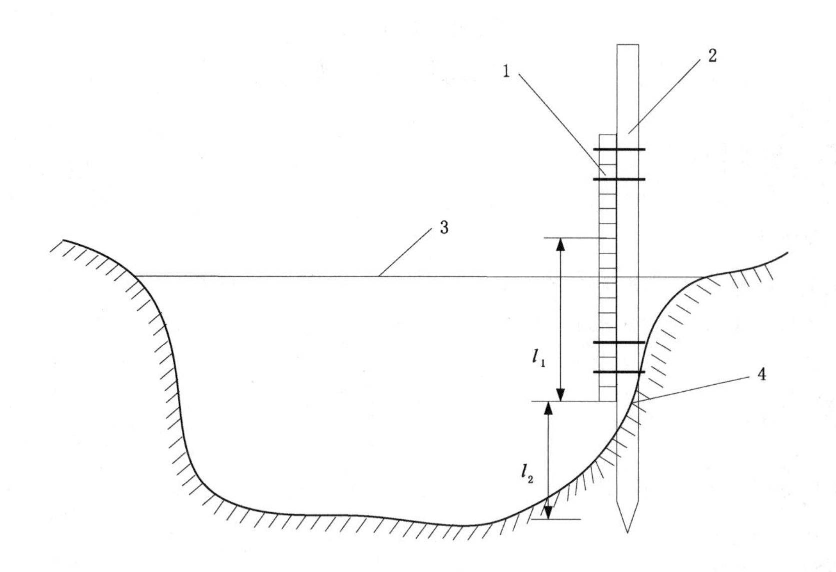


说明：

1——水尺；

2——水尺桩；

3——水面；

4——水位基准点；

$l_1$——水尺读数；

$l_2$——基准高度。

**图 B.3 直立式水尺安装示意图**

# 附　录　C
（资料性附录）
观测仪器维护方法

## C.1　铂电阻水温传感器维护

按下列方法进行维护：

a）　每月清洗一次铂电阻水温传感器，用软羊毛刷清理探头上的附着物；

b）　定期按气象计量部门制定的检定规程进行检定。

## C.2　塞氏盘维护

塞氏盘颜色变黄后，应重新涂漆。

## C.3　溶解氧测定仪器维护

按下列方法进行维护：

a）　根据仪器规定每天清洗传感器；

b）　定期按仪器规定规程进行检定和更换传感器。

# 附　录　D
（资料性附录）
淡水养殖气象观测簿式样

# 淡水养殖气象观测薄

省、自治区、直辖市＿＿＿＿＿＿＿＿＿＿＿＿＿＿＿＿

台　站　名　称＿＿＿＿＿＿＿＿＿＿＿＿＿＿＿＿

养殖对象品种＿＿＿＿＿＿＿＿＿＿＿＿＿＿＿＿

＿＿＿年＿＿月＿＿日起

＿＿＿年＿＿月＿＿日止

中国气象局

# 观测水域和地点示意图

# 观测环境说明

<table>
<tr><td>a. ____________________<br>b. ____________________<br>c. ____________________<br>d. ____________________<br>e. ____________________<br>f. ____________________<br>g. ____________________<br>h. ____________________<br>i. ____________________<br>j. ____________________</td></tr>
<tr><td>备<br>注</td></tr>
</table>

# 水温观测记录表

观测深度：______ cm　　　　　　　　　　　　　　　　　　　　　　　　______月

| 日期（日） | 时间 | | | | | | 合计 | 平均 |
|---|---|---|---|---|---|---|---|---|
| | 8时 | | 14时 | | 20时 | | | |
| | 读数 | 订正 | 读数 | 订正 | 读数 | 订正 | | |
| 1 | | | | | | | | |
| 2 | | | | | | | | |
| 3 | | | | | | | | |
| 4 | | | | | | | | |
| 5 | | | | | | | | |
| 6 | | | | | | | | |
| 7 | | | | | | | | |
| 8 | | | | | | | | |
| 9 | | | | | | | | |
| 10 | | | | | | | | |
| 11 | | | | | | | | |
| 12 | | | | | | | | |
| 13 | | | | | | | | |
| 14 | | | | | | | | |
| 15 | | | | | | | | |
| 订正值 | | | | | | | | |

观 测 员：________　________　　　　　　　　校 对 员：________　________

# 水温观测记录表

观测深度：______ cm　　　　　　　　　　　　　　　　　　　　　　______月

<table>
<tr><th rowspan="3">日期<br>（日）</th><th colspan="6">时间</th><th rowspan="3">合计</th><th rowspan="3">平均</th></tr>
<tr><th colspan="2">8 时</th><th colspan="2">14 时</th><th colspan="2">20 时</th></tr>
<tr><th>读数</th><th>订正</th><th>读数</th><th>订正</th><th>读数</th><th>订正</th></tr>
<tr><td>16</td><td></td><td></td><td></td><td></td><td></td><td></td><td></td><td></td></tr>
<tr><td>17</td><td></td><td></td><td></td><td></td><td></td><td></td><td></td><td></td></tr>
<tr><td>18</td><td></td><td></td><td></td><td></td><td></td><td></td><td></td><td></td></tr>
<tr><td>19</td><td></td><td></td><td></td><td></td><td></td><td></td><td></td><td></td></tr>
<tr><td>20</td><td></td><td></td><td></td><td></td><td></td><td></td><td></td><td></td></tr>
<tr><td>21</td><td></td><td></td><td></td><td></td><td></td><td></td><td></td><td></td></tr>
<tr><td>22</td><td></td><td></td><td></td><td></td><td></td><td></td><td></td><td></td></tr>
<tr><td>23</td><td></td><td></td><td></td><td></td><td></td><td></td><td></td><td></td></tr>
<tr><td>24</td><td></td><td></td><td></td><td></td><td></td><td></td><td></td><td></td></tr>
<tr><td>25</td><td></td><td></td><td></td><td></td><td></td><td></td><td></td><td></td></tr>
<tr><td>26</td><td></td><td></td><td></td><td></td><td></td><td></td><td></td><td></td></tr>
<tr><td>27</td><td></td><td></td><td></td><td></td><td></td><td></td><td></td><td></td></tr>
<tr><td>28</td><td></td><td></td><td></td><td></td><td></td><td></td><td></td><td></td></tr>
<tr><td>29</td><td></td><td></td><td></td><td></td><td></td><td></td><td></td><td></td></tr>
<tr><td>30</td><td></td><td></td><td></td><td></td><td></td><td></td><td></td><td></td></tr>
<tr><td>31</td><td></td><td></td><td></td><td></td><td></td><td></td><td></td><td></td></tr>
<tr><td>订正值</td><td colspan="8"></td></tr>
</table>

观 测 员：________ ________　　　　　　　　校 对 员：________ ________

# 水体透明度、水体深度观测记录表

| 日期<br>（月.日） | 水体深度<br>（cm） | | | 水体透明度<br>（cm） | | | |
|---|---|---|---|---|---|---|---|
| | 水尺读数 $H_1$ | 基准高度 $H_0$ | 水深 $H$ | 读数 1 | 读数 2 | 合计 | 平均 |
| | | | | | | | |
| | | | | | | | |
| | | | | | | | |
| | | | | | | | |
| | | | | | | | |
| | | | | | | | |
| | | | | | | | |
| | | | | | | | |
| | | | | | | | |
| | | | | | | | |
| | | | | | | | |
| | | | | | | | |
| | | | | | | | |
| | | | | | | | |
| | | | | | | | |
| | | | | | | | |
| 备注 | | | | | | | |

观 测 员：________ ________　　　　校 对 员：________ ________

# 水体 pH 值记录表

| 日期<br>（月.日） | 采样时间<br>（时.分） | 采样水深<br>（cm） | pH 值 | | | |
|---|---|---|---|---|---|---|
| | | | 读数 1 | 读数 2 | 读数 3 | 均值 |
| | | | | | | |
| | | | | | | |
| | | | | | | |
| | | | | | | |
| | | | | | | |
| | | | | | | |
| | | | | | | |
| | | | | | | |
| | | | | | | |
| | | | | | | |
| | | | | | | |
| | | | | | | |
| | | | | | | |
| | | | | | | |
| | | | | | | |
| 备注 | | | | | | |

观 测 员：________ ________　　　　　　　　校 对 员：________ ________

## 浮头观测记录表

| 日期<br>（月.日） | 起止时间<br>（时） | 养殖对象 | 现象 | 浮头等级 |
|---|---|---|---|---|
| | | | | |
| | | | | |
| | | | | |
| | | | | |
| | | | | |
| | | | | |
| | | | | |
| | | | | |
| | | | | |
| | | | | |
| | | | | |
| | | | | |
| | | | | |
| | | | | |
| | | | | |
| 备注 | | | | |

观 测 员：________ ________　　　　校 对 员：________ ________

# 泛塘观测记录表

| 日期<br>（月.日） | 起止时间<br>（时） | 品种 | 大气和水环境条件实况简述 |
| --- | --- | --- | --- |
| | | | |
| | | | |
| | | | |
| | | | |
| | | | |
| | | | |
| | | | |
| | | | |
| | | | |
| | | | |
| | | | |
| | | | |
| | | | |
| | | | |
| | | | |
| 备注 | | | |

观 测 员：________ ________　　　　校 对 员：________ ________

# 泛塘调查记录表

| 调查日期<br>（月.日） | | | |
|---|---|---|---|
| 调查时间<br>（时） | | | |
| 调查地点<br>（乡、村、组） | | | |
| 发生泛塘的养殖对象品种 | | | |
| 发生泛塘的水域面积<br>（$hm^2$） | | | |
| 死亡数量<br>（尾） | | | |
| 减产百分率<br>（%） | | | |
| 资料来源 | | | |
| 备　注 | | | |

观 测 员：________ ________　　　　校 对 员：________ ________

# 淡水养殖生产记录表

| 日期<br>（月.日） | 项目 | 方法和工具 | 数量和次数 | 质量和效果 | 记录 | 校对 |
|---|---|---|---|---|---|---|
| | | | | | | |
| | | | | | | |
| | | | | | | |
| | | | | | | |
| | | | | | | |
| | | | | | | |
| | | | | | | |
| | | | | | | |
| | | | | | | |
| | | | | | | |
| | | | | | | |
| | | | | | | |
| | | | | | | |
| | | | | | | |
| | | | | | | |
| | | | | | | |
| | | | | | | |
| | | | | | | |
| | | | | | | |
| | | | | | | |
| | | | | | | |

观 测 员：________ ________　　　　　　　　校 对 员：________ ________

# 幼苗投放记录表

| 日期<br>（月.日） | 品种<br>名称 | 放　养　量 | | | | |
|---|---|---|---|---|---|---|
| | | 总投放量 | | | 单位面积投放量 | |
| | | 体长<br>（cm） | 投放数量<br>（尾） | 投放重量<br>（kg） | 数量<br>（尾） | 重量<br>（$kg/hm^2$） |
| | | | | | | |
| | | | | | | |
| | | | | | | |
| | | | | | | |
| | | | | | | |
| | | | | | | |
| | | | | | | |
| | | | | | | |
| | | | | | | |
| | | | | | | |
| | | | | | | |
| | | | | | | |
| | | | | | | |
| | | | | | | |
| | | | | | | |
| | | | | | | |
| | | | | | | |

观 测 员：________　________　　　　　　　　校 对 员：________　________

# 捕捞记录表

| 日期<br>（月.日） | 品种名称 | 捕捞数量<br>（尾） | 捕捞重量<br>（kg） | 备注 |
|---|---|---|---|---|
| | | | | |
| | | | | |
| | | | | |
| | | | | |
| | | | | |
| | | | | |
| | | | | |
| | | | | |
| | | | | |
| | | | | |
| | | | | |
| | | | | |
| | | | | |
| | | | | |
| | | | | |
| | | | | |
| | | | | |
| | | | | |
| | | | | |
| | | | | |
| 合计 | | | | |

观 测 员：________ ________　　　　校 对 员：________ ________

# 养殖气象条件鉴定

| 项目 | 全县年度总产量<br>(kg) | 全县淡水养殖面积<br>($hm^2$) | 平均单产<br>($kg/hm^2$) |
|---|---|---|---|
| 当年 | | | |
| 上年 | | | |
| 与上年相比增减<br>百分率(%) | | | |
| 资料来源 | | | |

鉴定人员：__________

# 附 录 E
## （资料性附录）
## 观测环境资料记录

观测环境资料记录应记录下列内容：

a） 水域所属单位名称、地址；

b） 水域类型、形状和面积；

c） 水域所处地形、地势；

d） 水域观测点经纬度、海拔高度、与地面气象观测场的距离、海拔高度差；

e） 水域周围的环境条件，包括房屋、树林、渠道、道路等的方位和距离等；

f） 水域灌排水条件；

g） 水体观测点与岸边的距离；

h） 水体水质酸碱度；

i） 主要养殖品种、数量；

j） 生产水平。

## 参考文献

[1] 中国气象局.地面气象观测规范[M].北京:气象出版社,2003

[2] 国家气象局. 农业气象观测规范(下卷)[M].北京:气象出版社,1993

[3] 国家环境保护总局,水和废水监测分析方法编委会.水和废水监测分析方法[M].北京:中国环境科学出版社,2006

ICS 07.060
A 47
备案号：48138—2015

# 中华人民共和国气象行业标准

QX/T 250—2014

# 气象卫星产品术语

## Terminologies for meteorological satellite products

2014-10-24 发布　　2015-03-01 实施

中 国 气 象 局　发 布

# 前　言

本标准按照 GB/T 1.1—2009 和 GB/T20001.1—2001 给出的规则起草。

本标准由全国卫星气象与空间天气标准化技术委员会(SAC/TC 347)提出并归口。

本标准起草单位:国家卫星气象中心。

本标准主要起草人:咸迪、孙安来、李雪、钱建梅、徐喆。

# 气象卫星产品术语

## 1 范围

本标准界定了气象卫星大气、陆地、海洋以及辐射产品的相关术语和定义。

本标准适用于气象卫星产品的制作、应用和服务。

## 2 大气产品

2.1

**大气运动矢量 atmospheric motion vector**

云迹风 cloud motion wind

云导风 cloud motion wind

利用连续几幅卫星图像，追踪并计算云或水汽示踪图像块的位移及高度，得到的风矢量估算值。

2.2

**云总量 total cloud amount**

在地球表面设定区域内，云像元发射辐射占区域中总发射辐射的百分比。

注：有效值范围为 0～100，0 代表晴空，100 代表区域像元为全部云覆盖，无量纲。

2.3

**云分类 cloud classification**

利用卫星遥感数据分析归纳得到的云的类别。

注：一般分为高层云、层积云、积雨云、密层云和卷层云。

2.4

**云顶温度 cloud top temperature**

基于云顶辐射反演得到云层顶部的大气温度。

注：单位为开尔文(K)。

2.5

**云顶高度 cloud top height**

基于云顶辐射反演得到的云层顶部的位势高度。

注：单位为百帕(hPa)。

2.6

**云光学厚度 cloud optical thickness**

从云底到云顶的入射电磁辐射散射和吸收贡献的总和。

注：无量纲。

2.7

**云检测 cloud mask**

像元为云或晴空的标识。

注：无量纲。

2.8

**云区湿度廓线 humidity profile derived from cloud analysis**

云区各标准等压面上湿度的垂直分布反演产品。

2.9

**大气温度廓线　atmospheric temperature profile**

大气各标准等压面上的温度垂直分布反演产品。

注：单位为开尔文(K)。

2.10

**大气湿度廓线　atmospheric humidity profile**

大气各标准等压面上的湿度垂直分布反演产品。

2.11

**大气位势高度廓线　atmospheric geopotential height**

大气各标准等压面上的位势高度的垂直分布反演产品。

注：单位为百帕(hPa)。

2.12

**臭氧总量　total ozone amount**

整层大气柱中臭氧总含量的反演产品。

注：单位为多布森单位(DU)。

2.13

**臭氧垂直廓线　ozone vertical profile**

大气各标准等压面上臭氧含量垂直分布的反演产品。

注：单位为多布森单位(DU)。

2.14

**降水估计　precipitation estimation**

单位面积内某一时段的累积降水量或降水率的估算值。

注：单位为毫米(mm)。

2.15

**晴空大气可降水　total precipitable water for clear sky**

晴空条件下大气柱中水汽总含量的反演产品。

注：单位为毫米(mm)。

2.16

**对流层中上部水汽含量　middle-upper troposphere humidity**

600 hPa～400 hPa范围内大气层中的平均相对湿度的反演产品。

2.17

**冰水厚度指数　ice-water thickness index**

对流云中单位体积内霰、雪、云冰等冰态物质含量的反演产品。

注：单位为克每立方米($g/m^3$)。

2.18

**雾　fog**

反映雾覆盖区域、面积、强度等信息的遥感监测产品。

2.19

**沙尘　sand-dust**

反映沙尘覆盖区域、面积、强度等信息的遥感监测产品。

2.20

**气溶胶检测　aerosol detection**

反映大气中气溶胶光学厚度和粒子尺度谱参数等物理特征的遥感监测产品。

## 3 陆地产品

3.1

**积雪 snow cover**

反映陆表积雪覆盖区域、面积、厚度等信息的遥感监测产品。

3.2

**雪水当量 snow water equivalent**

积雪融化后所得到的水量反演产品。

注：单位为毫米(mm)。

3.3

**火情 fire detection**

反映陆表火点分布、面积、强度等信息的遥感监测产品。

3.4

**旱情 drought**

反映土壤表层干旱或农作物受旱程度、面积、分布等信息的遥感监测产品。

3.5

**水情 water body**

反映陆表水体的面积、分布及变化等信息的遥感监测产品。

3.6

**植被指数 vegetation index**

将遥感地物光谱资料经数学方法处理，以反映植被状况的特征量。

3.7

**差值植被指数 difference vegetation index**

用近红外波段与红光波段反射率的差值计算得到的植被指数。

3.8

**归一化植被指数 normalized difference vegetation index**

用近红外波段与红光波段反射率之差与之和的商计算得到的植被指数。

3.9

**比值植被指数 ratio vegetation index**

用近红外波段与红光波段反射率的比值计算得到的植被指数。

3.10

**叶面积指数 leaf area index**

利用遥感数据，通过经验或物理模型反演得到的单位地表面积上绿色叶片总表面积的一半与地表面积之比。

3.11

**光合有效辐射吸收比 fraction of photosynthetically active radiation absorbed by vegetation**

利用遥感数据，通过经验或物理模型反演得到的植被冠层吸收的光合有效辐射与照射到冠顶的光合有效辐射的比值。

3.12

**地表覆盖 land cover**

陆地表面的各种生物或物理覆盖类型的遥感监测产品。

3.13

**陆表温度 land surface temperature**

陆地表面温度的反演产品。

注：单位为开尔文(K)。

3.14

**净初级生产力 net primary production**

在单位面积、单位时间内植被通过光合作用固定太阳能所积累干物质总量的遥感反演产品。

3.15

**土壤湿度 soil moisture**

根据遥感数据反演得到的土壤含水量信息。

## 4 海洋产品

4.1

**海表温度 sea surface temperature**

基于卫星遥感数据反演得到的海洋表面的温度。

注：单位为开尔文(K)。

4.2

**海冰 sea ice**

反映海冰的覆盖范围、面积和分布特征等信息的遥感监测产品。

4.3

**海洋水色 ocean color**

反映海洋水体离水辐射率和水色因子浓度的遥感反演产品。

注：离水辐射率的单位为克每立方米($g/m^3$)或毫克每立方米($mg/m^3$)。

## 5 辐射产品

5.1

**反照率 albedo**

从非发光体表面反射的辐射与入射到该表面的总辐射之比的遥感反演产品。

5.2

**射出长波辐射 outgoing longwave radiation**

单位面积内，地球—大气系统从大气层顶向外发射出去的长波热辐射通量。

注：单位为瓦每平方米($W/m^2$)。

5.3

**亮度温度 temperature of brightness blackbody**

基于红外通道辐射值，通过普朗克函数处理转换成的等效黑体温度。

注：单位为开尔文(K)。

5.4

**地面入射太阳辐射 surface solar irradiance**

入射到地面的太阳直接辐射总量的遥感反演产品。

注：单位为兆焦耳每平方米($MJ/m^2$)。

## 参 考 文 献

[1] QX/T 8－2002 气象仪器术语

[2] (美)K. N,LIOU. 大气辐射导论[M]. 北京:气象出版社,2004

[3] M. J. 巴德等. 卫星与雷达图象在天气预报中的应用[M]. 北京:科学出版社,1998

[4] P. K. Rao 等. 气象卫星系统、资料及其在环境中的应用[M]. 北京:气象出版社,1994

[5] 陈述彭. 遥感大辞典[M]. 北京:科学出版社,1990

[6] 大气科学名词审定委员会. 大气科学名词[M]. 北京:科学出版社,2009

[7] 董超华. 气象卫星业务产品释用手册[M]. 北京:气象出版社,1999

[8] 董超华等. 风云二号 C 卫星业务产品释用手册[M]. 北京:气象出版社,1999

[9] 顾钧禧. 大气科学辞典[M]. 北京:气象出版社,1994

[10] 海峡两岸大气科学名词工作委员会. 海峡两岸大气科学名词[M]. 北京:科学出版社,2002

[11] 海洋科技名词审定委员会. 海洋科技名词[M]. 北京:科学出版社,2007

[12] 生态学名词审定委员会. 生态学名词[M]. 北京:科学出版社,2007

[13] 世界气象组织. 中英法俄西国际气象词典[M]. 北京:气象出版社,1994

[14] 王立章,李海平. 英汉环境科学与工程词汇[M]. 北京:化学工业出版社,2007

[15] 王孟本,毋月莲. 英汉生态学词典[M]. 北京:科学出版社,2004

[16] 王松皋,胡筱欣等. 遥感的物理学和技术概论[M]. 北京:气象出版社,1995

[17] 吴希曾. 英汉汉英环境科学词典[M]. 北京:中国对外翻译出版公司,2007

[18] 吴志才,丁根宏. 英汉水利学词汇[M]. 北京:科学出版社,2002

[19] 夏宗国等. 英汉地球空间信息科学与技术词汇[M]. 北京:科学出版社,2000

[20] 许建民,张文建,杨军,赵立成. 风云二号卫星业务产品与卫星数据格式实用手册[M]. 北京:气象出版社,2008

[21] 杨东方,陈豫. 英汉汉英海洋生态学词汇[M]. 北京:海洋出版社,2010

[22] 杨军,董超华等. 新一代风云极轨气象卫星业务产品及应用[M]. 北京:科学出版社,2010

[23] 尹晖. 英汉汉英测绘专业词汇手册[M]. 武汉:武汉大学出版社,2008

[24]《英汉汉英大气科学词汇》编写组. 英汉汉英大气科学词汇[M]. 北京:气象出版社,2007

[25] 张锦辉. 汉英农业分类词典[M]. 北京:中国农业出版社,2005

[26] Glossary of meteorology, American Meteorological Society. http://glossary. ametsoc. org/wiki

[27] Chen J M, Black T A. Defining leaf area index for non-flat leaves[J]. Plant, Cell & Environment, 1992,**15**(4):421-429

[28] Chen Jing M, Cihlar Josef. Retrieving leafareaindex of boreal conifer forests using Landsat TM images[J]. Remote Sensing of Environment, 1996,**55**(2):153-162

[29] Chen Jing M. Optically-based methods for measuring seasonal variation of leafareaindex in boreal conifer stands[J]. Agricultural and Forest Meteorology,1996, **80**(2-4): 135-163

[30] Chen J M, Black T A. Measuring leafareaindex of plant canopies with branch architecture [J]. Agricultural and Forest Meteorology,1991,**57**(1-3):1-12

# 索　引

## 中文索引

# 英文索引

## A



## C



## D



## F



## H



## I



## L



## M

**N**



**O**



**P**



**R**



**S**



**T**



**V**



**W**

ICS 07.060
A 47
备案号：48139—2015

# 中华人民共和国气象行业标准

QX/T 251—2014

# 风云三号气象卫星L0和L1数据质量等级

## Quality grades of L0 and L1 data for FY-3 meteorological satellite

2014-10-24 发布　　2015-03-01 实施

中 国 气 象 局　发 布

# 前　　言

本标准按照 GB/T 1.1—2009 给出的规则起草。

本标准由全国卫星气象与空间天气标准化技术委员会(SAC/TC 347)提出并归口。

本标准起草单位:国家卫星气象中心。

本标准主要起草人:崔鹏、谷松岩、施进明。

# 风云三号气象卫星 L0 和 L1 数据质量等级

## 1 范围

本标准规定了风云三号气象卫星 L0 和 L1 数据的质量等级。

本标准适用于风云三号气象卫星 L0 和 L1 数据的质量评定。

## 2 术语和定义

下列术语和定义适用于本文件。

2.1

**L0 数据 level 0 data**

由地面系统接收的直接从星载探测仪器探测得到的、未经过处理的数据。

2.2

**L1 数据 level 1 data**

L0 数据经过质量检验和图像定位、辐射定标处理得到的基础数据。

2.3

**分层数据格式 hierarchical data format;HDF**

存储和分发科学数据的一种自我描述、多对象、跨平台、可扩展的文件格式。

[QX/T 137－2011,定义 2.2]

## 3 L0 数据质量等级

### 3.1 L0 数据文件组成

L0 数据文件由数据描述记录和 L0 数据组成。数据描述记录主要记录卫星标识、轨道号、资料时间、质量标识等。

### 3.2 L0 数据质量等级

按照 L0 数据文件内 L0 数据的缺失和差错程度，将 L0 数据的质量分为 5 级，具体等级划分见表 1。

**表 1 L0 数据质量等级表**

| 等级 | 说明 |
|---|---|
| 1 级 | 数据无缺失和差错。 |
| 2 级 | 数据缺失和差错小于等于数据总量的 10%。 |
| 3 级 | 数据缺失和差错大于数据总量的 10%小于等于数据总量的 50%。 |
| 4 级 | 数据缺失和差错大于数据总量的 50%小于等于数据总量的 80%。 |
| 5 级 | 数据缺失和差错大于数据总量的 80%小于等于数据总量的 100%。 |

## 4 L1 数据质量等级

### 4.1 L1 数据文件组成

L1 数据文件采用 HDF 格式，由属性信息和科学数据集组成。属性信息记录数据基本描述信息。科学数据集包含定位数据集、定标数据集、仪器状态参数集和遥感数据集等。

### 4.2 L1 数据质量等级

按照 L0 数据质量及 L1 数据文件内的数据缺失和差错程度，将 L1 数据的质量分为 5 级，具体等级划分见表 2。

**表 2 L1 数据质量等级表**

| 等级 | 说明 |
| --- | --- |
| 1 级 | 当 L0 数据质量达到 1 级时，L1 数据属性信息完整，科学数据集无缺失和差错。 |
| 2 级 | 当 L0 数据质量达到 1 级或 2 级时，L1 数据属性信息完整，科学数据集缺失和差错小于等于总体比例的 10%。 |
| 3 级 | 当 L0 数据质量达到 1 级、2 级或 3 级时，L1 数据属性信息完整，科学数据集缺失和差错大于总体比例 10%小于等于总体比例 50%。 |
| 4 级 | 当 L0 数据质量达到 1 级、2 级、3 级或 4 级时，L1 数据属性信息完整，科学数据集缺失和差错大于总体比例 50%小于等于总体比例 80%。 |
| 5 级 | L1 数据属性信息出现缺失，或科学数据集缺失大于总体比例 80%。 |

ICS 07.060
A 47
备案号：48140—2015

# 中华人民共和国气象行业标准

QX/T 252—2014

# 电离层术语

## Terminologies for ionosphere

2014-10-24 发布　　2015-03-01 实施

中 国 气 象 局　发 布

# 前　　言

本标准按照 GB/T 1.1—2009 给出的规则起草。

本标准由全国卫星气象与空间天气标准化技术委员会空间天气监测预警分技术委员会(SAC/TC 347/SC 3)提出并归口。

本标准起草单位:国家卫星气象中心(国家空间天气监测预警中心)。

本标准主要起草人:王云冈、余涛、毛田、赵明现。

# 电离层术语

## 1 范围

本标准界定了电离层的常用术语。

本标准适用于电离层天气的监测、预警和服务。

## 2 电离层术语

2.1

**电离层 ionosphere**

地球大气中高度范围大约在60 km～1000 km、存在着大量的自由电子、足以显著影响无线电波传播的区域。

注:改写QX/T 130—2011,定义2.1。

2.2

**电离层天气 ionospheric weather**

瞬时或短期的电离层变化、过程或状态。

2.3

**电子密度剖面 electron density profile**

电离层电子密度随高度的分布。

2.4

**D层 D layer**

电离层的一个分层,高度范围距地面约60 km～90 km,一般只存在于白天。

2.5

**E层 E layer**

电离层的一个分层,高度范围距地面约90 km～140 km,一般只存在于白天。

2.6

**F层 F layer**

电离层的一个分层,在E层之上直到约1000 km,最大电子密度约为$10^{11}$ $m^{-3}$～$10^{12}$ $m^{-3}$。有时可再分裂为上下两层。

2.7

**F2层 F2 layer**

F层出现分裂时上面的分层;F层不分裂时,它是唯一的层。

2.8

**F1层 F1 layer**

F层出现分裂时下面的分层,高度范围一般距地面约140 km～200 km。

2.9

**顶部电离层 topside ionosphere**

F层最大电子密度所在高度以上的电离层区域。

2.10

**底部电离层　bottomside ionosphere**

F层最大电子密度所在高度以下的电离层区域。

2.11

**偶发E层　sporadic E layer**

在E层高度上偶然出现的电子密度明显大于正常值的薄层，厚度从数百米至数千米。

2.12

**扩展F　spread F**

出现于F层的一种现象，在电离图中表现为F层回波描迹的扩展。

2.13

**电离层突然骚扰　sudden ionospheric disturbance;SID**

太阳耀斑电磁辐射导致的地球向阳面电离层电子密度的突然增大。

[QX/T 130—2011，定义2.2]

2.14

**电离层暴　ionospheric storm**

伴随地磁暴出现的全球性电离层电子密度剧烈变化。

2.15

**极盖吸收　polar cap absorption;PCA**

无线电波在通过极盖区电离层时被严重吸收的现象。

2.16

**电离层赤道异常　equatorial ionization anomaly;EIA**

电离层F层电子密度纬向分布的双峰结构，谷值在磁赤道附近，双峰值分别在南、北磁纬15°附近。

2.17

**电离层行扰　traveling ionospheric disturbance;TID**

由大气重力波引起的一种电离层波状扰动现象。

2.18

**中纬槽　midlatitude trough**

在磁纬50°～60°区域F2层电子密度的极小值结构。

2.19

**电离层闪烁　ionospheric scintillation**

无线电波经过电离层时幅度或相位发生快速起伏的现象。

2.20

**极光　aurora**

由能量粒子注入极区高层大气所产生的发光现象。

2.21

**电离层测高仪　ionosonde**

电离层垂测仪

通过发射扫频无线电波从地面对电离层进行探测的常规设备。

2.22

**电离层垂直探测　ionospheric vertical sounding**

用电离层测高仪从地面对电离层进行日常观测的技术。

注：这种技术垂直向上发射频率随时间变化的无线电脉冲，在同一地点接收这些脉冲的电离层反射信号，测量出电波往返的传递时延，从而获得反射高度与频率的关系曲线。

2.23

**虚高　virtual height**

在电离层垂直探测中，假定电波以真空光速传播而计算得到的电离层反射面的高度。

2.24

**电离图　ionogram**

利用电离层测高仪进行电离层垂直探测时获得的无线电波反射视在高度与无线电波频率的关系图。

注：视在高度指利用电波反射时延和真空光速得到的高度。

2.25

**临界频率　critical frequency**

电离层各层能够垂直反射的无线电波的最大频率，通常指寻常波临界频率。

2.26

**最大可用频率　maximum usable frequency;MUF**

地面收发点间电离层所能反射的高频电波的最高频率。

2.27

**[电离层]电子总含量　total electron content;TEC**

[电离层]电子柱含量

[电离层]电子积分含量

电子密度沿高度的积分。

2.28

**电离层相对浑浊仪　relative ionospheric opacity meter;Rio meter**

宇宙噪声吸收仪

通过在地面测量宇宙射电噪声强度获得电离层吸收信息的仪器。

2.29

**电离层吸收　ionospheric absorption**

由于自由电子和中性粒子间碰撞导致穿越电离层的无线电波强度衰减。

2.30

**无线电掩星技术　radio occultation technology**

在地面或卫星上接收经大气折射的另一卫星发射的无线电信号，反演电离层和中性大气参量的技术。

## 参 考 文 献

[1] GB/T 14733.9—2008 电信术语 无线电波传播

[2] QX/T 130—2011 电离层突然骚扰分级

[3] 焦维新.空间天气学[M].北京:气象出版社,2003

[4] 刘瑞源,吴健,张北辰.电离层天气预报研究进展[J].电波科学学报,2004,**19**(增刊):35-40

[5] 王国军等.海南地区扩展F的季节变化研究[J].电波科学学报,2007,**22**(4):583-588

[6] 王劲松,焦维新.空间天气灾害[M].北京:气象出版社,2009

[7] 王劲松,吕建永.空间天气[M].北京:气象出版社,2010

[8] 王劲松,肖佐.北京大学Riometer观测站[C].中国空间科学学会空间探测专业委员会第十六次学术会议论文集,2003,140-143

[9] 肖佐,张天华.扩展F全球分布特点的理论分析[J].科学通报,2001,**46**(7)

[10] 熊年禄,唐存琛,李行健.电离层物理概论[M].武汉:武汉大学出版社,1997

[11] 中国大百科全书军事编委会.中国军事百科全书(第二版)学科分册[M]—军事空间天气.北京:中国大百科全书出版社,2007

[12] 中国大百科全书总编委会.中国大百科全书(固体地球物理学、测绘学、空间科学)[M].北京·上海:中国大百科全书出版社,1985

[13] 中国大百科全书总编委会.中国大百科全书(电子学与计算机I)[M].北京·上海:中国大百科全书出版社,1986

[14] 朱岗崑,洪明华.关于南极光研究[J].地球物理学报,1999,**42**(6):858-862

# 索　引

## 中文索引

### D



### E



### F



### J



### K



### L



### O

**W**



**X**



**Z**

# 英文索引

## A



## B



## C



## D



## E



## F



## I



## M



## P

**R**



**S**



**T**



**V**



---

ICS 07.060
A 47
备案号：48141—2015

# 中华人民共和国气象行业标准

QX/T 253—2014

# 气象电视会商系统运行管理规范

**Specifications for management of meteorological video conference system operation**

2014-10-24 发布　　2015-03-01 实施

中　国　气　象　局　发　布

# 前　言

本标准按照 GB/T 1.1—2009 给出的规则起草。

本标准由全国气象基本信息标准化技术委员会(SAC/TC 346)提出并归口。

本标准起草单位:国家气象信息中心。

本标准主要起草人:姚鸿、陈永涛、邓鑫、杨根录。

# 气象电视会商系统运行管理规范

## 1 范围

本标准规定了气象电视会商系统在运行维护和系统管理方面的相关要求，包括准入管理、使用申请、运行保障、安全及文档管理等。

本标准适用于气象电视会商系统的业务运行管理。

## 2 规范性引用文件

下列文件对于本文件的应用是必不可少的。凡是注日期的引用文件，仅注日期的版本适用于本文件。凡是不注日期的引用文件，其最新版本(包括所有的修改单)适用于本文件。

QX/T 157—2012 气象电视会商系统技术规范

## 3 术语和定义

下列术语和定义适用于本文件。

3.1

**控制中心 control center**

能够进行统一会议调度、对会场集中监控的业务实体。

3.2

**主会场 main meeting place**

主持人所在的会场。

## 4 准入管理

4.1 新接入用户应得到职能管理部门批准。

4.2 相应的业务运行部门应按照 QX/T 157—2012 功能和性能要求对接入设备进行设备审核和测试，并确定接入方案。

4.3 测试合格且具备接入条件，应进行累计不低于 5 小时的业务试运行。在试运行期间，若出现故障或参数改动，业务试运行时间重新计算。

4.4 业务试运行结束后准予接入。

## 5 使用申请

5.1 使用单位应提前 24 小时向业务运行部门提交申请，批准后，使用单位负责通知参会单位。紧急情况下，应至少提前 1 小时提出申请。

5.2 申请内容应包括：名称、时间(开始时间、结束时间)、主会场地点、发言单位及顺序、参加单位和申请单位联系电话等。

## 6 运行保障

6.1 控制中心和发言会场运行保障技术人员应提前30分钟开始调试;不发言会场技术人员应提前10分钟开启设备,有问题应与控制中心联系。

6.2 在使用过程中,控制中心应实时切换发言会场画面和计算机信号;发言会场发言时应及时开启话筒,并保证会场视频信号和计算机信号效果,发言结束后,应及时关闭会场话筒;不发言会场不得随意开启话筒。

6.3 控制中心应制定故障应急预案,出现故障时,按预案执行。

6.4 系统维护人员应定期检查系统设备状态和工作情况,对工作异常的设备应及时维修或更换;控制中心应每月进行系统检测,对各会场音视频信号、计算机信号进行测试和联调工作;会场维护单位应对会场设备每两周进行一次维护和检查,包括:音视频设备测试和清洁,音视频信号、计算机信号传送测试。

6.5 系统运行和维护应有记录,包括填写系统维护报表、巡检报告、各类故障报告单等。

## 7 安全管理

7.1 系统安全应达到信息系统安全等级保护二级要求。

7.2 控制中心应对使用全过程进行监控,必要时应对音视频信号进行紧急处置。

## 8 文档管理

在系统运行维护和使用管理中,设备变更、参数调整、维修维护、巡检及故障处理等应形成文档并保存。

# 参 考 文 献

[1] YD/T 5136—2005 IP视讯会议系统工程验收暂行规定

ICS 07.060
A 47
备案号：48142—2015

# 中华人民共和国气象行业标准

QX/T 254—2014

# 气象影视资料编目规范

## Cataloguing specifications for meteorological video and audio archives

2014-10-24 发布

2015-03-01 实施

中 国 气 象 局 发 布

# 前　言

本标准按照 GB/T 1.1—2009 给出的规则起草。

本标准由全国气象防灾减灾标准化技术委员会气象影视分技术委员会(SAC/TC 345/SC1)提出并归口。

本标准起草单位:华风气象传媒集团有限责任公司。

本标准主要起草人:朱定真、王倩、杨玉真、窦志钢、郑君迪、王付生、刘银峰。

# 引　言

为适应数字化、网络化媒体资源管理技术的快速发展和气象行业影视资料管理的需要，特制定本标准。

# 气象影视资料编目规范

## 1 范围

本标准规定了气象影视资料编目的层次结构、著录项及著录规则。

本标准适用于气象影视资料的制作、存储和交换。

## 2 规范性引用文件

下列文件对于本文件的应用是必不可少的。凡是注日期的引用文件，仅注日期的版本适用于本文件。凡是不注日期的引用文件，其最新版本(包括所有的修改单)适用于本文件。

GY/T 202.1—2004 广播电视音像资料编目规范 第1部分:电视资料

## 3 术语和定义

GY/T 202.1—2004 界定的以及下列术语和定义适用于本文件。

3.1

**著录/标引 descriptive cataloguing /indexing**

对气象影视资料的内容和形式特征进行分析、归纳和记录的过程。

注:改写 GY/T 202.1—2004,定义 3.7。

3.2

**著录项 cataloguing item**

用以揭示气象影视资料内容和形式特征的记录项目。

注:改写 GY/T 202.1—2004 ,定义 3.8。

3.3

**编目 cataloguing**

对气象影视资料进行著录、标引，并组织、制作各种检索目录或检索途径和工具的工作。

注:改写 GY/T 202.1—2004,定义 3.10。

## 4 编目层次结构及著录项

气象影视资料编目分为四个层次，从上到下分别是节目层、片段层、场景层、镜头层。每个层次分别对应若干著录项。编目层次结构和各层对应的著录项见附录 A。

## 5 节目层著录项

### 5.1 天气现象

英文名称:Weather Phenomenon

说明:描述发生在大气中、地面上的一些物理现象。用规范词表著录，见附录 B。

使用方式:有则必选

使用频率:不可重复

数据类型:枚举型

## 5.2 天气过程

英文名称:Weather Process

说明:描述天气或天气系统发生、发展、消失及其演变的历程。用规范词表著录,见附录 B。

使用方式:有则必选

使用频率:不可重复

数据类型:枚举型

## 5.3 天空状况

英文名称:Sky Condition

说明:描述观察地点天空云量的多少。用规范词表著录,见附录 B。

使用方式:有则必选

使用频率:不可重复

数据类型:枚举型

## 5.4 天气预报

英文名称:Weather Forecast

说明:描述按预报时效划分天气预报的类型。用规范词表著录,见附录 B。

使用方式:有则必选

使用频率:不可重复

数据类型:枚举型

## 5.5 气象灾害

英文名称:Meteorological Disaster

说明:描述由各种天气或天气过程直接造成的灾害。用规范词表著录,见附录 B。

使用方式:有则必选

使用频率:不可重复

数据类型:枚举型

## 5.6 气象次生灾害

英文名称:Secondary Meteorological Disaster

说明:描述由气象因素引发的山体滑坡、泥石流等次生灾害。用规范词表著录,见附录 B。

使用方式:有则必选

使用频率:不可重复

数据类型:枚举型

## 5.7 气象灾害预警信号

英文名称:Meteorological Disaster Warning Signal

说明:描述各级气象主管机构所属的气象台站向社会公众发布的气象灾害预警信息。用规范词表著录,见附录 B。

使用方式:有则必选

使用频率:不可重复

数据类型:枚举型

## 5.8 常用气象指数

英文名称:Commonly Used Weather Index

说明:描述气象服务机构根据气象预测结果加工并向社会公众提供的服务产品。用规范词表著录,见附录B。

使用方式:有则必选

使用频率:不可重复

数据类型:枚举型

## 5.9 节气

英文名称:Solar Term

说明:描述对季节、物候现象、气候变化的反映。用规范词表著录,见附录B。

使用方式:有则必选

使用频率:不可重复

数据类型:枚举型

## 5.10 类型

### 5.10.1 节目类型

英文名称:Program Type

说明:描述气象影视资料主要内容的分类特征,如:新闻类、专题类、预报节目类、素材类等。

使用方式:可选

使用频率:不可重复

数据类型:字符型

### 5.10.2 节目形态

英文名称:Program Form

说明:描述气象影视资料的表现形式,如:消息、谈话、科普片、纪录片、节目素材等。

使用方式:可选

使用频率:不可重复

数据类型:字符型

## 5.11 其他著录项

节目层题名、主题、描述、创建者、其他责任者、出版者、版权、语种、日期、格式、时空覆盖范围、来源项的著录规则,分别见GY/T 202.1—2004的6.1—6.9,6.11,6.13和6.14。

# 6 片段层著录项

## 6.1 片段形态

英文名称:Fragment Form

说明:描述气象影视资料片段内容的主要表现形式,如:口播、现场报道、特别报道、系列报道、消息/

简讯、专家评论、新闻发言、采访、主持人串联、谈话等。

使用方式:可选

使用频率:不可重复

数据类型:字符型

### 6.2 其他著录项

片段层题名、主题、描述、创建者、其他责任者、版权、语种、格式、时空覆盖范围项的著录规则,分别见 GY/T 202.1—2004 的 7.1—7.5,7.7,7.8,7.10 和 7.12。

## 7 场景层著录项

场景层题名、主题、描述、格式项的著录规则,分别见 GY/T 202.1—2004 的 8.1—8.4。

## 8 镜头层著录项

### 8.1 表现主体类型

英文名称:Performance Main Body Type

说明:对气象影视资料镜头画面内容的属性分类,如:人物、事件、灾害、气象奇观、气象装备、自然景观、人文景观、植物、动物等。

使用方式:可选

使用频率:不可重复

数据类型:字符型

### 8.2 其他著录项

镜头层题名、主题、描述、日期、格式项的著录规则,分别见 GY/T 202.1—2004 的 9.1—9.5。

# 附　录　A
## （规范性附录）
## 气象影视资料编目层次结构及著录项

气象影视资料编目层次结构及著录项见图A.1。

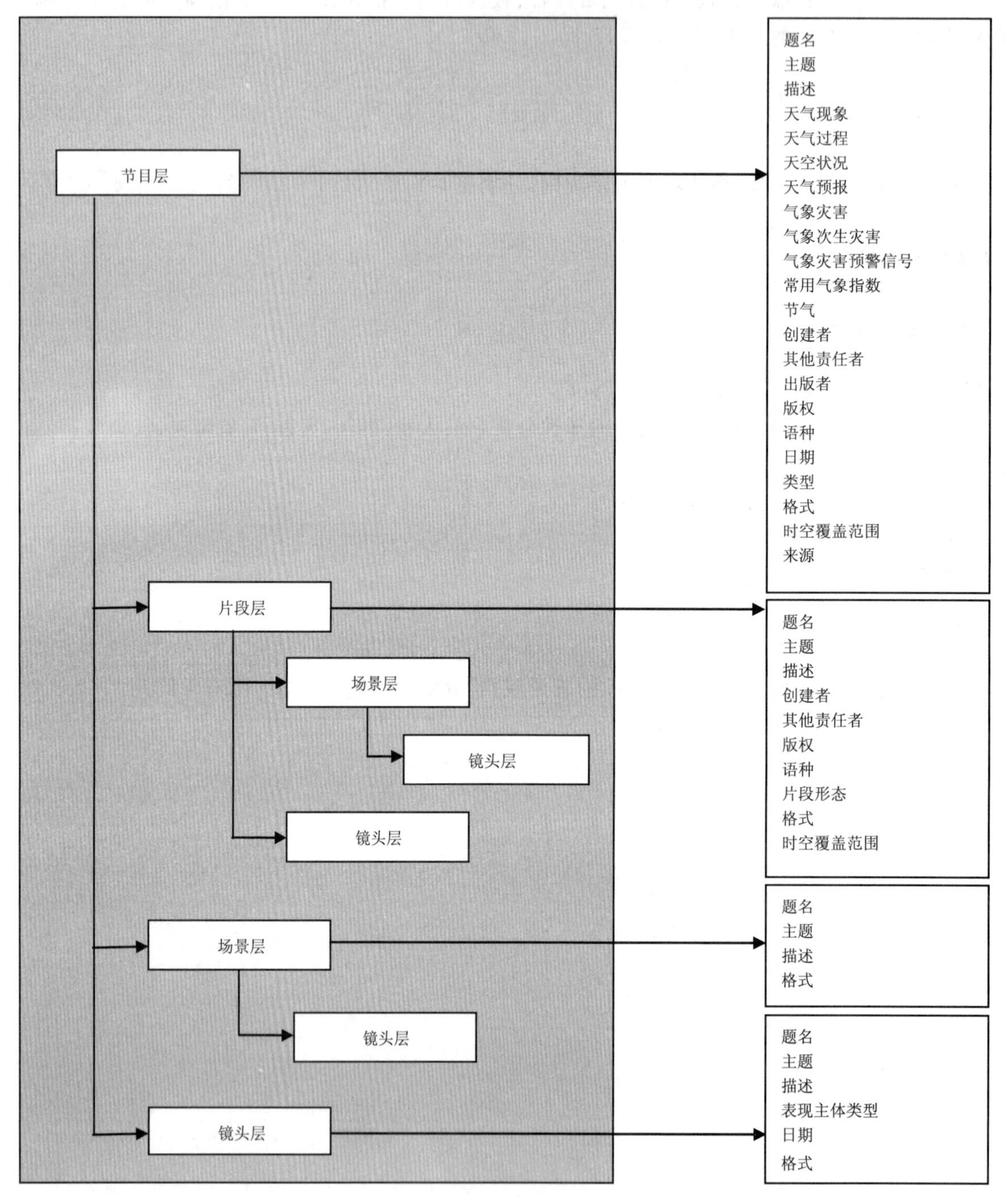


**注**：节目层的“类型”著录项由“节目类型”和“节目形态”两个子项组成。

**图A.1　气象影视资料编目层次结构及著录项**

# 附　录　B
（规范性附录）
规范词表

节目层主要著录项的规范词见表 B.1。

**表 B.1　规范词表**

| 著录项 | 内　容 |
|---|---|
| 天气现象 | 雨、阵雨、毛毛雨、雪、阵雪、雨夹雪、阵性雨夹雪、霰、米雪、冰粒、冰雹、露、霜、雨凇、雾凇、雾、轻雾、吹雪、雪暴、烟幕、霾、沙尘、扬沙、浮尘、雷暴、闪电、极光、大风、飑、龙卷、尘卷风、冰针、积雪、结冰 |
| 天气过程 | 春季低温阴雨、倒春寒、东北低温、高温、寒潮、麦收期连阴雨、梅雨、秋季连阴雨、秋老虎、桑拿天、热带气旋、干热风、强对流、冻雨 |
| 天空状况 | 晴天、阴天、多云、少云 |
| 天气预报 | 临近预报（0～2 小时）、短时预报（0～12 小时）、短期预报（1～3 天）、中期预报（4～10 天）、延伸期预报（11～30 天） |
| 气象灾害 | 台风、暴雨、暴雪、寒潮、大风、沙尘暴、低温、高温、干旱、雷电、冰雹、霜冻、大雾、霾、道路结冰 |
| 气象次生灾害 | 山体滑坡、泥石流、洪涝、城市积涝、农业旱灾、作物逼熟、作物冻害、牲畜冻害、电线积冰 |
| 气象灾害预警信号 | 台风预警、暴雨预警、暴雪预警、寒潮预警、大风预警、沙尘暴预警、高温预警、干旱预警、雷电预警、冰雹预警、霜冻预警、大雾预警、霾预警、道路结冰预警 |
| 常用气象指数 | 生活气象指数、医疗气象指数、旅游气象指数、空气质量气象指数、灾害气象指数、交通气象指数 |
| 节气 | 立春、雨水、惊蛰、春分、清明、谷雨、立夏、小满、芒种、夏至、小暑、大暑、立秋、处暑、白露、秋分、寒露、霜降、立冬、小雪、大雪、冬至、小寒、大寒 |

# 参 考 文 献

[1] QX/T 48—2007 地面气象观测规范 第4部分:天气现象观测
[2] 《大气科学辞典》编委会.大气科学辞典.北京:气象出版社,1994
[3] 阮水根等.电视气象服务与标准化研究.北京:气象出版社,2005